파사드의
성능구현을 위한
설계·재료·시공
유지관리

빌딩 커튼월
실무 이해

Building curtainwall

한국외장연구회(ACRA) 저

도서출판 대가

머리말

"빌딩 커튼월 실무 이해" 책을 내면서

역사적으로 근대적인 알루미늄 커튼월이 시작된지 70여년이 되었고, 우리나라에 커튼월이 도입된 지 벌써 반세기가 지났습니다. 지금은 현란한 기술의 발전이 진행되었지만, 1980년대 당시만 해도 초창기 건축기술 시장은 변변치 못했습니다. 이를 직접 체험하며 향후 국내 건축시장에 무엇인가 도움이 되고자 모색하던 중 2000년 초에 뜻을 함께하는 분들과 한국외장연구회(ACRA: Architectural Cladding Research Association) 모임을 결성하게 되었습니다. 다수의 자체모임, 연구, 협의를 거듭하던 중 커튼월의 설계 및 공사에 지침이 될 만한 국내에서 발간된 전문서적이 전무할 정도로 열악한 상황을 깊이 인식하여 회원 여러분의 발의로 수년에 걸쳐 본서를 완성하기에 이르렀습니다.

본서는 현재 직간접적으로 실제 현장 관련 업무에 종사하시는 분들의 생생하게 체험해온 수많은 경험의 결과임을 말씀드리고 싶습니다.

본서의 내용을 살펴보면

1. 커튼월 System 개요
2. 커튼월 System 재료
3. 커튼월 설계를 통한 건물에너지 관리
4. 커튼월 성능테스트
5. 커튼월 공사관리 프로세스
6. 다양한 커튼월

그리고 본서의 내용과 관련된 참고서적 및 관련규정을 선정하여 APPENDIX에 수록했습니다.

그동안 커튼월 관련 업무 종사자로서 다수의 생생한 경험과 자료들을 바탕으로 본서를 최대한 충실히 구성하고자 노력하였으나, 여전히 불비(不備)함으로 인한 아쉬움이 남습니다. 그럼에도 미약하게나마 국내 외장업계 및 후학들에게 도움이 되기를 바라는 마음에 용기를 내어 출간하게 되었습니다. 관련 제현의 기탄없는 비판과 지도를 따뜻한 채찍질로 여기고 더욱 정진할 것을 약속드립니다.

아울러 본서 본문에 인용된 자료의 참고문헌에 대한 미흡한 인용오류나 누락에 대하여 미리 독자의 양해를 구하며, 국내 커튼월의 발전을 위한 일념으로 이뤄낸 순수한 노력으로 이해하시어 많은 격려를 부탁드립니다.

끝으로 이 책이 나오기까지 2년여의 긴 시간동안 한국외장연구회(ACRA) 집필위원 회원님들의 적극적인 참여와 지원, 도서출판 대가의 호의에 충심으로 감사를 표하며, 입력작업 및 교정작업 등 많은 도움을 주신 분들에게도 감사드립니다.

2019년 봄
한국외장연구회(ACRA) 집필위원 일동

목차

CHAPTER 2 커튼월 SYSTEM 재료   61

CHAPTER 3 커튼월 설계를 통한 건물에너지 관리   129

C H A P T E R **1**

커튼월 SYSTEM 개요

1.1 커튼월 개요

1.1.1 커튼월의 정의

초고층 건축공사에 있어서 커튼월 공사는 건축물의 외벽을 구성하는 비내력벽으로, 구조체에 화스너(Fastener)로 부착시킨다. 외벽 커튼월의 주목적은 비와 바람으로부터 건물을 보호하는 것이므로 내풍압과 기밀성 및 수밀성이 중요하게 요구된다. 또한 최근 지구 온난화로 인하여 에너지 절약 충족 요구가 높아짐에 따라 건축물에도 에너지 손실을 최소화 시키는 것이 최적화 성능 조건의 중요한 기능 요소로 부각됨에 따라 커튼월의 역할이 중요하게 작용한다.

커튼월(Curtainwall)이란 비내력벽의 총칭으로, 초기에는 벽체 하중을 부담하지 않는 가벼운 벽체라는 개념으로 사용되었으며, 장막벽이라고도 한다. 커튼월은 철근콘크리트조, 철골조, 철골철근콘크리트조 등의 구조에서 기둥, 보, 슬라브로 형성되는 구조부(Frame)의 외부를 금속재나 무기질의 재료를 사용하여 공간의 수직 방향으로 막아주는 비내력벽(Non-bearing Wall)이다.

현재 이 용어는 외벽에 한정되어 사용되며, 그 의미는 일반적으로 패널화(Panelized) 구성으로 하여 공장에서 생산, 외부 비계 없이 설치될 수 있는 장벽(帳壁), 즉 공장 생산화된 외벽재라는 의미로 사용된다.

1.1.2 커튼월의 특징

■ 경량화

현장 타설콘크리트나 벽돌 등의 외장재에 비해 경량으로 건물의 전체 무게를 줄이는 데 주요한 역할을 하여 건물의 기초나 구조에 소요되는 비용을 줄일 수 있다.

■ 고성능

외적 요인인 태풍, 지진, 직사광선, 외부 소음 등 실내환경에 영향을 미치는 모든 외력의 흐름을 조절하고 차단하는 필터(Filter)로서 조정 기능이 탁월하다. 특히 고층 건물에서 외적 조건은 더욱 가혹하지만 기존의 많은 건축물에서 이를 조절하는 고성능(High Performance)은 입증되고 있다.

■ 공기의 단축

건축물의 일부를 외부(공장)에서 생산하여 반입하는 선가공 제작품이기 때문에 건물의 기초공사 시점에서 선행하여 제작에 착수할 경우 구조체가 설치되는 즉시 시공할 수 있으므로 전체 공기를 단축할 수 있다.

■ 가설공사의 간략화

커튼월 설치는 건물의 내부에서 시공 가능하므로 대형 발판이 필요치 않아 가설공사를 간략화 할 수 있다.

1.2 커튼월 역사[1]

1830년 미국 필라델피아 지역의 Carpenter Builder인 John Havilland가 Pottsville, PA. 에 있는 2층 규모의 은행건물의 단조 철판 표면에 페인트칠을 한 후 모래로 표면 처리를 하여 석재 모양을 본뜬 Cast Iron Façade를 시공한 것이 근대 커튼월의 시초가 되었다.

그후 Cast Iron Façade 공법은 1871년도에 발생한 시카고 대화재로 인해 대규모 신축건물에 신공법으로 채택되는 계기가 됨으로써 그 사용이 증대되었다. 이 당시만 해도 조적조 외벽은 바닥과 지붕의 하중을 구조적으로 받쳐주는 건물형태가 보편적으로 사용되었다.

1891년에 신축된 16층 규모의 Monadnock Building이 당시 최고층 조적조 건물로, 이 건물은 지상에 최대 1.8미터 두께의 거대한 조적벽을 만들어줌으로써 조적조 건물의 구조적인 문제 해결을 가능하게 하였다. 당시 시카고의 땅과 집값이 크게 상승함에 따라 건축면적을 줄일 수 있는 초고층 건물을 착안하게 되었는데, 이 건물의 구조적인 문제 해결을 위해 신공법을 개발하게 되었다. 이 신공법을 발명한 사람인 시카고 기술자 William Jenny는 1883년에서 1885년 사이에 세계 최초의 철골조 사무실인 Home Insurance Building을 신축하였다.

이렇게 커튼월의 잠재적 장점이 인식되어 현대적 금속재 커튼월이 출현하기까지는 이후 50여년의 긴 세월이 걸렸다.

---

1 출처: AAMA Aluminum Curtain Wall Design Guide Manual Volume 5

(1) 알루미늄의 출현

• 1886년에 미국의 Charles Martin Hall이 알루미늄 제련 공법을 발견함으로써 현대적 알루미늄 산업이 탄생되었다.

• 1888년 당시에 알루미늄의 상업적 생산(일 생산 50pound 규모)이 시작된 것으로 보아, 건축자재로 사용될 수 있는 경제적인 가격대로 생산이 이루어지기까지는 많은 시간이 필요하였다.

• 미국에서 알루미늄이 건축자재로 처음 사용된 것은 1920년대 후반인 1927년 피츠버그에 세워진 German Evangelical Protestant Church에서이다.

(2) 알루미늄의 건축 적용

• 알루미늄을 초고층 건축물에 본격적으로 적용한 것은 1929년 뉴욕의 엠파이어 스테이트 빌딩 신축공사에서이다.

• 외벽 공사에는 건축사 사무소인 Shreve, Lamb & Harmon이 설계한 6,000여장의 알루미늄 스팬드럴 판넬과 Storefront 및 장식용 외장 트림이 사용되었다.

• 당시 이미 많은 건축가들이 철의 1/3비중에 불과한 새로운 금속인 알루미늄 자재를 건축물에 사용하기 시작하였다.

• 이때부터 알루미늄 창호 산업이 탄생되어 건물 외벽에 광범위하게 사용되기 시작하였다. 이 당시 신축된 랜드마크 빌딩은 미국 뉴욕에 있는 록펠러 센터이다.

• 한편, 2차 세계대전 후 1948년 1월 1일에 신축된 미국 포틀랜드의 Equitable Building은 미국 내외적으로 가장 미적이며 진보된 기술을 갖춘 최초의 근대적 커튼월 건물이다. 이 건물은 최초로 외벽 전체를 알루미늄 커튼월로 감싸주었으며 실내는 에어컨디셔닝 시설을 도입하였다. 최초의 복층유리창(Double Glazed Window)과 창문 청소용 이동 크레인(BMU)을 설치하였다.

(3) 현대적 커튼월의 시작과 발전

• 현대적 커튼월의 개념이 뿌리내리고 열매를 맺어 현재의 커튼월로 발전되기 시작한 것은 1950년대 초기이다.

• 1950년대 중반기의 커튼월 빌딩의 유행 후에는 산업 표준이 출현하였고, 처음으로 실란트가 개발 사용되었다.

- 1950년대 초반기까지도 커튼월의 금속과 유리 사용에 대한 유용한 기술 자료가 부족하였으므로 커튼월 공법을 적용하는데 많은 기술적 문제들에 직면하였다.

- 1960년대에 들어서면서 지속적인 연구 개발로 알루미늄 커튼월은 꾸준히 발전하였고, 초기에 직면하였던 여러 기술적 문제들이 해결되기 시작하였다.

- 1970년대에 들어서는 커튼월의 성능을 테스트하고 검증할 수 있게 된 Test Standard Method와 Performance Standard가 만들어지게 되었고, 현재 광범위하게 사용되는 Hard Coat Color Paint Finishes 등의 새로운 기술제품과 공정이 개발되었다.

- 우리나라에서는 1980년대 초반, 한국 최초의 유니트 시스템(Unitized System)인 대한생명 63빌딩을 시작으로 하여 현대식 초고층 건축물의 외벽을 유니트 판넬 시스템(Unitized Panel System) 공법으로 설계, 시공하는 것이 보편화되어 현재에 이르고 있다.

1.3 ◢ 설치 방식에 따른 커튼월 분류

1.3.1   유니트 커튼월 시스템

유니트 커튼월 시스템(Unitized Systems)을 결정짓는 전형적인 특징은 "유니트 패널"들로 구성된 외벽이 제작공장에서 온전히 가공, 조립 및 글레이징된 후에 건물에 설치되는 것이다. 공사 순서는 외장 커튼월 시스템의 설계 및 작업도의 상세 작성으로 시작된다. 설계 컨설턴트로부터 시스템이 승인되면, 압출용 다이스가 설계 및 제작되고, 알루미늄 자재(Bar)가 압출된다. 압출 후, 각각의 압출재가 가공업체에 운송되어 각 건물 층들의 유니트 치수 길이에 따라 절단 가공되고, 다른 조립부재들과 체결되도록 준비되어 일반적으로 한 층 높이, 한 창의 너비 크기의 커튼월 유니트로 조립된다. 유니트 프레임이 조립되면, 커튼월 유니트 완성을 위해 유리, 알루미늄, 금속 패널, 석재, 백팬, 단열재 및 트림재 등이 모두 조립제작 된다. 완료된 유니트 패널들은 진행 프로젝트 현장으로 운송된다. 현장 설치 시공은 건물 층들의 실측으로 시작하여 앵커를 건물 구조체에 고정시키는 것으로 이어진다. 각 유니트 설치에 필요한 준비가 끝나면, 유니트 패널은 앵커 위에 고정되고 연속 거터가 되도록 각 패널의 상단 연결 위치에 실란트를 실링하며, 유니트 패널 뒷부분과 구조체 사이에 층간 방화 구획을 설치하고 나면 유니트 커튼월 시공은 완료된다.

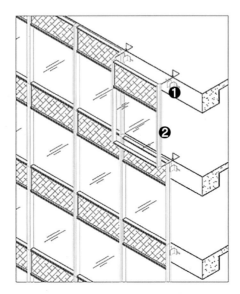

❶ 앵커; ❷ 선 제작된 유니트 패널

[그림 1] 유니트 시스템 개요

유니트 시스템의 기본 장단점은 다음과 같다.

[표 1] 유니트 시스템의 장단점

장점	단점
뛰어난 성능을 가진 커튼월 시스템 확보가 용이하며, 잘 정렬된 견고하고 정교한 프레임 연결이 가능함.	엔지니어링 및 시스템의 관리에 요구되는 높은 수준의 기술로 인해 잠재력 있는 커튼월 업체의 수가 제한되어 있음.
시공이 단순 패널 세팅 및 실링으로 한정되므로 현장에 적은 수의 작업자가 요구됨.	유니트 시스템을 생산하기 위한 착수 준비시간 또는 소요시간이 김.
기술자가 부족하거나 부재한 경우에도 품질관리가 수월하며, 만약 누수가 발생하더라도 누수가 해당 층으로만 한정됨.	앵커 레이아웃 및 고정은 정확성이 더 요구됨.
시스템의 성능은 일반적으로 각 유니트 사이의 한 개의 중요 조인트의 실링에 좌우됨.	각 유니트 간 주요 조인트 하나하나가 정확히 실링되지 않는다면 커튼월에 주요 문제를 야기할 수 있음.
이중(일차, 이차) 실링 시스템의 확보 및 설계 연속성으로 인하여 유지관리가 수월함.	설치 시공이 순서에 따라 진행되므로 설치 중 한 개의 유니트 패널의 부족으로 시공이 지연될 수 있음.
건물의 움직임 흡수 및 처리에 있어서 보다 더 나은 성능을 제공함.	시공 후 유니트에 발생한 손상은 수리나 교체가 어렵고 비용이 많이 들 수 있음(사전 Reglazing 방안 필요)

장점	단점
모든 작업이 각 층에서 가능하므로 설치 중 외부 비계나 곤돌라의 사용이 필요하지 않음.	속도를 맞추기 위해 기준 층 패널의 대량 생산이 요구되기 때문에 설계된 시스템은 복잡한 배열에 맞춰지지 않을 수 있음.
패널의 공장 제작, 보관 및 대기가 가능하므로 건축이 일정대로 진행되거나 더 빠를 수 있음.	각각의 유니트 패널이 시공 중 스스로를 지탱해야 하므로 스틱이나 하이브리드 시스템에 비해 더 많은 알루미늄을 사용하는 경향이 있음.
현장 시공 기간이 다른 커튼월 시스템에 비해 훨씬 짧으므로 층 마감 후 인테리어 작업을 빨리 마무리할 수 있음.	전통적 스틱 커튼월 시스템에 비해 일반적으로 비용상승 요인이 있음.
첨단 기술 건축공법으로 인정받고 있는 시스템이며, 검수가 공장에서 진행되므로 품질 관리 및 유지가 용이함.	

1.3.2   스틱 커튼월 시스템

스틱 커튼월 시스템(Stick Systems)을 결정짓는 특징은 해당 시스템의 개별 멤버(Frame Bar)가 건물에 하나하나 시공되는 방식이라는 점이다. 공사 순서는 외장 커튼월의 설계 및 제작도의 상세작성으로 시작된다. 커튼월 시스템이 설계 컨설턴트로부터 승인되고 나면 압출용 다이스가 설계 및 제작되고, 알루미늄 자재가 압출된다. 압출 후, 개별 압출재가 가공업체에 운송되고 각 건물 층들의 요구치수 길이로 절단 가공되어 다른 조립부재들과 체결되도록 준비된다. 가공 후에는 멤버(Frame Bar)들이 포장되어 프로젝트 현장으로 운송된다. 현장 설치 시공은 건물 바닥마감의 실측으로 시작되고 앵커를 건물 구조체에 고정하는 것으로 이어지며, 각각의 수직 멀리온(Mullion Bar)을 앵커에 설치하고, 그후에 유리 및 금속패널이나 석재를 지지하기 위해 필요한 다양한 수평 트랜섬(Transom Bar)을 설치 및 실링한다. 알루미늄 프레임 바가 제자리에 설치되면, 위에 언급된 마감재의 시공이 실시된다. 유리, 패널, 또는 석재가 설치된 후, 시공업체는 단열재, 층간 방화구획 및 외부 트림 멤버를 벽체에 고정시키는 것으로 설치 시공이 완료된다.

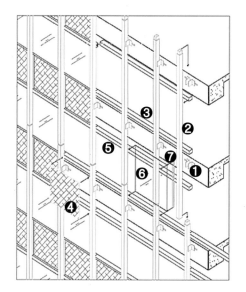

❶ 앵커; ❷ 멀리온; ❸ 수평 레일(창문 실에 거터 섹션); ❹ 스팬드럴 패널(건물 안쪽에서 시공될 수도 있음);
❺ 수평 레일(창문 헤드에 거터섹션); ❻ 비전 글라스(건물 안쪽에서 시공); ❼ 내부 멀리온 트림

[그림 2] 스틱 시스템 개요

스틱 시스템의 기본 장단점은 다음과 같다.

[표 2] 스틱 시스템의 장단점

장점	단점
일반적으로 설계 및 엔지니어링이 용이함.	시스템의 단순성으로 인해, 많은 수의 시공 업체들이 고성능의 커튼월 시스템에 적합하지 않게 스틱 커튼월 시스템을 제안할 수 있음.
공사 및 설치에서의 공차 범위가 더 큼.	스틱 커튼월 시스템의 성능 및 품질은 현장의 청결함, 현장 조건, 및 작업자의 능력과 경험 등에 크게 좌우될 수 있음.
부재 파트들(Frame Bars)의 크기가 상대적으로 작아서 자재들과 함께 바닥에 적재하기가 수월함.	현장에서 구조용 실리콘의 글레이징을 실시하는 것은 현장 청결 상태 및 시공기술 문제로 인해 권장되지 않음.
단순한 설계 및 엔지니어링으로 인해 시공 개시에 요구되는 착수 준비시간이나 전체 공정이 더 짧음.	숙련된 작업자가 부족하거나 없는 경우, 스틱 커튼월 시스템의 적절한 시공, 우수한 성능 및 미관을 얻기가 더 어려움.
더 많은 수의 커튼월 시공업체들이 해당 종류의 시스템을 취급함.	모든 시공에서 정교하지 않은 프레임 연결로 틈이 발생하고, 시공 공차로 인해 항상 동일 정렬상태를 유지하기 어려움.

장점	단점
커튼월의 주.부자재들이 시공 이후에 손상되었을 경우, 멀리온을 제외한 다른 부품들은 교체하기가 상대적으로 쉬움.	현장 작업은 노동 집약적이므로 시공하는 데 많은 인력이 요구됨. 때로는 해당 작업 인력이 다른 공정에 방해될 수도 있음.
시스템 시공이 매우 유연함.	현장 작업량으로 인해 현장 시공 품질 관리가 매우 어렵고, 향후 고객에게는 비용 부담이 됨.
스틱 커튼월 시스템에 누수가 발생했을 경우, 건물 외부에서 대부분의 조인트에 보수를 위한 접근 가능. 일부 조인트의 경우 내부 트림, 마감, 또는 유리를 제거함으로써 건물 안쪽에서의 보수가 가능.	기본 스틱 커튼월 설계에는 각 층에 연속 거터가 없으므로 만약 누수가 발생하면 일반적으로 개별 층에 한정되지 않고 건물의 낮은 층으로 흐를 가능성이 있음.
유니트 커튼월 시스템에 비해 저비용 작업 가능 함.	이중(일차 및 이차)으로 실링된 시스템을 확보 및 유지하기가 더 어려움. 백팬/수증기 투과억제 시스템(습기 차단막)을 형성하기 매우 어려움.
	커튼월은 건물 외벽에 근접 시공하므로 부재 및 유리에 더 많은 손상이 발생함.
	각층 바닥에 많은 부자재를 적재하므로 자재의 분실이나 손상 가능성이 있음.

1.3.3 하이브리드 커튼월 시스템

하이브리드(패널화) 커튼월 시스템(Hybrid or Panelized Systems)을 결정짓는 특징은 외벽이 패널로 나뉘어 조립공장에서 완전히 조립되고, 이 하이브리드 패널들을 건물에 기설치된 수직 프레임 자재(Frame Bar)에 고정한다는 점이다. 공사 순서는 외장 커튼월 시스템의 설계 및 작업도의 상세작성으로 시작된다. 설계 컨설턴트로부터 시스템이 승인되면, 압출용 다이스가 설계 및 제작되고, 알루미늄 자재가 압출된다. 압출 후 각각의 압출재가 가공업체에 운송되어 각 건물 층들의 요구치수 길이로 절단 가공되어 다른 조립재들과 체결되도록 준비되어 일반적으로 한 층 높이, 한 창의 너비 크기의 하이브리드 유니트로 조립된다. 수직 멀리온과 수평 서브 프레임의 경우에는 시공을 위해 현장으로 직접 운송된다. 즉, 패널 프레임이 조립되면 하이브리드 패널을 완료하기 위해 유리, 알루미늄, 금속패널, 석재, 백팬, 단열재 및 트림재 등이 모두 조립 제작되며, 완료된 하이브리드 패널들은 프로젝트 현장으로 운송된다.

현장 설치 시공은 건물 층들의 실측으로 시작되어 앵커를 건물 구조체에 고정시키는 것으로 이어지며, 각 하이브리드 판넬 설치에 필요한 준비가 끝나면 수직 멀리온이 앵커 위에 고정되고 그 사이에 수평 멤버가 설치된다. 프레임 멤버가 설치되면 하이브리드 외벽 패널은 각각의 프레임 위에 고정되며, 일반적으로 건물 바깥쪽에서 설치작업이 이루어지고, 그후 하이브리드 패널과 건물 구조체 사이에 층간 방화 구획을 설치함으로써 시공 과정이 마무리된다.

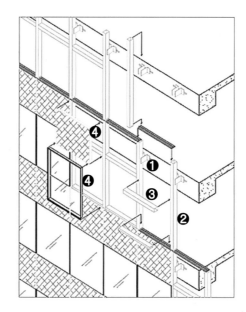

❶ 앵커; ❷ 스틱 멀리온(단층 또는 복층 길이); ❸ 스틱 트랜섬 멤버;
❹ 미리 조립되어 멀리온 쪽으로 낮춰 설치된 유니트

[그림 3] 하이브리드 시스템 개요

하이브리드(패널화) 시스템의 기본 장단점은 다음과 같다.

[표 3] 하이브리드(패널화) 시스템의 장단점

장점	단점
유니트 시스템에 비해 용도가 다양하므로 대규모 스팬드럴(페리미터) 빔, 콘크리트 옹벽, 커스텀 외장 요소 등과 같은 고난이도의 건물 구조체에 더 잘 부합함.	스팬드럴 패널은 주로 외부부터 설치되므로 때에 따라 비계가 필요함.
하이브리드 시스템이 공장에서 조립 및 글레이징되므로 스틱 시스템보다 품질 관리가 더 용이함.	멀리온 및 트랜섬 프레임이 자리하고 그 위에 설치 진행되므로 손상에 취약함.
미리 조립된/사전 글레이징된 패널 없이도 현장에 수직 멀리온 및 다른 서브-프레임 멤버를 설치할 수 있으므로 앞선 현장 시공이 가능함.	다양한 부재들이 층에 적재되므로 자재의 손실이나 손상이 있을 수 있음.
일반적으로 연속적 거터 설치가 가능하므로 누수	유니트 시스템에 비해 현장 노동 집약적임.

장점	단점
발생 시 누수가 해당 층으로만 한정됨.	
연결되는 연속적인 설계이기에 이중 실링 시스템 (일차, 이차)의 확보 및 유지가 용이함.	유니트 시스템만큼의 측면 움직임을 수용하기는 힘듦.
스틱 시스템에 비해 건물의 움직임의 흡수 및 처리에 있어서 일반적으로 더 나은 성능을 제공.	패널과 하이브리드 멀리온 사이에 내부 접합이 필요함.
층의 빠른 마무리로 건설사는 다른 인테리어 마감 작업을 빠르게 할 수 있음.	웨더실 실란트나 가스켓에 더 의존적임.
유니트 시스템에 비해 손상된 패널을 더 쉽게 제거할 수 있음.	
보통 유니트 시스템보다 비용이 적게 듦.	

1.3.4 커튼월 시스템별 변형 적용 가능 사항

(1) 유니트 커튼월 시스템

- 너비가 하나 이상의 모듈로 이루어진 유니트로 결합된 비전 및 스팬드럴(유리, 석재, 금속 패널 등의 다양한 자재)

- 너비가 하나 이상의 모듈로 이루어진 유리로 된 비전 창

- 너비가 하나 이상의 모듈로 이루어진 유리가 아닌 비전 창

- 유리, 석재, 금속 패널 등 다양한 외장 자재를 사용하여 너비가 하나 이상의 모듈로 이루어진 스팬드럴 유니트

- 비전 및 스팬드럴 부분을 유리, 석재, 금속 패널 등과 같이 다양한 외장 재료를 사용한 기준층 유니트

- 내부 채움있는 스틱 그리드(Grid)의 비전과 다양한 자재의 스팬드럴 유니트

- 프리캐스트 콘크리트 위에 석재

- 트러스 위에 석재, 금속 패널, 스팬드럴 유리

(2) 스틱 커튼월 시스템

- 유리 또는 석재, 금속 패널들은 시공된 수직 및 수평 프레임들이 개별적으로 시공된 후에 현장 설치

- 석재 또는 금속 패널을 콘크리트나 철재 구조체 위에 설치

1.3.5 커튼월 시스템 선정에 영향을 주는 요소들

- 건축설계 컨셉. 프레임 패턴, 모듈 크기, 조인트 마감(연귀이음, 곡면이음, 맞댄이음), 조인트 위치, 외벽의 프로파일(수평 및 수직), 층 높이, 기둥 간격, 외벽 형태의 단면 및 크기(멀리온, 트랜섬, 처마 돌림 장식, 부조), 건축물 외장면과 구조체 사이의 거리, 마감 자재의 종류

- 건물 구조 움직임. 지진대비 요구조건 및 설계 풍하중

- 건물 구조 자재. 콘크리트나 철재, 그리고 구조부 부위의 크기

- 건물의 위치. 지역에 따른 온도, 강우, 눈, 대기의 특성, 습도 등 환경적 요인

- 작업인력의 가용성. 건축물의 요구되는 시공품질을 확보하기 위해서는 사전검증(Pre-Qualified)된 커튼월 시공업체들의 프로젝트 입찰참여, 숙련되고 적합한 작업 인력 동원 여부

- 건축주 및 설계자가 요구하는 건축의 품질

1.4 글레이징(Glazing)에 따른 커튼월 분류

1.4.1 재래식 스틱 시스템

재래식 스틱 시스템(Conventional Stick System; Captured System)은 유리 글레이징을 위한 바(Frame)가 외부 입면에서 보이는 형태를 통칭하며, 일반적으로 Dry Joint[그림 5] 글레이징(Gasket Glazing) 방법을 적용하여 설치하거나, 글레이징 시 내부 또는 외부를 Wet Joint[그림 6] 글레이징(Weather Silicone Glazing) 방법과 병행하여 설치하기도 한다. 이 방식은 구조용 실란트 개발 이전 커튼월에 주로 사용되던 형태이다.

[그림 4] Captured Type 외부 입면

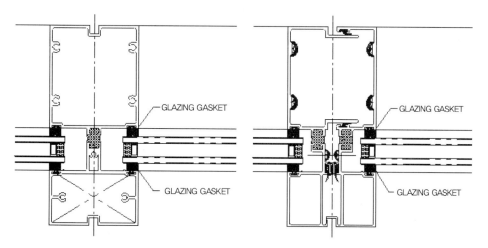

GLAZING GASKET

GLAZING GASKET

GLAZING GASKET

GLAZING GASKET

[그림 5] Dry Joint 상세도

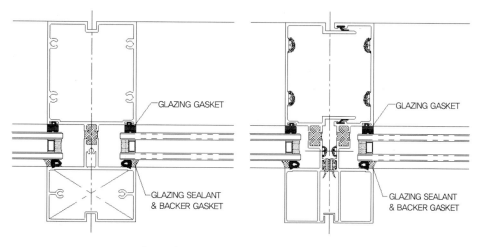

GLAZING GASKET

GLAZING GASKET

GLAZING SEALANT
& BACKER GASKET

GLAZING SEALANT
& BACKER GASKET

[그림 6] Wet Joint와 Dry Joint 병행 상세도

1.4.2   구조용 글레이징 시스템

구조용 글레이징 시스템(Structural Silicone Glazing), SSG는 구조용 실리콘 실란트로 유리를 지지하여 외관이 기존의 Captured Type에 비해 외부에서 보이는 시각효과가 크다. SSG Type은 네 변을 모두 구조용 실리콘 실란트로 시공하는 4-sided SSG Type[그림 8]과 두 변은 Captured Type으로, 나머지 두 변은 구조용 실리콘 실란트로 시공하는 2-sided SSG Type[그림 9]으로 주로 구분 시공된다.

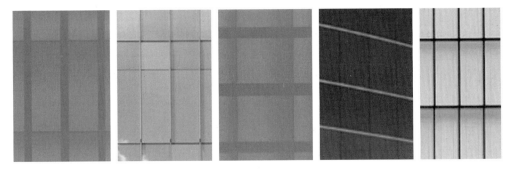

[그림 7] SSG 입면

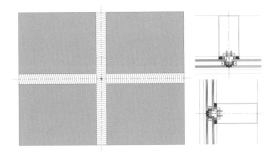

[그림 8] 4-Sided SSG 상세도

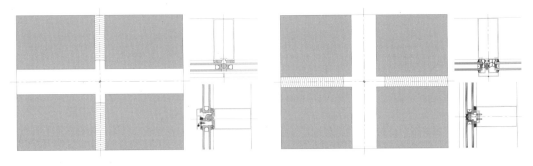

[그림 9] 2-Sided SSG 상세도

1.4.3 점 지지 글레이징 시스템

점 지지 글레이징 시스템(Point Fixed Glazing System(PFG) [그림 10]; Planar System)은 광범위하게 구조적 유리를 사용하여 시공하는 타입으로, PSG(Point Supported Glazing), SGF(Structural Glass Façade), PFG(Point Fixed Glazing) 등으로 불린다. 유리의 네 모서리를 특수 제작된 볼트와 브라켓을 통하여 유리에 구멍을 뚫어 유리를 고정하는 방식, 플레이트나 기타 특별 고안한 금속 등을 사용하여 앞뒤로 압착하고 이를 주 구조체에 고정하는 방식, 또는 유리 플레이트(Rib Glass)를 구조재로 사용하여 고정하는 방식 등이 있다. 이런 시공법은 대부분 건물의 층고가 높은 로비, 넓은 시야 확보를 목적으로 하는 공간 등에 많이 적용되는 글레이징 타입이다.

Back Structure의 형태에 따라 크게 세 가지 타입으로 구분되며 다음과 같다.

• Pipe(Back Structure) Type

• Rib Glass Type

• Wire & Rod Type

Pipe (Back Structure) Type   Rib Glass Type   Wire & Rod Type

[그림 10] PFG Type 입면

1.5 ◢◢◢ 마감 및 구조재에 따른 커튼월 분류

1.5.1 유리 커튼월 시스템

유리 커튼월 시스템[그림 11] (Glass Curtain Wall System)은 외부 글레이징 마감에 유리를 사용하여 시공한 시스템으로, 일반적인 커튼월 시스템이며 알루미늄 커튼월이라고도 한다.

[그림 11] 글래스 커튼월 입면

1.5.2 판넬 클래딩 시스템

판넬 클래딩 시스템[그림 12] (Panel Cladding System)은 외부 글레이징 마감을 판넬 타입으로 시공하는 시스템의 통칭이다.

판넬 클래딩 시스템의 종류는 다음과 같다.

• Aluminum Panel Cladding

• Stone Panel Cladding

• Wood Wall Panel Cladding

[그림 12] 패널 클래딩 시스템 입면

1.5.3 스틸 커튼월 시스템

일반적으로 커튼월의 구조재는 알루미늄을 사용하나, 구조적 성능 확보가 필요한 커튼월이나 층고가 높거나 스판을 크게 하여 시야를 확보해야 하는 커튼월에서 구조적, 디자인적인 측면을 위하여 알루미늄보다 강성인 철재(Steel)를 구조재로 시공하는 공법을 스틸 커튼월 시스템(Steel Curtain Wall System)이라 한다.

스틸 커튼월 시스템의 특징은 다음과 같다.

• 알루미늄에 비하여 강성이 약 세 배 크다.

• 슬림한 디자인이 가능해 창호 가시면을 극대화시켜 준다.

• 높은 층고(최대 20M)조건에도 안전하며 대형조망 확보 설계에 유리하다.

• 건축물의 3차원 형상의 의장적 표현이 자유로우며, 차별화가 가능하다.

• 알루미늄보다 높은 용융점을 보유하고 있어 방화성능 등이 우수하다.

[표 4] 스틸 커튼월과 알루미늄 커튼월의 물성 비교

	알루미늄 커튼월	스틸 커튼월
비 중	2.70	7.86
인장강도 (kg/cm^2)	1,125(6063-T5)	4,100(SS41)
열전도율 (kcal/m^{2}hr℃)	204	41
탄성계수 (kg/mm^2)	70(kg/cm$^2 \times 10^4$)	210(kg/cm$^2 \times 10^4$)

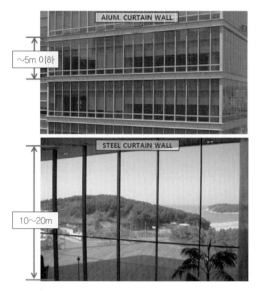

[그림 13] 스틸 커튼월과 알루미늄 커튼월 입면

스틸 커튼월의 프레임 바(Frame Bar)에 따라 종류는 다음과 같다.

[표 5] 알루미늄 vs. 스틸 커튼월의 주·부재 형상비교

형태	ALUM. STICK BAR	STEEL ROLL-FORMING	STEEL T-BAR	STEEL BUILT-UP
수직 부재				
수평 부재				
규격	알루미늄 프레임(+스틸 내부보강)	2.5T 롤포밍	10~20T 후판	10~20T 후판
적용 층고	4m 이하	6m 이하	6~20m	10~20m

■ Steel Roll Forming

• Mullion의 직사각형 또는 T형 형태로 Forming 또는 인발 제작한다.

• 층고 6~7M 높이 설계까지 시공 가능하다.

• 스틸 커튼월 중 박판(2.5T) 적용으로 비교적 경제적 설계 및 빠른 납기에 유리하다.

• 스틸 원판절단 → Roll Form 제작 → 바(Bar) 가공 → 스틸도장 → 현장설치 순으로 진행
  한다.

[그림 14] 스틸 롤포밍바 형태

■ Steel T-Bar

• 스틸 후판을 절단 용접 가공하여 형태화 한다.

• 높은 층고(20M)설계 조건 적용 가능하며 넓은 전망 및 시야 확보에 유리하다.

• 부재 Slim 설계 가능하며 다양한 두께 적용 및 중공 인발재와 조합 설계 가능하다.

• 스틸 원판절단 → 레이저 Welding → T-Bar가공 → 스틸도장 → 현장설치 순으로 진행
  한다.

• 유럽 스틸 커튼월 주요업체(Raico, Forster, Secco) 시공 실적 다수 보유하고 있다.

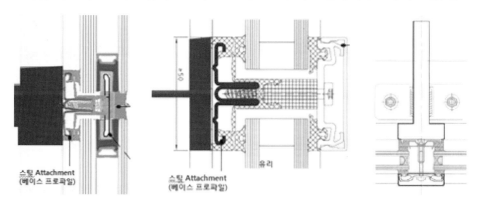

[그림 15] Steel T-Bar 형태

■ Steel Built Up

• 스틸 후판을 절단 용접 가공하여 다양한 규격 설계 가능하다.

• 높은 층고(20M)설계 조건 적용 가능하나 시야 확보에 불리하다.

• 원자재비 상승 기인요소가 있어 경제성은 불리하다.

• 스틸 원판절단 → 레이저Welding Built-up 가공 → 스틸도장 → 현장설치 순으로 진행
한다.

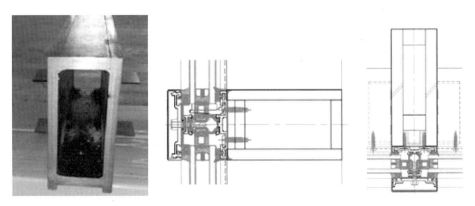

[그림 16] 스틸 빌드업 형태

■ Steel 커튼월 Attachment 고정 방법 비교

[표 6] Steel 커튼월 고정 방법

	스크류(Screw) 타입	용접타입	건(Gun) 타입
사진			
도면			
장단점 분석	• 시공이 정밀하다. • 공장 선가공(구멍) 필요	• 용접부위 품질관리 어려움 • 현장 운반 중 손상 가능 • 용접부위 도장 시 체결부위 오염 우려	• 모재 고정이 불안정할 경우 품질하자 발생 가능 • 반동에 의한 프로파일 손상 가능

1.6 커튼월 설계 기준

1.6.1 품질기준 수립

외벽에서 요구되는 복잡한 성능을 만족시키기 위해서는 초기 단계인 설계부터 제작, 시공에 이르기까지 일련의 흐름을 잘 이해하여 적절한 대처를 하는 것도 중요하지만 제품의 기준이 되는 품질기준을 수립하여 업무를 시작하는 과정이 더욱 중요하다. 이 품질기준에는 건축물의 요구 품질의 특성이 자세히 열거되어 있으며, 설계 및 시공의 관리 특성도 제시되어 있다. 예를 들어 건축주로부터 "지진과 태풍에도 손상이나 누수가 없고 외관이 미려한 커튼월을 만들어 달라"는 요구를 받았다면 이를 구체적으로 내풍압 성능, 내수밀 성능, 내기밀 성능 등의 설계기준치를 설정하고, 이를 설계의 품질 기준으로 삼아야 할 것이다. 이를 시공하는 경우에도 역시 구체적인 관리항목, 검사항목 및 반입방법 등에 대한 사전 계획이 수립되어 있어야 한다. 설계부터 제작, 현장시공에 이르는 이러한 과정들을 열거하고 작업 내용이 확인될 수 있도록 아래와 같은 기본 항목들에 대한 상세한 체크리스트를 프로젝트의 관리 특성에 맞게 사전에 작성하여 공사 시작 전 숙지하는 것이 바람직할 것이다.

[표 7] 단계별 품질기준 항목

단계	품질기준 항목	비고
설계	설계 풍하중 기준	건축법규/풍동시험
	기밀성능 기준	Fixed : 0.06 cfm/ft^2, Vent : 0.25cfm/ft
	수밀성능 기준	제어할 수 없는 물이 없어야 함.
	구조성능 기준	구조체: L/175, L/240 + 6.45
	층간 변위 성능 기준	Slab 처짐 변위 + Live Load + 열 변위
	단열성능 기준	건물의 요구조건
	주요 사용 자재의 성능 기준	
제작 단계	가공 및 조립공차 기준	
	글레이징 기준	Factory Glazing: Unit System
시공 단계	현장시공 중점관리 기준	
	글레이징 기준	Site Glazing: Stick System

1.6.2 커튼월 설계 플로우 차트

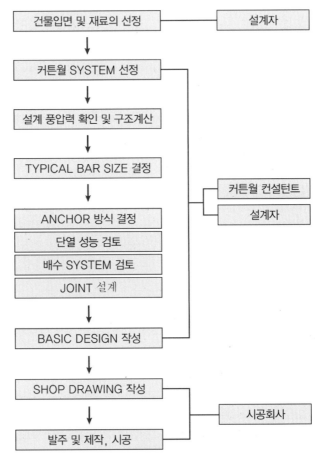

[그림 17] 플로우 차트에 의한 설계진행

1.6.3 풍하중

설계 풍하중은 커튼월뿐만 아니라 건축구조 설계 시에도 중요한 항목으로, 커튼월 설계에 있어서 고려해야 할 가장 중요한 요소 중 하나이다. 설계 풍하중을 정하는 방법으로는 두 가지 방법이 있다.

• **기존 법규에 의해 정하는 방법** : 법규에 의한 방법은 안전율이 많이 포함되어 있고 적용할 수 있는 건축물의 형태가 한정적이다.

• **풍동실험(Wind Tunnel Test)에 의한 방법** : 대규모 혹은 비정형 건축물일 경우에도 설계 풍압력을 비교적 정확하게 도출할 수 있다.

(1) 법규에 의한 방법

건축구조기준(KBC 2016)의 풍하중에 대한 기준은 우리나라 평균 데이터를 기준으로 정하여 설계풍압을 선정한다. 따라서 법규에 의한 풍하중 선정방법은 난해한 건물구조 및 위치에 있을 때 정밀도가 낮을 수 있다. 법규에 의한 방법은 안전율이 많이 포함되어 있어 실제 풍동시험에 의한 결과치보다 높게 나오는 경우가 대부분이다.

자세한 사항은 건축구조기준(KBC 2016)의 외장재용 풍하중 항목을 참조한다.

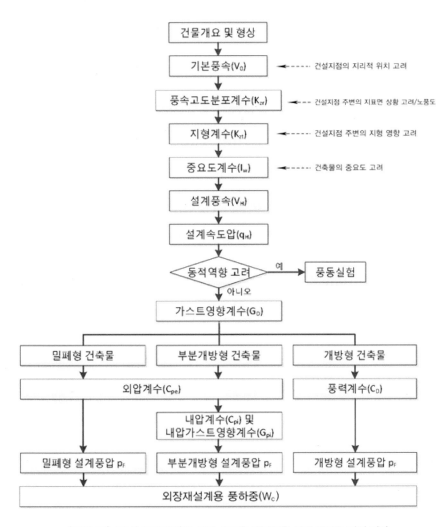

[그림 18] 법규(KBC2016)에 의한 초고층 외장재용 설계 풍하중 결정 절차

외장재 설계용 풍하중 및 간편법에 따른 외장재 설계용 풍하중[2]

외장재설계용 풍하중 W_C는 다음 식에 따라 산정한다.

$$W_C = p_C A_C \, (\text{N})$$ (0305.4.1)

여기서, p_C : 외장재설계용 설계풍압(N/m²).

단, 500 N/m²보다 작아서는 안 된다.

A_C : 외장재 등의 유효수압면적(m²)

위 식에서 외장재설계용 설계풍압 p_C는 기준높이 H에 따라 다음과 같이 산정한다.

■ 0305.4.1 기준 높이 20m 이상 건축물

기준 높이가 20m 이상인 건축물의 외장재설계용 설계풍압 p_C는 아래 두 종류로 구분하여 산정한다.

(1) 정압인 외벽

$$p_C = k_z \cdot q_H (GC_{pe} - GC_{pi}) \, (\text{N/m}^2)$$ (0305.4.2)

(2) 부압인 외벽 및 지붕면

$$p_C = q_H (GC_{pe} - GC_{pi}) \, (\text{N/m}^2)$$ (0305.4.3)

여기서, k_z : 높이방향 압력분포계수(〈표 0305.7.1〉의 ①에 따른다)

q_H : 기준높이 H에 대한 설계속도압(N/m²)(0305.5에 따른다)

GC_{pe} : 외장재설계용 피크외압계수(0305.8.1.에 따른다)

GC_{pi} : 외장재설계용 피크내압계수(0305.8.2에 따른다)

■ 0305.4.2 기준 높이 20m 미만 건축물

기준 높이가 20m 미만인 건축물의 외장재설계용 설계풍압은 벽, 지붕을 구분하지 않고 다음 식으로 산정한다. 단, 여기서 건설지점의 지표면조도구분이 A, B, C에 해당하는 경우에는 지표면조도구분 C에서의 설계속도압 q_H를 적용하고, 건설 지점이 지표면조도구분 D인 경우에는 해당 지표면조도 구분의 설계속도압 q_H를 적용한다.

$$p_C = q_H (GC_{pe} - GC_{pi}) \, (\text{N/m}^2)$$ (0305.4.4)

---

2 출처: KBC2016-외장재 설용 풍하중 산정법(산술식)

여기서, q_H : 기준높이 H에 대한 설계속도압(N/m^2) (0305.5에 따른다)

　　　GC_{pi} : 외장재설계용 피크외압계수(0305.8.1.에 따른다)

　　　GC_{pi} : 외장재설계용 피크내압계수(0305.8.2에 따른다)

■ 간편법에 따른 풍하중

외장재 설계용 풍하중 W_{SC}는 다음 식에 따라 산정한다.

$$\hat{W}_{SC} = 0.12 V_0^2 H^{0.44} C_e \widehat{C}_f A_C \text{ (N)} \hspace{3cm} (0305.14.3)$$

여기서, V_0　: 기본풍속(m/s) (0305.5.2.에 따른다)

　　　H　: 건축물의 기준 높이(m) (0305.1.2.(5)에 따른다)

　　　C_e　: 건설지 주변의 지표면 상황에 따라 정하는 환경계수로 통상 1.0을 사용하고, 장애물
이 없는 평탄지인 경우에는 1.7, 해안가인 경우에는 2.2로 한다.

　　　$\widehat{C}_f = GC_{pe} - GC_{pi}$: 피크풍력계수

　　　GC_{pe} : 외장재설계용 피크외압계수(0305.8.1에 따른다.)

　　　GC_{pi} : 외장재설계용 피크내압계수(0305.8.2에 따른다.)

　　　A_C : 외장재의 유효수압면적(m^2)

(2) 풍동실험(Wind Tunnel Test)에 의한 방법

실제건물 모형과 반경 500m 주변환경 및 건물 모형을 제작 건물모형 표면에 여러 개의 센서를 부착하고, 풍속기를 통하여 실제건물의 기본풍속을 주어 부착된 센서의 위치에 발생되는 피크외압계수 데이터로 설계풍압을 선정한다. 따라서 풍동실험에 의한 풍하중 선정방법은 난해한 건물구조 및 위치에 있는 건물의 설계풍압선정에 정밀도가 높다.

■ 풍동실험에 의한 풍하중 결정

• 기본 풍속 결정: 실험에 적용될 기본 풍속을 설정한다.

• 시험체 제작: 해당 건물을 포함한 반경 500 m 주변의 구조물을 통상 1/300~1/500 Scale 로 제작한다.

• 풍압공 설치: 입면별 높이 및 평면에 따른 풍압의 각기 다른 부분을 측정하기 위한 지름 0.9 mm의 풍압공을 약 300~1200개 설치하며 위치나 개소는 각 시험소별 전문가나 커튼월 전문가와의 협의에 의해 결정한다.

- 바람의 발생: 풍동(Wind Tunnel)의 단부에 위치한 송풍기에 의해 바람을 발생시킨다.
- 시험결과 측정: 보다 정확한 풍향별 계수를 얻기 위하여 모델이 놓여진 Turn Table을 매 15도, 22.5도, 또는 30도 등 시험체의 형상에 따라 사전에 협의된 각도로 360도 회전 시키면서 해당 건물의 모든 방향에 미치는 바람의 정도를 모델 입면에 설치된 압력공 을 통하여 센서에 감지시키고 이를 중앙 컴퓨터로 전송하여 수치를 출력한다.

풍동실험에의한 외장재 설계용 풍하중[3]

0305.15 풍동실험

0305.15.1 적용범위

(1) 이 절은 건축구조물이 0305.1.3(특별풍하중)의 조건을 가질 때 적용한다.

(2) 이 풍동실험법은 0305.2(주골조설계용 수평풍하중), 0305.3(주골조설계용 지붕풍하중), 0305.4 (외장재설계용 풍하중), 0305.11(건축물 부속물 및 기타 구조물의 풍하중) 및 0305.14(간편법에 따른 풍하중)을 대신하여 건축구조물에 대한 풍압, 풍하중 및 풍응답을 평가할 때 사용한다.

0305.15.2 실험조건

풍동실험은 다음 조건을 만족하여야 한다.

(1) 풍동 내의 평균풍속의 고도분포, 난류강도분포 및 변동풍속의 특성은 건축 현지의 자연대기경계 층 조건에 적합하도록 재현하여야 한다.

(2) 대상건축물을 포함하여 주변의 건축물 및 지형조건을 건축 현지조건에 적합하도록 재현하여야 한다.

(3) 풍동 내 대상건축물 및 주변 모형에 의한 단면폐쇄율은 풍동의 실험단면에 대하여 8% 미만이 되 도록 하여야 한다.

(4) 풍동 내의 압력 분포는 일정하도록 하여야 한다.

(5) 레이놀즈수에 의한 영향은 최소화하여 실험하여야 한다.

(6) 풍동 측정기기의 응답특성은 요구하는 조건을 충족하여야 한다.

0305.15.3 동적응답

건축구조물의 동적응답을 결정하기 위한 실험을 실시할 경우에는 0305.15.2(실험조건)을 만족해야 하고, 구조모델과 관련 해석을 수행할 경우에는 질량분포, 강성, 감쇠를 고려해야 한다.

---

3 출처: KBC2016-외장재 설계용 풍하중 산정법(풍동실험)

0305.15.4 풍동실험에 따른 풍하중의 제한

(1) 풍동실험결과로부터 평가한 주골조설계용 수평풍하중은 x축과 y축 방향의 전체 주하중이 0305.2의 절차에 따라 산정한 값의 80% 이하가 되지 않도록 하여야 한다. 여기서 전체 주하중이란 유연건축물인 경우에는 전도모멘트, 기타 건축물은 밑면전단력이다.

(2) 풍동실험결과로부터 평가한 외장재설계용 풍압은 0305.4의 절차에 따라 벽의 경우에는 ④영역, 지붕의 경우에는 ①영역에서 산정한 풍압의 80% 이하가 되지 않도록 하여야한다.

(3) 풍동실험을 위해 재현한 상세 주변 모형의 범위 안에 대상건축물에 특별한 영향을 미칠 건축물이나 장애물이 없는 경우에는 위 (1), (2)에서 규정한 80%의 제한값을 적용하지 않고 풍동실험에서 얻어진 풍하중과 풍압을 사용할 수 있다.

0305.16 재현기간1년풍속

재현기간1년풍속 V_{1H}는 다음 식에 따라 산정한다.

$$V_{1H} = 0.6\,V_0 K_{\Delta r} K_{\Delta t}\,(\text{m/s}) \tag{0305.16.1}$$

여기서, V_0 : 기본풍속(m/s) (0305.5.2.에 따른다)

$K_{\Delta r}$: 풍속고도분포계수로 지붕면 평균높이 에서의 값(0305.5.3.에 따른다)

$K_{\Delta t}$: 지형계수(0305.5.4.에 따른다)

단, 건설지점 부근의 유효한 관측자료가 있는 경우에는 그 값에 따라 설정할 수 있다.

[표 8] 풍동실험의 종류

구 분	풍력시험 Force Balance Test	풍진동시험 Aeroelastic Test	풍하중시험 Pressure Test	풍환경시험 Pedestrian Test
개 요	• 풍하중에 의한 전단력, 전도 모멘트 예측 • 구조골조에 대한 내풍 안정성 평가 • 건축 현장의 풍속 분포, 난류강도, 풍속스펙트럼 등 대기 경계층 재현 • 분력의 공기력을 로드셀(Load Cell)에 의해 계측 • 풍력스펙트럼을 산출하여 건축물의 진동가속도, 진동변위 등 동적거동 예측 및 거주자 사용성 평가	• 건축물의 동적 특성을 모사한 탄성모형 이용 • 바람에 의해 건축물의 동적 거동을 재현하는 실험 • 동적 응답을 직접 측정, 진동 모드 간의 합성효과 파악 • 진동 공기력이 포함된 진동 측정 가능 • 와류진동 및 겔로핑 등의 진동 예측	• 건축 외장재 등에 대한 풍하중 예측 • 건축현장의 풍속 분포, 난류강도, 풍속스펙트럼 등 대기 경계층 재현, 축소된 주변 지형 및 건물모형 사용 • 국부적 풍압을 다점 풍압계에 의해 계측 • 각 위치별 풍압을 적분함으로써 구조골조에 대한 풍력 정보 산출	• 새로운 건축물에 의한 국부적 풍속의 증가 또는 정체등 풍환경 변화현상 예측 • 지상 10 m 정도에서 건물주변 바람의 움직임에 의한 각종 구조물들의 안전성 등에 대한 사전 예측자료 확보

구 분	풍력시험 Force Balance Test	풍진동시험 Aeroelastic Test	풍하중시험 Pressure Test	풍환경시험 Pedestrian Test
데이터 종류	• 평균 풍력계수 및 변 동풍력계수 • 진동변위 • 밑면 전단력 및 밑면 전도모멘트, 비틀림 모멘트 • 풍하중 스펙트럼 • 층풍하중 • 가속도응답	• 진동 변위량을 측정하 는 시험으로 측정 단 위는 진동 • 가속도(Gal)로 산출됨	• 평균 풍압계수 • 최대 풍압계수 • 최소 풍압계수	• 측정지점에서의 높이 별 풍속 분포 • 접근풍속에 대한 측정 지점별 풍속 비
설계 반영	• 구조설계	• 구조설계	• 외장설계 • 구조설계	• 외부 환경 설계
적용 아이템	• 일반적으로 세장한 구 조물	• 기존건물에 부착된 구 조물 • 아트리움 등	• 비구조체인 외장을 가 진 구조물	• 건물 주변의 조경 및 시설물

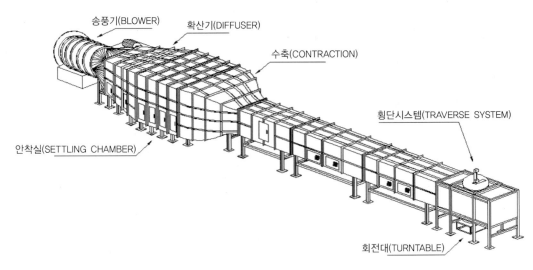

[그림 19] 풍동실험 장치 개념도

[표 9] 국내외 풍동실험소

구분	실험소	위치
국내	현대건설 기술연구소	경기 용인
	대우건설 기술연구소	경기 수원
	금오공대 풍동실험소	경북 구미
	전북대학교 풍동연구소	전북 전주
	TE-SOLUTION	경기 안성
국외	온타리오 주립대학	캐나다 온타리오
	RWDI	캐나다
	콜로라도 주립대학	미국 콜로라도
	Cermak Peterka Petersen (CPP)	미국 콜로라도
	BMT	영국 MIDDLE SEX
	일본 종합시험 연구소	일본 오사카

1.6.4 기밀성능

■ 개요

커튼월의 틈새를 통하여 외기가 실내 쪽으로 유입되는 통기량이 건축하고자 하는 건물의 허용 통기량을 만족할 수 있는 외장 디자인이 강구되어야 하는데 이를 기밀성능이라 한다. 이는 소음 및 열손실에도 밀접한 관계를 가지고 있다.

• **고정창**: 습식 마감 조인트(Wet Joint)보다 건식 마감 조인트(Dry Joint)가 기밀성능에 취약하다. 스틱 시스템일 경우는 글레이징 방법이 실란트 마감인지 가스켓 마감인지에 대한 구분에 따라 디자인 및 조립시공 시 검수사항이 발생되나, 유니트 및 하이브리드 시스템에서는 유니트별 조립 구간이 거의 모두 가스켓이므로 유니트별 조립부에서도 검수사항이 발생된다. 그러므로 스틱 시스템의 건식 마감 조인트 타입, 유니트 및 하이브리드 시스템에서는 전문 컨설턴트의 자문이 필요할 수 있다.

• **개폐창**: Vent의 Alignment에 따라 기밀성능이 좌우되므로 설치 시 Alignment에 중점을 두어야 한다.

■ 허용범위

커튼월에 대한 기밀성능에 대하여 국내에서 특별히 규정된 것은 없으나, 미국 AAMA 501(Methods of Test for Exterior)에 따르면 실물 크기 시험체(Mock-up)를 통하여 얻은 결과로서 기밀성을 기준으로 하고 있다.

시험체가 7.6 kgf/m²의 압력에서 통과하는 공기의 양이 당 0.06CFM을 넘지 않아야 하는 것으로 규정짓고 있다.

개폐창 부분의 틈새가 있는 경우에는 미국 AAMA CW-DG-1에 따르면 동압력(同壓力)하에서 투과되는 공기의 양이 틈새 직선거리 feet 당 0.37CFM를 초과하지 않아야 하는 것으로 규정짓고 있다. 그러나 국내에서는 기준보다 높은 feet 당 0.25CFM를 초과하지 않아야 하는 것으로 규정짓고 있다. 또한 압력차 7.6 kgf/m²은 최소 시험압력이며 발주처에서 보다 높은 기밀성을 요구한다면 30.4 kgf/m² 압력차이 내에서 건물의 용도에 따라 규정지을 수 있다.[4]

1.6.5   수밀성능

■ 개요

커튼월의 틈새에 결로수 이외의 빗물 또는 관리되지 않는 물 등이 실내 쪽으로 유입되지 않도록 하거나, 원활한 배수가 이루어질 수 있도록 하는 외장 디자인이 강구되어야 하며, 이를 수밀성능이라 한다.

■ 허용범위

커튼월에 대한 수밀성능에 대하여 국내에서 특별히 규제된 것은 없으나 미국 ASTM E-331 (Structural Performance of Exterior Windows, Curtain walls, and Doors, by Uniform Static Air Pressure Difference)에 따르면 실물크기 시험체(Mock-up)를 통하여 얻은 결과로서 목적물에 대하여 분사노즐(Spray Nozzle)을 배치하고 1분 당 3.4L의 물이 표면에 분사되면서 동시에 요구되는 풍하중으로 압력을 15분간 가하였을 때 AAMA 501의 허용기준에 따르면 누수현상이 없거나 외부로 배수될 수 있어야 하는 것으로 규정짓고 있다.

---

4 출처 : AAMA CW-DG-1_96

참고로 KS 규정에 의하면 수밀성능의 등급은 압력차로 구분하고 그 압력과 동시에 1분간 4L의 물을 10분간 분사하여 내부에서 누수가 발생하지 않거나 처리될 수 있어야 하는 것으로 규정짓고 있다. KS 규정의 수밀등급은 10 kgf/m², 15 kgf/m², 25 kgf/m², 35 kgf/m² 및 50 kgf/m²의 압력차로 정한 5등급으로 구분되어 있다.

■ 누수의 원인과 대책

누수의 원인에는 중력, 운동에너지, 표면장력, 모세관현상, 공기의 흐름, 압력차 등이 있으며, 대체로 설계도서로 디자인 가능하나 압력차에 의한 누수는 파악이 어려우므로 시험을 진행하여 문제점을 파악하고 디자인되어야 한다. 또한 최대한 내외부의 압력차를 해소, 즉 등압을 이루는 디자인을 강구하여야 한다. 이것을 일반적으로 등압 적용에 의한 Open Joint System 또는 Pressure Equalized Rain Screen System이라 이른다.

[표 10] 누수의 원인과 대책

우수침입경로		단면 형상	대책	
중력	줄눈 내에 밑으로 향하는 경로가 있으면 우수는 그 중력으로 침입		줄눈 내의 경사를 상부로 향하게 함. 물막이 높이를 높여서 설치	
표면장력	표면에서 전해져 줄눈 내부로 침투		물 끊기를 설치	
모세관현상	폭 0.5mm 이하의 틈에 내부로 물을 흡입하는 힘이 작용되어 물이 침입		줄눈 안쪽에 넓은 Air Pocket 공간을 설치 틈새를 넓게 함	
운동에너지	풍압 등에 의하여 물방울이 갖고 있는 운동에너지에 의해 틈새 내부까지 침투		운동에너지를 없애기 위해 미로를 만듦	

우수침입경로		단면 형상	대책	
기압차	건물의 내외에 생기는 기압 차에 의해서 공기의 이동으로 우수가 침입		외부의 기압과 줄눈 내부의 기압 차를 같게 함	

■ Open Joint System

등압이란 일반적으로 커튼월 내부에 공간을 두어 외부의 압력과 커튼월 내부공간의 압력을 동일하게 형성하는 것을 말한다.

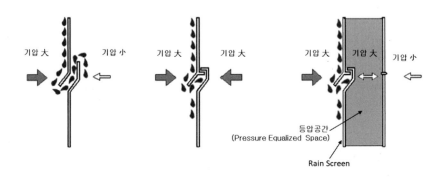

[그림 20] 등압 개념도

[그림 20]의 등압 개념도와 같이 내부에 공간을 두어 외부압력과 등압공간의 압력을 동일하게 유지할 경우 빗물 또는 관리되지 않는 물 등이 침투 또는 이동하려는 힘이 제거된다. 이를 이용하여 커튼월의 수밀성능을 유지하는 체계를 Open Joint System이라 명명한다.

커튼월 시스템에 따라 차이가 있으나 대체로 각 구성부재의 드레인홀(Drain Hole)을 이용하여 운동에너지를 약화시키는 방법을 적용하여 설계되고 있다.

Unit System의 Drain Concept은 커튼월의 내부로 유입된 물을 각 층의 Unit 마다 Stack Joint에서 모이게 한 후 Unit의 Head Bar에 형성된 거터 및 기울기를 이용하여 배수될 수 있도록 설계한다.

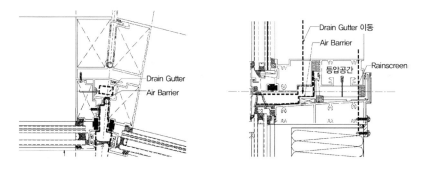

[그림 21] 유니트 시스템 등압공간 개념도

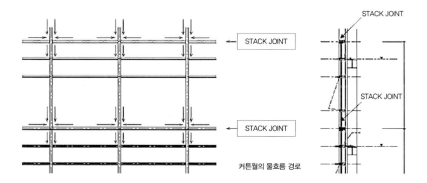

[그림 22] 유니트 시스템 Drain 개념도

■ Panel Cladding의 Drain Concept

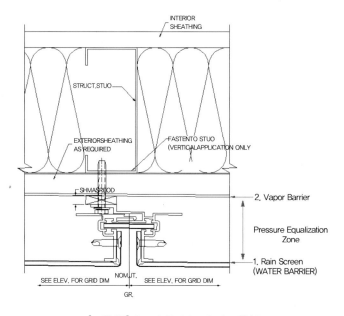

[그림 23] Panel Cladding Drain 개념도

1.6.6 구조성능

■ 개요

커튼월의 구조재는 풍하중 및 자중에 허용 변위 초과 및 파손이 없도록 사전에 건물에 적용되는 풍하중을 선정하여 그에 따른 구조계산을 통하여 처짐이 허용변위 미만 및 파손이 없도록 할 수 있는 외장 디자인이 강구되어야 하며, 이를 구조성능이라 한다.

■ 허용범위

커튼월에 대한 구조성능 허용 규준에 대하여 국내에서 특별히 규정된 것은 없으나, 미국 AAMA TIR A11(Maximum Allowable Deflection of Framing System for Building Cladding Components at Design Wind Loads)과 미국 ADM (Aluminum Design Manual) 등을 기준으로 하고 있다.

Vertical Member(Mullion)의 허용 처짐 변위는 TIR A11 기준에 준하여 지점간 거리(L)가 4,110 mm 미만이면 L/175이고, 지점간 거리(L)가 4,110 mm 이상 12 m 미만이면 L/240 + 6.35 mm이다.

Horizontal Member(Transom)의 자중에 의한 허용 처짐 변위는 AAMA MCWM(Metal Curtain Wall Manual) 기준에 준하여 고정창 구간(Fixed Area)일 경우는 3mm(1/8inch), 개폐창 구간(Vent Area)일 경우는 1.5mm (1/16inch)이다.

허용 휨 응력은 알루미늄 디자인 매뉴얼(ADM) 기준에 준하여 알루미늄 부재의 재질에 따라 선정하여야 한다. 이때 풍하중에 의한 단기하중 증가계수 1.33은 두지 않도록 한다.

1.6.7 단열성능

■ 열 환경

쾌적한 실내환경은 모든 건물에서 요구되는 것으로, 특히 최근에 커튼월이 적용된 초고층 복합빌딩(Mixed Use Building: 주거용 + 업무용 등)이 증가하면서 더욱 더 중요한 적용 요소로 받아들여지고 있다.

이는 실내 및 외부의 열 환경과 밀접한 관련이 있으며, 열 환경이란 온도, 습도로 조절되는 것으로 적절한 온도, 습도 조건은 실온 18~24℃, 습도는 40~60%로 습도는 다소 변한다

하더라도 쾌적도에 미치는 영향은 온도보다 적다.

현재는 공조시설의 사용(냉난방기)으로 여름과 겨울에 적당한 열 환경을 유지할 수 있으나, 에너지의 소비가 많아져 초기 비용보다는 유지비용이 많아지는 것이 문제점으로 지적되고 있다. 갈수록 실내 열 환경은 열악해지고 또한 건물의 방향 및 위치 등에 따라 열 환경이 많이 달라짐으로써 쾌적한 조건을 위한 많은 노력과 비용이 투자되고 있다.

■ 단열성능

에너지 절약과 쾌적한 실내환경을 위해 외기와 접한 마감(벽체)에서의 단열성능은 매우 중요하게 여겨지고 있으며, 이는 궁극적으로 외기의 열이 실내로 전달되지 않도록 하는 것이다. 열 이동은 고온에서 저온으로 이동하는 것으로 전도가 일어나며 결국에는 양쪽이 같은 온도가 되었을 때 정지한다.

이처럼 열의 전도, 대류, 복사 등 일련의 열 이동 현상을 열전달이라고 하는데, 이를 저지하여 여름에는 외기의 고온이, 겨울에는 외기의 저온이 실내로 전달되지 않도록 차열한다. 단열성능은 커튼월에 있어서는 매우 중요하다고 할 수 있다. 특히 주거용 건물의 경우 1일 24시간 의식주를 해결하는 공간으로 열 환경(온도와 습도)에 매우 민감하므로 더욱 열교차단이 중요하다. 그러나 열은 여름에는 실내의 저온이, 겨울에는 고온이 외기로 전달되면서 벽체에서 열관류 현상을 일으키며 단열성능을 저하시킨다.

벽체의 열관류 현상은 열전달에서 열전도로, 열전도에서 열전달로 일련의 과정을 거치면서 일어나지만 벽체를 중심으로 열관류 저항이 발생한다. 이 열관류 저항을 높여주는 것, 즉 열관류율을 줄이는 것이 결국 건물의 단열성능 확보하는 것이다. 이는 외부 커튼월에서 외기 열 환경이 실내로 유입되는 것을 차단하는 것이다.

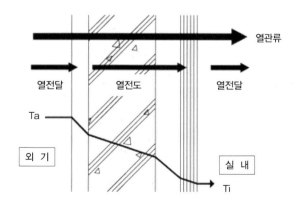

[그림 24] 벽체의 열전달 현상

■ 커튼월의 주요 자재별 단열성능 확보

최근 업무용 및 주상복합용 빌딩은 고층 또는 초고층으로 주류를 이루고 있는 현실이다. 이런 빌딩에서는 일반 콘크리트 구조물이 아닌 건물 전체 또는 일부를 알루미늄 커튼월과 유리를 적용하고 있는 추세이므로 단열은 매우 중요하다.

알루미늄은 원자재 자체적으로 열전도율이 매우 높은 재질이며, 다른 자재들의 기본적인 열적 특성을 정리하면 아래의 표와 같다.

[표 11] 커튼월의 주요 자재 별 열적 성능 비교표

재료	밀도 (ρ) kg/m^3	전도율 (κ) W/m℃ kcal/mhr℃
알루미늄	2790	164/141
철	7850	386/332
돌	2600	2.8/2.4
콘크리트	2300	1.4/1.2
유리	2500	1.5
벽돌(외부용)	2100	0.84/0.7

- 상기 비교 재료는 주로 외부에 사용되는 재료를 명시한다.
- 국내에서는 kcal/mhr℃ 단위를 사용하고 있으나 외국에서는 W/m℃를 사용하고 있다. 현재 공인시험기관에서는 병행하여 사용하고 있다.

■ 알루미늄의 단열성능

외부와 실내에 경계로 하는 외장 마감으로서의 알루미늄은 열에 민감하며, 열전도 시간도 매우 빠르므로 단열에 매우 취약한 자재이다. 그러나 알루미늄 바(AL. Bar) 자체적으로 열전도가 일어나지 않도록 알루미늄 바에 절연체를 삽입한 단열 바를 적용하고 있으며, 최근 건축되는 건물은 거의 모두 단열 바를 적용 시공하고 있다.

단열 바 시스템은 두 종류가 있으며 그 특징은 다음과 같다.

[표 12] 단열 바 시스템

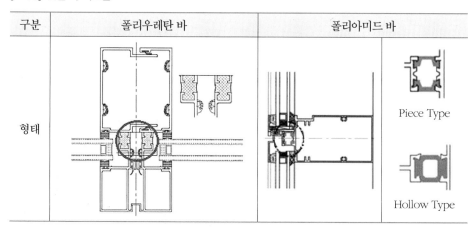

구분	폴리우레탄 바	폴리아미드 바
형태		Piece Type Hollow Type

[표 13] 폴리우레탄 바와 폴리아미드 바의 비교

구 분	폴리우레탄 바	폴리아미드 바	
		금형 타입	패드 타입
디자인	단열층에 폴리우렌탄을 충진하여 굳히는 타입일체된 알루미늄 바	분리된 알루미늄 바에 끼워 알루미늄 바로 압착하는 타입	분리된 알루미늄 바에 끼워 Fastener로 고정하는 타입
작업 공정	알루미늄 바에 선 도장 후 충진 냉각시켜 굳힌 상태에서 알루미늄 바를 De-bridging 한다.	분리 도장된 알루미늄 바에 끼운 후 압착기로 알루미늄 바를 밀착하여 고정한다.	분리 도장된 알루미늄 바에 끼운 후 Fastener로 계산된 간격에 준하여 고정한다.
특징	충진 후 냉각시킴으로 인하여 Shrinkage가 발생할 수 있으므로 자재 공급업체에서 규정한 방법에 입각하여 디자인 및 가공하여야 한다.	Crimping Rollers의 위치 및 알루미늄 바에 가하는 힘을 자재 공급업체에서 규정한 방법에 입각하여 압착하여야 한다.	Fastener로 고정하므로 열전도에 대한 계산 후 Thermal Barrier의 크기를 정하여야 한다.

■ 알루미늄과 유리의 단열성능

유리의 열관류율은 다른 자재보다 높아 기타 벽체 마감에서 단열성능을 보완하였다 하더라도 창문에서 열손실이 발생되기 때문에 건물 전체적인 성능 유지는 쉽지 않다.

최근의 건축물은 점점 고층화 및 대형화되고 있으며, 입주자들의 조망권 확보를 위하여 전체적으로 입면에 대형 유리가 적용되고 있는 추세이다. 이에 따라서 여름, 겨울에 냉난방에 대한 열손실의 문제가 대두되고 있으며, 에너지 절약과 더불어 환경 친화적 차원의 영향을 고려해야 할 필요성이 커지고 있다. 따라서 유리의 단열성능을 증진시키는 방법을 고려해야 하는 것뿐만 아니라 유리의 햇빛 투과, 시야확보(View) 및 외부에 반사되는 미려한 영상 등 여러 가지 기능을 확보하는 것을 고려해야 한다.

유리의 열관류에 대한 전달 저항은 일반 벽과는 다르므로, 표면의 열전달 저항을 크게 하는 방법이 효과적이다. 또한 복층유리의 공기층에 아르곤 및 크립톤 주입, 고성능 로이코팅 유리, 그 외 최근 점점 새로운 방법을 강구하고 있다.

현재 대부분의 프로젝트에서 24mm 혹은 28mm 복층유리를 일반적으로 사용하고 있으나, 최근 증가하고 있는 추세는 초고층 주상복합 빌딩과 업무용 빌딩에서 에너지 절약을 목적으로 보다 나은 단열성능을 강화하기 위해 여러 가지 기술적인 제시가 이루어지고 있으며 또한 현장에서 적용되고 있는 중이다.

■ LOW—E(Low Emissivity) 유리의 적용.

현재 가장 보편화된 유리의 열관류율 저하방법으로 최근 많이 이용되고 있다. 일반 24 mm 복층유리(6+12+6)의 경우 열관류율은 약 2.3kcal/m²hr℃ 정도로 유리 투명도와 색상에 따라 약간의 차이가 있다.

또한 최근 복층유리(IGU)는 유리면에 더블, 트리플 Low-E 코팅 처리를 하고 유리 사이의 공기층에 불활성 가스를 주입함으로써 성능을 보완하고 있다.

[표 14] LOW—E 코팅, 유리의 일반적 성능

유리 종류	열관류율(kcal/m²hr℃)	차폐 계수	차음 성능(STC)
24 mm Single Silver Coated	1.5~1.6	0.49(G)/0.44(B)/0.70(C)	35
24 mm Double Silver Coated	1.4	0.33(G)/0.29(B)/0.37(C)	35
24 mm Double Silver Coated w/Argon	1.2	0.27(G)/0.22(B)/0.32(C)	35

• Single Coated: IGU 둘째 면 또는 셋째 면에 은막 1회 코팅 처리
• Double Coated: IGU 둘째 면 또는 셋째 면에 은막 2회 코팅 처리

[표 14]의 내용은 보편적인 사양을 보여주는 것이고, 보다 상세한 사양과 성능에 대한 내용에 대해서는 유리전문 회사의 자문을 구하는 것이 바람직하다.

복층유리에 일면 Low-E 코팅을 적용할 경우 유리 제조사에서는 열관류율이 약 1.5 kcal/m²hr℃ 정도로 개선되는 것으로 제시하고 있다. 실제 Mock-Up 테스트에서 일반 복층유리와 LOW-E 복층유리를 비교하면 열전달 면적이 감소하는 것을 관찰할 수 있다.

[표 15] 유리의 결로시험 결과

일반 24 mm 복층유리	24mm Low-E 복층유리
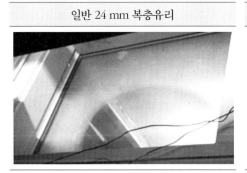	

복층유리의 알루미늄 간봉(Spacer) 부분은 냉교(열교)에 취약 함으로 테스트 시 서리 및 결로 현상도 모서리 부분에서 가장 먼저 발생되어 중심부로 확대된다.

위의 사진에 관찰되듯이 Low-E 코팅을 적용하면 열관류율이 개선되어 내부로의 열 흡수가 감소하면서, 결국 결로가 발생되는 시점인 노점온도가 높아지는 것을 알 수 있다.

1.6.8 내진 성능

■ 개요

층간변위 성능은 커튼월의 구조재가 건물 슬라브(Slab) 및 구조체에 고정되어 시공되므로 건물의 지진 및 풍하중에 의한 횡 변위(Horizontal Movement), 건물자중, 기둥간 수축 팽창 및 활하중에 대한 종 변위(Vertical Movement) 등 건물의 움직임에 충족할 수 있는 외장 디자인이 강구되어야 한다.

■ 허용범위

커튼월에 대한 층간 변위 성능 허용 규준에 대하여 국내 건축구조 기준 KBC 2016 및 미국 ASCE 7(American Society of Civil Engineers)에 지진에 내한 횡 변위에 적용되는 힘과 허용 변위(처짐)에 대한 기준 산식이 정해져 있다. 종 변위는 각 건물의 자중에 기둥 간 수축 팽창 및 활하중에 대한 구조검토가 이루어진 변위와 커튼월 구조재의 유니트(Unit) 당 열

수축 팽창을 감안하여 고려해야 한다.

스틱 시스템(Stick System)은 Structural Sleeve와 Expansion Joint에서 종횡 변위에 대하여 충분히 고려될 수 있어야 한다.

유니트 시스템(Unit System) 및 하이브리드(패널라이즈드) 시스템은 별도의 Stack Joint Bar에서 종횡 변위에 대하여 충분히 고려될 수 있어야 한다.

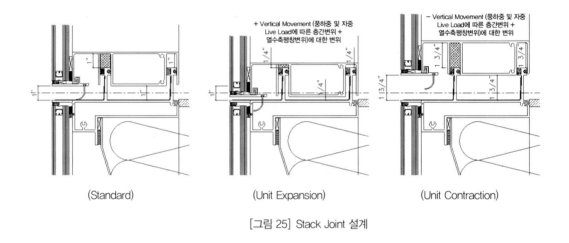

(Standard)   (Unit Expansion)   (Unit Contraction)

[그림 25] Stack Joint 설계

■ 횡변위 적용산식(KBC 2016 0306)[5]

0306.10.2.2 커튼월, 스토어 프론트, 칸막이벽에 끼워진 유리

(1) 일반사항

커튼월, 스토어 프론트, 칸막이벽에 끼워진 유리는 식(0306.10.8)의 상대변위 요구조건을 충족하거나 또는 13mm 중에서 큰 값을 택한다.

$$\Delta_{fallout} \geq 1.25 I D_p \qquad\qquad (0306.10.8)$$

여기서, $\Delta_{fallout}$: 커튼월, 스토어 프론트, 칸막이벽에서 유리가 빠져나오는 상대적 지진변위

　　　　D_p : 유리요소가 수용할 수 있도록 설계되어야 하는 상대적 지진변위(0306.10.1.3).

　　　　D_p 는 설계 대상 유리 요소의 높이 위쪽에 적용한다.

　　　　I_E : 0306.4.2에 따라 결정되는 중요도 계수

---

5 출처 : KBC 2016 건축구조기준의 0306 지진하중

ASCE 7(American Society of Civil Engineers)의 Chapter 13

[예외]

① 식(0306.10.9)에서 규정된 바와 같이 설계변위에서 골조로부터 충분한 틈새를 보유하고 있어서 유리와 골조 간의 접촉이 발생되지 않는 경우

$$D_{clear} \geq 1.25 D_p \qquad (0306.10.9)$$

여기서, D_{clear} : 유리－골조 접촉을 최초로 야기하는 유리 패널의 높이 위쪽에서 측정된 상대 수평변위. 직사각형 벽면골조 내부에 있는 직사각형 유리패널의 경우

$$D_{clear} = 2_{c1}\left(1 + \frac{h_p c_2}{b_p c_1}\right) \qquad (0306.10.10)$$

여기서, h_p : 직사각형 유리패널의 높이

　　　　b_p : 직사각형 유리패널의 폭

　　　　c_1 : 유리의 양쪽 수직 테두리와 골조 사이의 틈새 간격의 평균값

　　　　c_2 : 유리의 상부와 하부 수평 테두리와 골조 사이의 틈새 간격의 평균값

② 내진등급 I, II에 해당하는 건축물의 보도면으로부터 높이 3m 이하의 견고히 제작된 통유리는 이 요구조건을 따를 필요가 없다.

(2) 유리 비구조요소를 위한 지진변위 제한

커튼월, 스토어 프론트, 또는 칸막이 벽으로부터 빠져나오는 상대적 변위 $\triangle_{fallout}$ 는 공학적 해석에 따라 결정해야 한다.

*횡 변위에 대한 검증을 필요로 할 경우 시방서에 따라 AAMA 501.6에 의하여 진행한다.

1.6.9　차음 성능

건축 제품의 차음 성능 평가는 지난 50 년 동안 계속 관심의 주제였다. 성능평가에 사용된 두 가지 주요 분류 지수는 소리 전달 클래스(STC)와 야외 실내 전송 클래스(OITC) 이다. 현재의 관행은 거의 항상 실험적이며, 이들 음향 송신 등급 자체가 안락감 또는 소음의 척도가 아니라 오히려 상대적인 성능의 척도이다. 또한, 소리 인식 및 일반적인 방법의 특성으로 인해 결과가 항상 동일한 것은 아니며 해석 및 주관적 평가도 될 수 있다.

차음유리의 성능은 항공기, 기차, 차량 및 빌딩 등에서 원치 않는 소음의 소리 전달을 효과적으로 줄이는데 도움이 되는 다양한 유리와 창틀의 조합으로 이루어진다. 접합유리 또는 공기 또는 아르곤으로 채워진 공간으로 구성된 복층유리에 적용된다.

차음성능의 두 가지 분류는 다음과 같이 정의된다.

• **Sound Transmission Class (STC)** : 일반적인 사무실 건물 소음에 노출 된 실내 벽 및 바닥 칸막이의 방음 특성 등급에 대해 ASTM E 413 분류를 사용하여 계산 된 단일 숫자 등급이다. STC 곡선이 실제 측정 된 전송 손실 데이터에 적용되고 500 헤르쯔(Hz)에서 곡선의 전송 손실 값이 STC 단일 숫자 등급이다.

• **Outside-Inside Transmission Class (OITC)** : 자동차, 기차 및 항공기와 같은 저주파수 소음원에 노출된 벽, 칸막이, 문 및 창을 분류하는 데 사용되는 단일 숫자 등급이다. ASTM E 1332 테스트 방법은 OITC 등급을 얻기 위해 전송 손실 데이터에 적용되는 운송 스펙트럼 및 로그 합계를 지정한다. 이 등급은 외장 글레이징의 음향 성능을 분류하는 데 사용된다.

1.6.10 커튼월 발음(소음; Noise)

금속 커튼월에서 금속 특유의 마찰음이 외력(바람, 지진) 등과 특히, 열적 변화에 의해 생기는 알루미늄재의 수축 및 팽창이 주원인이 되어 발생하는 경우가 있다. 마찰음의 발생 부위는 멀리언 조인트(Splice Joint; Sleeve 이음 부위), 트랜섬과의 접합부 및 멀리온의 고정(Anchor) 부위 등이 될 수 있다.

이와 같은 마찰음의 발음현상에 대한 방지책으로 조인트 부위는 팽창 · 수축을 자유롭게 하고 그 마찰면을 매끈하게 처리하며, 트랜섬과의 접합부위는 열 신축에 의한 팽창 · 수축을 구속한다. 또한 멀리온의 고정(Anchor) 부위는 아이솔레이터(Isolator)를 사용하여 고정(Anchor)부위에서의 마찰을 방지하고 이종금속의 상호 접촉에 따른 부식을 방지하도록 한다.

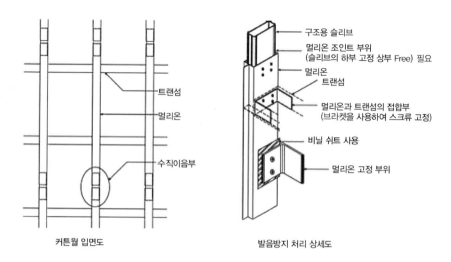

| 커튼월 입면도 | 발음방지 처리 상세도 |

[그림 26] 커튼월 입면도 및 발음방지 처리 상세도

1.6.11 피뢰 대책

낙뢰 우려가 있는 건축물에는 건축법 제87조 제2항의 규정에 적합한 피뢰 설비를 설치하여야 한다. 특히 초고층 건물에 있어서는 중간층 부위에 낙뢰할 가능성이 있으므로 커튼월에 피뢰설비에 대한 대책을 고려하여야 한다. 접지 방법으로는 커튼월의 구조부재인 멀리온에 접지 케이블을 연결할 수 있는 알루미늄 앵글을 부착하여 건축 구조체인 기둥 또는 다른 구조체에 연결시켜 접지하도록 한다.

[그림 27] 피뢰 설비

1.6.12 항공장애등

야간에 운행하는 항공기에 대하여 항공의 장애가 되는 물건의 존재를 시각적으로 인식시키기 위한 시설로 항공법 제41조에 의하여 지표면으로부터 60m 이상 높이의 초고층 건물이나 공작물에 항공장애등을 설치하도록 규정하고 있다. 따라서 외벽이 커튼월로 구성되는 건물에 있어서 항공장애등은 커튼월에 설치되며 외부에 노출되므로 풍하중 및 자중(저광도, 중광도, 고광도 구분)에 대하여 연결 브라켓, 볼트, 용접 등의 구조 검토가 이루어져야 한다.

또한 항공장애등 설치 부위에 대한 커튼월의 성능이 유지되도록 기밀성, 수밀성, 및 Back-Panel의 유입선 관통부위에 대한 단열성 등이 공장 및 현장 조립 시에 반드시 적용되어야 한다.

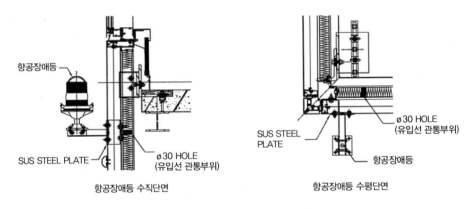

[그림 28] 항공장애등 수직/수평 단면

1.6.13 BMU (Building Maintenance Unit)

건물외관이 복잡해짐에 따라 관리를 위한 Facade 외장에 접근 및 유지 관리는 안전하고 효율적인 건물 유지 보수에 중요하다. 커튼월에 작용하는 풍하중, 지진, 또는 기타 외력에 의하여 프레임 손상 및 유리 파손에 대한 유지, 보수 방안이 설계단계에서 검토되어야 한다. BMU를 성공적으로 구현하려면 상호 작용이 필수적으로, 파사드 인터페이스(Façade Interface), 구조적 부하 및 전력 요구 사항에 대한 통합 솔루션을 필요로 한다. 일반적으로 커튼월을 보수할 수 있는 방안으로 BMU를 사용하며, 초고층 건물의 적용에 있어서 바람의 영향 및 곤돌라 케이지의 흔들림 방지를 위하여 Tie-Back 앵커 시스템과 BMU 레일 시스템으로 구분할 수 있다.

1.7 ◢ 개폐창, 배연창 방식 및 환기성능

1.7.1 개폐창

(1) Project Out 방식

■ 개폐 개요

Frame의 상부부재를 중심축으로 하여 실외방향으로 개폐되는 방식이다.

■ 설계 및 성능 특징

• 우천시 개방된 상태에서도 어느 정도는 우수의 침입을 막을 수 있다.

• 구조적으로 안정되어 가장 일반적으로 적용된다.

• 외부로 개방되므로 초고층건물에 적용시에는 바람의 영향을 고려하여 Hardware의 선정이 검토되어야 한다.

• 열림각도는 보통 30°~45°로 환기량은 Pull Down과 비슷하고 Casement 보다 적다.

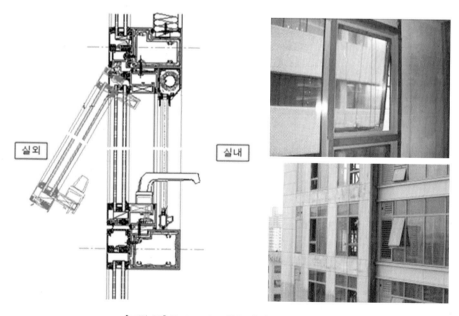

[그림 29] Project Out 창호 개폐 단면 및 사진

(2) Pull Down 방식

■ 개폐 개요

Frame의 하부부재를 중심축으로 하여 실내방향으로 개폐되는 방식이다.

■ 설계 및 성능 특징

• 외부면에 방충망 설치 및 실내면에서의 청소가 비교적 용이하다.

• 우천시 우수침입의 우려로 개방된 상태를 유지하기 어려우며 개폐 디테일 특성상 Project Out방식에 비해 방수성능이 떨어진다.

• 방충망이 외부에 설치되므로 미관이 좋지 않다.

• 손잡이가 창 상부에 위치하므로 바닥면에서의 높이가 클 경우 제약이 있다.

• 열림각도는 보통 30°~45°로 환기량은 Project Out과 비슷하고 Casement 보다 적다.

• 초고층에는 강풍으로 인해 실내의 공기가 배출이 어려움으로 공조설비가 계획된 건물에 적합하다.

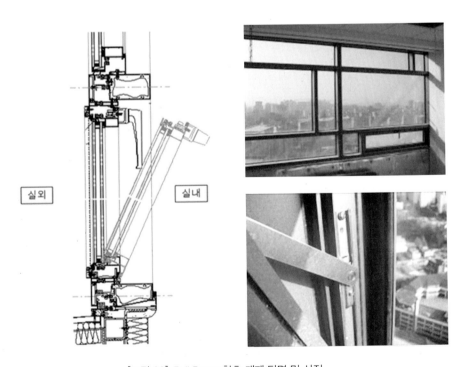

[그림 30] Pull Down 창호 개폐 단면 및 사진

(3) Casement Out 방식

■ 개폐 개요

창호 Frame의 좌측 또는 우측 수직 부재를 회전축으로 외부로 개폐되는 방식이다.

■ 설계 및 성능 특징

• 구조적으로 안정하다면 개방시 100%에 가까운 환기면적의 확보가 가능하다.

• 난간 설치가 용이하고 외부에 노출되지 않는다.

• 창이 개방된 상태에서는 구조적으로 Cantilever의 형태가 되기 때문에 자중에 견딜 수 있는 Hardware 선정이 중요하다.

• 강풍시 바람의 영향을 가장 많이 받으며 장기적으로 처짐이 발생할 수 있는 구조로 회전축 보강설계에 주의가 필요하다.

• 우천시 우수의 침입 우려로 개방 상태 어렵다.

• Glass 취부시 처짐을 고려하여 Setting Block의 위치를 반드시 고려해야 한다.

• 수동식일 경우 Multi Locking Point Hinge를 사용하여야 한다.

• 초고층 건물에 적용시에는 강풍의 영향을 많이 받으므로 수동식 보다는 전동식Type을 사용하는 것이 유리하다.

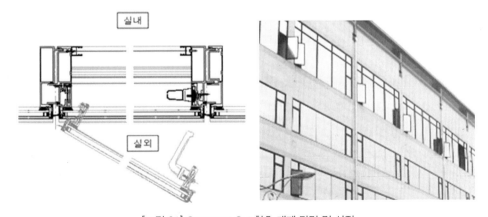

[그림 31] Casement Out 창호 개폐 단면 및 사진

⑷ Sliding 방식

■ 개폐 개요

창호 Frame의 수평 방향으로 하부레일 활용하여 개폐되는 방식이다.

■ 설계 및 성능 특징

- 환기면적을 가장 최대한 확보할 수 있다.

- 기존에 많이 사용되고 있는 Sliding 창호는 다른 창호 Type에 비해 기밀, 수밀, 단열 성능이 매우 취약하다. 따라서 커튼월로서의 성능을 만족하기 위해서는 System 창호의 개념이 도입되어야 한다.

- System Type의 개념이 도입됨으로 인해 가격이 상승 요인이 있다.

- 환기면적을 확보를 위한 개폐 면적 확대를 위하여 최소 2배 이상의 Module 계획이 이루어져야 한다. 이에 따라 수직 구조 부재의 구조적 보완으로 인한 Cost 상승요인이 된다.

- 입면상 4-Side 적용이 불가하며 Slim한 입면 디자인이 매우 어려우며 불리한 디자인 요소에 의해 초고층 주상 복합 건물 적용에 제약이 크다.

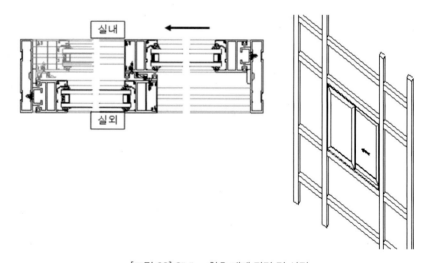

[그림 32] Sliding 창호 개폐 단면 및 사진

1.7.2 배연창

■ 배연창 설계시 고려사항

① 개폐방법   ② 창문의 크기

③ 개폐방식(디지털/아날로그)   ④ 개폐각도

⑤ 설치조건(Curtain Box 등)   ⑥ 선정전 Test 횟수

⑦ 안정성   ⑧ 조작방법의 편리성

⑨ 유지보수 및 하자관리   ⑩ 미관

■ 배연창 구성요소 및 기능

구분	기능
연기(열) 감지기	화재를 감지하여 방재실내의 종합방재수신기에 화재신호 전송
종합방재수신기	연기(열)감지기로부터 감지된 화재신호에 의하여 배연창 수신반에 화재 신호 전달
배연창 수신반	AC 220V를 기본 전원으로 DC 24V로 운용되며 종합방재 수신기로부터 화재 신호를 받아 각 해당층에 개폐기를 기동함. 건전지가 내장되어 화재발생시 예비전원으로 작동
연동 제어기	R형 수신기의 중계기에서 신호를 받아 창문의 개폐확인을 하며 각층의 수동 개폐 가능
개폐기	배연창을 개폐시키는 동력 발생장치

· 배연창은 건설교통부령 "건축물의 설비 기준 등에 관한 규칙 제 14조"에 적합하게 설치되어야 한다.

· 배연창 개폐기는 전동 및 수동 겸용으로 일체형으로 한다.

· Two Chain 방식으로 해당 지역의 설계 풍압에 만족하여야 한다.

· 화재시 열 및 연기 감지기에 의하여 자동 및 수동으로 개방되어야 한다.

· 평상시는 수동 조작반을 이용하여 환기창으로 사용할 수 있어야 한다.

- 양쪽에 고정된 2줄의 Chain은 Vent를 열고 닫을 때 안전하며 완벽한 밀폐로 소음과 누수를 차단하도록 하며 성능 목입 시험시 작동시험을 통해 확인한다.

- 소음이 없어야 하며 작동시 불쾌감이 없어야 한다.

- 방재실의 수신반에서 창의 개폐를 확인할 수 있어야 한다.

- 창문의 개폐 각도를 조정할 수 있어야 한다.

C H A P T E R **2**

커튼월 SYSTEM 재료

2.1 커튼월 시스템 구조용 재료

2.1.1 알루미늄

경제적이면서 구조성능을 보유한다는 것이 알루미늄 주요 강점이다.

- **경량재**: 비중이 2.7로 STEEL의 약 1/3(STEEL 비중 7.8)이다.
- 구조성능이 우수하다.

  외장 커튼월재: 6063-T5의 경우 Fy=16ksi = 1,125kg/cm^2

  6063-T6의 경우 Fy=25ksi = 1,757kg/cm^2

  합금 정도에 따라 자동차, 컨테이너, 비행기 동체 등에도 사용된다.
- **가공성**: 판재, 봉, PIPE, 가공 형태로 가능하며, 재질상 가공이 용이 하다.
- **내산성**: 공기중에 노출되면 산화피막이 형성되어 강철처럼 녹이 슬거나 동처럼 녹청이 발생하지 않는다.
- **무독성**: 인체 무해 무독성으로 식기, 식용포장재로도 사용한다.
- 저온에서의 기계적 성질: -200℃ 극저온에서도 기계적 성질을 유지한다.
- 선팽창 계수(23x10^{-6} mm/mm/℃)가 크다.

2.1.2 강철

강철이 커튼월에 사용되는 경우는 외장재와 보조재로 나눌 수 있다.

- **외장재**: 멀리온 프레임(틀)재, 패널, 샷시 등

  일반구조용 압연 강재, 표면처리 강재, 내후성 강재 등이 사용되어 왔지만, 현재는 내후성 강재로 많이 사용된다.
- **보조재**: 화스너, 트러스, 조이너, 물흘림(Flashing), 연결볼트 등

  일반구조용 압연 강재로 많이 사용된다.

2.1.3   스테인리스 강

스테인리스 강은 특성과 용도에 따라 많은 종류가 있다.

- 현재 건자재로서 사용하는 대표적 강종으로는 Cr-Ni계 스테인리스(STS304, STS316)계 와 Cr계 스테인리스(STS430)계가 있다.

- 그 중 가장 사용량이 많은 강종으로 STS304이 건자재에서 사용되며, 미관, 내식성, 강 도, 가공성, 경제성 등에서 최적조건을 갖고 있다. 건축 내외장재는 물론 다양한 용도로 도 사용된다.

- 해안지대나 공장지대의 염분, 철분, 유해가스 등 부식요인이 많은 환경에서는 건축물의 외장이나 지붕재에 STS304보다 내식성이 우수한 STS316이 적합하다.

2.2 ◢ 커튼월 시스템 주요소재: 유리

2.2.1   판유리

(1) 판유리 제조 역사

약 4000여 년 전에 고대 시리아에서 처음 사용된 것으로 발견되었으며 이 당시에 유리는 귀중한 물질로써 왕실이나 종교적 행사 목적 등으로 사용되었다.

로마제국에 들어서 유리 제조 품질과 사용이 상당한 수준에 도달 하였으나 중세시대 이르러 유리의 사용이 교회 건축의 "스테인드글라스" 제조에 국한됨으로 급격하게 사용이 감소되었다.

7세기 들어 시리아인이 "Crown" 방식 판유리 제조기술이 처음 개발되었다. 이후 약 1000 년간 적용되었다.

20세기 초에 저렴한 시트 제조방식이 개발되었다. 평활도 개선된 플레이트 제조방식이 도입되어 마차 창유리 또는 거울 등으로 사용되었다.

1959년 영국 필킹톤 사에서 플로트 유리 제조방식이 처음 개발되었다. 유리면 평활도가 우수하여 현재 대부분의 판유리 생산에 적용되는 제조방식이다.

(2) 플로트 공법 판유리 제조

용광로에서 용융된 유리는 중력에 의하여 용융 주석탕 위로 흘러내려온다. 액체화된 용융주석과 용융 유리가 표면장력 효과에 의한 최적의 평활 판유리 상태에서 주석 용융탕으로부터 흘러 녹아 내린 유리는 냉각로(아닐링)에서 롤러를 타고 지나며 서서히 실내온도까지 냉각 되며 아닐드 유리로 된다.

(3) 판유리 구분

■ 플로트 판유리

KS L 2012의 일반용 규격에 합격한 것이나, 동등이상의 것으로 하며 치수 및 형상은 도면에 명시한 것으로 한다.

등급은 A등급(제경용, 자동차용), B등급(일반건축용)으로 나누어진다.

■ 강화유리(Tempered Glass)

KS L 2002에 합격한 것이나 동등 이상의 것으로 하며 치수 및 형상은 도면에 명시한 것으로 한다.

강화유리의 경우 유리에 함유된 니켈황화물(Nickel Sulfide Inclusions)의 팽창으로 인해 아무런 징후 없이 깨지는 현상이 발생한다. 따라서, 자파현상으로 인한 2차 피해방지를 위해 Safety Film 부착 또는 Heat Soak Test를 실시하도록 한다.

■ 배강도유리(Heat Strengthened Glass)

품질은 KS L 2015에 합격하거나 동등 이상의 제품으로 하며 치수 및 형상은 도면에 명시한 것으로 한다. 반사 및 착색 배강도유리를 포함한다.

■ 무늬유리(Figured Glass)

KS L 2005(무늬유리) 규정에 합격한 것이나 동등 이상의 것으로 하며 치수 및 형상은 도면에 명시한 것으로 한다.

■ 열선흡수 판유리(색유리-Tinted Glass/ Heat Absorbing Glass)

KS L 2008에 합격한 것이나 동등 이상의 것으로 하며 색상, 치수 및 형상은 도면에 명시한 것으로 한다.

■ 망입유리(Wire Glass)

KS L 2006에 합격한 것이나 동등 이상의 것으로 하며 치수 및 형상은 도면에 명시한 것으로 한다.

■ 투명유리(Clear Glass)

투명 판유리는 판유리에 함유된 잔류 철분에 의하여 옅은 녹색을 띤다. 완전히 투명한 외관 색상은 아닌 것임으로 진정한 투명유리를 적용할 경우, 저철분 투명유리를 고려하여야 한다.

■ 저철분 투명유리(Low Iron Glass)

투명 유리의 잔류 녹색을 제거하여 투명성을 높인 유리이며 쇼윈도나 그림 액자처럼 유리를 통하여 실물과 가까운 본래 색상을 보거나 외장유리의 잔류 녹색이 없는 맑은 건물 이미지를 구현하는데 적용한다. 판유리 제조사마다 고유의 명칭을 붙이고 있다(예: 옵티화이트, 스타파이어, 디아망 등).

■ 색유리(Tinted Glass)

색유리는 색상을 발현하는 첨가물에 의하여 고유의 색을 갖는다(예: 그린, 그레이, 블루, 브론즈 등). 색유리는 유리의 고유색상으로 인하여 건축 디자인에서 요구하는 미적 외관을 나타낼 수 있다. 열 광학적 측면에서는 색유리가 태양 에너지를 일부 흡수 함으로서 가시광선, 자외선 및 열선을 흡수하여 실내 투과를 억제 시키는 역할을 한다. 색유리는 복층유리의 외부 측에 적용되며 고성능 반사 또는 로이 코팅을 적용하여 태양열 취득계수(SHGC) 가 향상되고 더불어 독특한 미적 외관을 형성한다.

(4) 판유리 색상

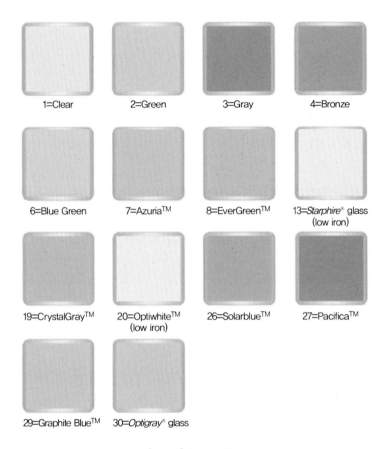

[그림 1] 판유리 색상

(5) 판유리의 기계적 및 통계적 성질

- 유리의 기계적 성질

- 영스모듈러스(Young's Modulus): 10.4×10^6 psi

- 전단모듈러스(Shear Modulus): 4.3×10^6 psi

- 열팽창계수: 88×10^{-7}/℃

- 비중(Density): 2.5

- **파손강도(Modulus of Rupture)**
  - 아닐드 유리: 6,000psi
  - 반강화 유리: 12,000psi
  - 완전강화 유리: 24,000psi

■ 유리의 통계적 성질(Statistical Nature of Glass)

- **유리의 파손 성질**

  유리는 근본적인 파손 물성으로 인하여 여러 형태의 기계적 하중구조, 즉 충격, 굽힘, 집중응력, 기계적 및 열하중 등에서 파손이 발생된다. 유리는 이들 하중이 한계강도에 도달할 때 갑자기 깨져 나감으로 금속처럼 비교적 점진적인 진행 형태의 파손의 징후가 나타나지 않는다.

- **유리의 통계적 허용 파손율**

  유리는 깨지는 물질이므로 예측이 불가한 항복강도를 갖는다. 따라서 적재 하중 하에서 유리의 양태는 통계적으로 가장 잘 설명될 수 있다.

  이것은 시험을 통해 수직상태 유리는 1000장 당 8장, 15도 이상 경사 상태의 유리는 1000장 당 1장의 유리가 파손이 허용 가능한 것으로 가정한 통계적 근거에 의한 것이다. 따라서 유리 구조검토에 사용되는 설계안전율(Design Factor)과 건축 구조에 사용되는 구조안전율(Safety Factor)은 그 의미에 차이가 있다.

- **설계 안전율(Design Factors)**

  구조안전율(Safety Factor) = 항복강도/예상응력

  금속 재료 같은 것들의 항복강도는 정확히 측정되며, 미세한 차이만 있다. 금속재료에서 영구적인 변형은 실패를 일으킴으로, 적절한 구조안전율에 의한 설계는 예상 하중에서 안전하다고 본다. 그러나 유리는 예측되는 항복점이 없다. 따라서 구조안전율은 유리에 적용할 수 없다. 설계 안전율은 유리에 사용되어왔다. 설계 안전율은 주어진 파손율을 만족하는 데 요구되는 응력과 유리의 평균 파손응력 사이의 관계에서 도출된다.

(6) 판유리의 구조적 성능

ASTM E1300에 의한 건축유리의 구조성능의 기준으로 유리의 허용 파손율, 저항 하중(Load Resistance)과 휨(Deflection)을 고려한다.

■ 저항 하중(Load Resistance)

유리의 구성, 두께, 규격, 지지형태 및 열처리 여부에 따라서 허용 가능한 단기 및 장기 하중이다. 일반적으로 수직시공 창호 및 커튼월 유리는 풍하중, 15도 이상 경사진 커튼월 또는 천창 (Skylight) 유리는 유리 자체 하중, 설하중 및 풍하중을 함께 고려한다.

■ 휨(Deflection)

유리 중심부의 최대 휨은 25 mm 이내로 한다. 휨이 25 mm를 초과하여 유리의 구조 성능에 문제없는 경우에도 과도한 휨에 의한 실내 근무자의 심리적 불안감, 유리집에서 탈락 파손 등의 문제 발생 가능성을 고려하여 25 mm 최대 휨 이내로 기준을 잡아야 한다.

(7) 건축가공유리

■ 접합유리(Laminated Glass)

KS L 2004에 합격한 것이나 동등 이상의 것으로 하며 치수 및 형상은 도면에 명시한 것으로 한다.

■ 열선반사유리(Solar Reflective Glass)

KS L 2014에 합격한 것이나 동등 이상의 것으로 하며 치수 및 형상은 도면에 명시한 것으로 한다.

1.8 m 떨어져서 90°에서 45°로 이동하며 관찰 시 현저한 반점이나 줄무늬가 없어야 한다.

1.5 mm 이상의 핀홀(Pin Hole)이나 견고한 미립자는 허용될 수 없으며, 가장자리에서 75 mm 이내에 있는 1.0~1.5 mm 핀홀은 허용된다.

1.8 m에서 육안으로 판단될 수 있는 핀홀 집단들이 없어야 한다.

중앙부는 75 mm 이상의 스크래치(Scratch) 혹은 이보다 작은 스크래치 집단이 없어야 한다.

■ Low-E(Low Emissivity) 코팅 유리

KS L 2017에 합격한 것이나 동등이상의 것으로 하며, 로이 유리는 저반사 열선 방출 차단 피막(Anti Reflective Low Emissivity Coating)을 도포한 제품으로 치수 및 형상은 도면에 명시한 것으로 한다.

■ 복층/삼복층 유리(Pair Glass/ Sealed Insulating Glass)

KS L 2003에 합격한 것이나 동등 이상의 것으로 하며 치수, 형상 및 원판의 구성은 도면에 명시한 것으로 한다.

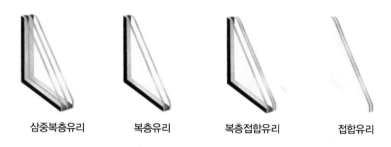

| 삼중복층유리 | 복층유리 | 복층접합유리 | 접합유리 |

[그림 2] 건축유리 완제품 구분

2.2.2 열처리

(1) 열처리 목적

건축외장 유리가 외부 충격, 고정 및 이동 하중, 태풍 등에 견디는 충분한 구조적 강도를 갖기 위하여 아닐드 유리의 열적 및 기계적 응력을 높여야 한다. 반강화 유리 및 완전강화 유리는 아닐드 유리 대비 각각 2배 및 4배의 구조강도를 갖는다.

• 유리를 소요 규격으로 절단 가공하고 면취 작업이 완료되면 열처리 작업을 한다.

• 유리는 열처리 라인에서 롤러를 타고 열처리(Furnace)로 안으로 일정 속도로 들어가며 유리 두께 및 사이즈 등을 고려하여 특정 온도 및 시간에서 균일하게 가열한다.

• 용융점에 도달한 상태의 유리 양면에 노즐을 통하여 냉각 바람을 동시에 균일하게 세게 불어넣어 급속 냉각시킨다(Quenching 공정).

• 냉각 과정에서 유리 표면은 높은 압축응력이, 중심 부분은 반대로 인장응력이 조성된다.

• 표면압축 응력은 유리 표면에서부터 두께의 20%, 인장응력은 유리 두께의 60%가 유리 중심 부분에 조성된다.

(2) 열처리 유리의 특징

- 열처리 후에도 유리의 색상, 투명성, 화학적 구성, 가시광선 투과율 같은 것들은 변하지 않는다. 또한 유리의 열광학 성능도 변하지 않는다.
- 변화되는 물리적 성질은 높은 강도의 인장력, 열응력 및 열 충격 저항성이다.
- 열처리된 유리는 또한 아닐드 유리와 비교해서 하중이 가해져도 휨(Deflection)은 변함 없다.
- **스트레인 패턴(Strain Pattern):** 열처리 및 냉각 과정에서 유리 표면에 응력 변화가 생김 으로 인하여 특정 각도와 시간의 조명 하에서 유리표면에 관찰되는 이색 현상이 보일 수 있다. 이를 Strain Pattern이라고 부른다. 그러나 이것은 수치화 할 수 없다. 그 정도를 확인하려면 프로젝트 적용 유리와 동일한 규격의 유리를 가공 제작하여 시각 관찰용 목 업(Visual Mock-up)을 통하여 그 정도를 확인할 수 있다.

(3) 열처리 유리 종류

열처리 유리는 열처리 후 표면 잔류 압축응력의 정도에 따라 반강화(Heat Strengthened) 및 완전강화(Fully Tempered) 유리로 구분된다.

■ 반강화 유리 (Heat Strengthened; HS)

- 유리 강도는 유리의 동일한 두께, 규격 및 형상에서 아닐드 유리 강도의 2배로 본다.
- 반강화 유리는 유리파손 형상이 비교적 큰 편이며 유리 파손 후에도 탈락하지 않고 유리 집에 붙어있으며 이런 이유로 높은 풍압 또는 안전상 완전강화 유리 적용이 불가피한 경우가 아니면 가능한 반강화 유리를 적용한다.
- 표면압축응력에 대한 ASTM C1048 기준
  - 6 mm 이하 두께 유리는 4000~7000psi 범위
  - 8 및 10 mm 두께 유리는 5000~8000psi 범위
- 반강화 유리 두께는 3~10 mm이며 최근에는 12 mm까지도 가능한 경우도 있다.

■ 완전강화 유리(Fully Tempered – FT)

- 표면압축응력에 대한 ASTM C1048 규정은 10000psi 이상이어야 한다.
- 동일한 두께, 규격 및 타입의 유리에서 완전강화유리의 강도는 아닐드 유리의 4배, 반강 화 유리의 2배로 본다.

- 완전강화 유리가 충격으로 파손 시 유리 파손 입자는 매우 작은 입자로 파손되므로 일반 아닐드 유리에 비하여 신체 접촉 시 부상을 현격히 감소시켜 안전유리로 분류된다.

- ANSI Z97.1의 안전유리 규정 조건은, 파손 시험에서 수거된 완전강화유리에서 가장 큰 유리 파편 10조각의 무게가 당초 시편의 $64 \, cm^2$($10 \, sq.in.$) 면적과 동등한 면적의 무게보다 적어야 한다. 따라서 안전유리 규정은, ASTM C1048의 압축응력 규정을 충족하는 완전강화 유리로서 이러한 조건을 충족 하여야 한다.

- 완전강화 유리는 3~19 mm 두께 범위에서 가능하다.

- 안전유리로 구분되기 위하여 영구적 라벨이 에칭, 샌드블라스트, 세라믹 후릿, 또는 레이저 등의 방법으로 유리 모서리 부분 표면에 표시되며 이것은 유리 가공회사명, 유리 타입 및 유리두께 그리고 그것을 충족하는 관련표준(예: ANSI Z97.1 또는 CPSC 16 CFR 1201)이 표시되어야 한다.

⑷ 유리의 가공

■ 열처리 가공 순서에 따른 구분

- 선가공 후코팅(Pre-Temperable) 및 후가공 선코팅(Post-Temperable) 방식 비교

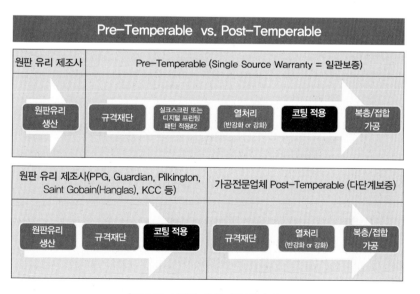

[그림 3] 선가공 대 후가공 공정 비교

- **선가공 후코팅 방식(Pre-Temperable)**: 유리가공 및 코팅 순서는 우선 판유리를 소요규격으로 가공 및 열처리 완료한 후 코팅을 적용하며 코팅 후 바로 복층 또는 집합유리로 완제품 생산하므로 코팅이 보호된다. 맞춤식 유리구성이 유연하며 유리면 평활도가 우수하고 코팅색상이 균일하며 가공, 코팅 및 복층 완제품 과정이 일관된 순서로 생산되므로 주로 고급 건물에 적용된다.

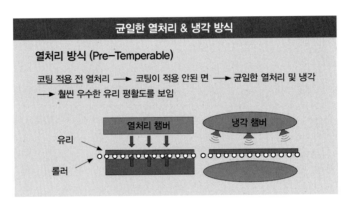

[그림 4] 선가공 후코팅 방식 유리 열처리

- **선코팅 후가공 방식(Post-Temperable)**: 판유리 생산 과정에서 유리면에 로이코팅 처리를 하는 하드코팅 제품과 함께 소프트 코팅 후에 보호코팅을 적용하여 후가공 열처리가 가능한 코팅을 칭한다. 규격품으로 코팅 판유리를 생산하여 가공업체에 공급되며 가공업체에서 가공 및 열처리 후 완제품으로 생산된다. 납기 단축과 물류가 용이한 반면에 다양한 두께로 생산에 어려움이 있으며 코팅 후 열처리를 함으로 과도한 코팅 변색 및 변형이 발생되기도 한다.

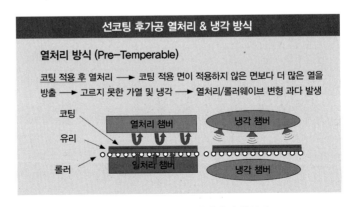

[그림 5] 선코팅 후가공 방식 유리 열처리

■ 열 변형

판유리는 열처리 과정에서 유리면 응력 변화와 롤러 접촉에 의한 불가피한 변형이 발생되며 이것은 유리면의 평활도에 영향을 미치므로 유리면에 투영되는 반사영상이 일그러져 보인다. 평활도에 영향을 미치는 판유리 열처리 과정의 변형은 유리면의 전체적 그리고 부분적 변형과 롤러자국에 의한 변형 등이 있으며 이것들은 유리 가공업체의 품질관리 노력에 의하여 최소화할 수는 있으나 어느 정도 불가피한 현상이기도 하다. 유리면 평활도 관리는 그만큼 어려운 기술이며 좋은 평활도는 외장유리 품질 기준의 중요한 요소가 된다.

ASTM C1048은 변형허용수치를 명시하며 일부 유리 가공사는 자체 품질 기준에 의하여 보다 더욱 엄격한 변형 수치로 관리하고 있다.

■ 자연파손(Spontaneous Breakage)

열처리 유리는 유리 표면에 형성된 압축응력 부분이 과도하게 손상될 경우 예고없이 파손이 발생된다. 압축응력 부분이 손상되지 않은 유리 표면 또는 단면부 손상의 경우에도, 점진적인 열 응력 또는 반복적 동 하중에 의하여 사전 예고 없이 유리의 파손이 일어난다. 이를 자연발생파손(Spontaneous Breakage)이라 하며 아래는 이것의 원인이라 볼 수 있다.

• 표면 또는 단면부 손상

• 긁힘, 파임

• 비산 용접 불꽃

• 비산물 충격

• 금속재와 접촉

• 과도한 하중(풍하중, 동하중, 설하중, 자체하중 및 열하중)

• 강화 유리 중심 코어 내 불순물 함유(니켈황화물, 미세한 금속 입자)

(5) 강화유리의 자연파손 및 열간유지시험(Heat Soak Test)

강화유리의 열간유지 시험을 통하여, 강화유리(Tempered Glass)의 니켈황화 함유물에 의한 파손 위험을 줄일 수 있다.

■ 니켈황화 함유물(Nickel Sulfide Inclusions)

강화유리(Tempered Glass)는 판유리에 함유된 니켈황화물의 팽창으로 인해 아무런 사전 징후 없이 깨질 수 있다. 완전 강화유리(Fully Tempered Glass)에서 이러한 자연 발생적 유리파손(Spontaneous Breakage)의 위험을 줄이기 위하여, 일반적 방법은 강화유리 사용을 가능한 자제하는 것이다. 이러한 니켈황화 함유물로 인한 강화유리의 파손이 드문 경우이기는 하지만 이러한 사실이 대중에 널리 알려지면서 이 현상에 대한 관심을 증대 시키는 결과를 가져왔다.

(6) 자연파손 감소 방안

■ 반강화유리의 적용

강화유리는 높은 구조강도 성능의 장점과 파손 경우 작은 입자로 파손되는 특성으로 인하여 안전유리로 인식되어 사용되어 왔다. 경사면의 유리 적용 경우, 강화유리가 복층유리의 외판(Outboard) 유리로 사용되도록 명시되어 왔다. 그러나 이같은 곳에 적용되는 강화 유리가 반강화 유리로 변경되어 적용되고 있다. 이유는 반강화 유리는 파손 후 창호 개구부에서 완전하게 사라질 수 있는 강화유리와 비교 할 때 파손이 일어난 후에도 창호 개구부에 계속 붙어있으므로 탈락으로 인한 안전상 문제가 발생되지 않는 장점이 있다.

■ 열간유지 시험(Heat Soak Testing)

열간유지시험은 완전강화 유리의 안전요구 조건 또는 부가적 강도 증가를 충족하여야 하는 경우에 적용이 요구된다. 이러한 경우에, 자연 발생적 파손이 현저하게 일어나지 않는다는 보증을 제공해 주기 위해 열간유지 시험을 수행한다.

■ 니켈황화 함유물의 형성

Heat Soak Testing을 이해하기 위해서는, 어떻게 이러한 함유물이 유리 파손에 영향을 미치는지를 아는 것은 중요한 일이다. 판유리 제조 과정에서 Soda Ash, Lime, Silica Sand, Salt Cake, 그리고 다른 원료들이 결합되고 거의 섭씨 1577도의 용해로에서 용해된다. 용해된 유리는 주석 용해조 맨 상부 표면에 유입되어, 원하는 두께의 "부유된" 상태에서 판유리가 형성된다.

판유리가 형성된 후에, 그것은 냉각로에서 균일하게 식혀지게 된다. 적절한 '냉각'은 유리의 잔재 응력이 줄어들도록 유리의 표면, 모서리, 그리고 중심 부분을 균일한 비율로 냉각함으로써 달성된다.

판유리 제조 과정에서, 용해되지 않는 원재료나 함유물 등은 유리 속에 형성된다. 판유리에는 수많은 종류의 함유물이 있으며, 대부분은 주로 미관상 불완전성으로 나타난다. 판유리 제조자들은 이들 함유물이 일으키는 문제를 방지하기 위해 고품질 원료와 혼합물을 사용하는 과정을 취하고 있다.

판유리의 산업 표준인 ASTM C 1036은 각 생산 판유리의 품질 수준을 위하여 원재료 함유물의 허용 규격과 최소한의 함유물 간 분리 기준을 명시하고 있다. ASTM C1036은 일반적으로 분해되지 않는 미세한 물질로서 가스 상태의 함유물, Knots, 먼지, 돌가루 등과 같은 것들을 말하고 있다. 앞에서 언급한 대로 이러한 함유물은 유리 파손을 야기 시킬 수 있다. 그 중에서 니켈 황화 함유물은 미세한 니켈 미립자가 용해로 연료에 함유된 황 또는 유리 저장 용기 재료와 결합할 때 형성된다. 이러한 함유물은 미세하여 지름이 0.4 nm보다 작기 때문에 이들을 모두 완전하게 제거 하는 것은 불가능 하다. 따라서 모든 유리에는 이들 함유물이 정도의 차이일 뿐이지, 일부분의 함유물을 갖고 있는 것이다.

(7) 표면압축력

■ 니켈황화 함유물에 대한 조치

아닐드 판유리가 니켈 황화물을 포함할 수도 있지만, 아닐드 판유리의 매우 낮은 잔류응력 때문에 함유물에 의한 파손 가능성은 매우 적은 것이다. 또한 반강화유리도 마찬가지이다. 열처리 유리의 산업 표준인 ASTM C 1048은 반강화 유리의 표면압축을 6 mm 두께 이하 판유리는 4,000 psi에서 7,000 psi의 범위에서 생산을 요구하고 있다.

ASTM C 1048에 의하면, 강화유리는 10,000 psi 이상의 높은 표면 압축응력 수준을 가져야만 한다. 강화유리의 이러한 높은 잔류응력(Residual Stress)으로 인하여 함유물에 의한 자연파손 가능성이 존재하는 것이다.

유리가 열처리될 때 니켈황화 함유물은 시간과 온도의 작용에 의해 변화의 과정을 겪게 된다. 만약 함유물이 유리 중심부의 팽팽한 부분에 위치하게 된다면, 이것의 팽창으로 인한 자연적 파손이 일어 날 수 있는 충분한 응력(Stress)을 만들어 줄 수 있다. 그 함유물은 유리 본래의 열팽창 비율보다 더 높은 수준으로 팽창하므로 유리 내부 코아 자체에서부터 파손이 야기된다.

강화유리가 Heat Sock 시험 거칠 때, 이 유리는 열간유지 챔버로 옮겨지면서 유리 온도가 섭씨 290도+/-10도 수준에서 2시간 동안 놓여진다. 일반적으로 Heat Soak 테스트를 거친 유리가 2시간의 열간유지 시간을 거친 후 자연 발생적 파손율을 1000개 당 5개 이내의 수준으로 감소할 수 있다고 본다.

2.2.3   코팅

판유리의 열 에너지 및 광학 성능을 증진 시키고 건축유리의 미적인 색상을 표현하는 방법으로 유리면에 코팅을 적용한다. 그 동안 1990년대 중반까지 외장 유리에 대부분 반사 코팅 유리를 적용하였다. 그러나 이후 선진국에서 적용되는 로이(Low Emissivity) 코팅이 국내에 소개되었다. 2000년 중반 이후 현재까지 정부의 저탄소 에너지 정책의 강한 드라이브로 인하여 열관류율이 낮은 로이코팅 복층유리가 보편적으로 사용되고 있다.

(1) 건축 유리의 디자인 및 성능 요소

• **안락한 내부 환경**(Occupants Comfort): 눈부심 현상 방지, 적절한 채광, 조망 등

• **미적 외관**: 평활도 및 균일한 색상

• **에너지 절감**(Energy Savings): 낮은 차폐계수(냉방부하) 및 열관류율(난방부하)

• **차음효과**(Acoustic Performance)

• **안전**(Safety & Security)

(2) 코팅 종류

• 반사

• 로이

• 하이브리드(반사+로이)

(3) 로이코팅

• 단판으로 사용되지 않으며 복층 또는 접합유리로 사용된다.

• 코팅은 차폐 성능이 중요한 상업용 커튼월 경우는 #2면에, 실내보온(단열)이 중요한 주거용 창호 경우는 #3면에 코팅을 적용한다.

• 로이코팅 과정에서 주 소재인 은의 코팅 적용 회수에 따라 Single, Double 또는 Triple Silver Low-E Coating으로 부른다. 고유의 코팅 성능과 색상 구현을 위하여 Silver 외에도 다양한 Multi-layer 금속 코팅이 함께 적용된다.

• 로이코팅은 제조사 별로 각 코팅 고유의 열 광학 성능과 색상을 갖는다. 설계자는 열 광학 성능과 미관을 함께 고려하여 코팅을 선정한다.

(4) 코팅 방법에 따른 구분

■ 소프트코팅(MSVD: Magnetically Sputtered Vacuum Deposition)

코팅 소재는 금속이며 다단계 진공 챔버를 거치면서 코팅이 이루어진다. 가장 광범위하게 사용되는 로이코팅의 주재료는 은을 사용한다. 코팅 회사 별로 고유의 다단계 진공 챔버 내에서 적용되는 소재의 레시피에 의하여 코팅 색상 및 성능이 구현된다.

■ 하드코팅(Pyrolithic Deposition)

화학 침전물이 코팅 소재이며 원판유리 생산 과정에서 유리표면에 융착되어 코팅이 이루어진다.

(5) 유리성능

• 우수한 유리의 성능 지표로서 LSG(Light to Solar Gain) 지수를 사용한다. 그러나 미적인 외관 또한 디자인의 중요한 요소이며 건축물마다 요구하는 성능과 미적 기준이 다양함으로 지수만 보고 우수한 유리라고 판단할 수는 없는 것이다. 유리는 미적인 외관을 중시하는 건축가의 선택이며 설비엔지니어(MEP)의 조언을 받아서 적정성능의 유리를 정한다.

• LSG(Light to Solar Gain): 유리성능의 기준이 되며 가시광선(Visible Light) 투과율을 SHGC로 나눈 값으로 1.25 이상을 권장하며 이 값이 클수록 에너지 성능이 우수한 것으로 본다. 즉 가시광선 투과율이 높을수록 또한 SHGC가 낮을수록 LSG 수치가 높아진다.

2.2.4 실크스크린 세라믹 페인팅

실크스크린 패턴에 납 성분이 배제된 세라믹 페인트를 사용하여 유리면에 롤러 페인팅 한 후 불에 구우면 세라믹 페인트가 유리면에 영구적으로 융착된다. 이 세라믹 페인트는 일반적으로 실내 및 외기에 노출되지 않도록 복층유리 내부면에 적용한다. 실내에 면한 비전 복층유리는 #2면, 스팬드럴 유리는 #2 또는 #4면에 적용한다. 세라믹 페인팅은 건축 외장유리의 미적 외관을 표현하며 가시광선이 실크스크린 후릿에서 분산(Diffuse)됨으로써 실내 거주자의 눈부심을 저감시키고 태양열 취득을 감소시켜서 태양열 에너지 유입 감소와 광학 성능을 향상시킨다.

최근 선진국 건축물의 외장유리는 미적 디자인 구현과 에너지 성능 개선, 실내환경 개선 등 장점이 부각되어서 실크스크린 세라믹 페인팅 적용이 증가하는 추세이다.

Standard Orientation(일반적 방향)

Dot Patterns(섬형태)
점형태는 유리 하단 치수에서 시작하여 유리 가장자리로 진행한다.
부분적인 점/구멍도 일반적 점형태와 같이 본다.

Line Patterns(선형태)
선형태는 수직 또는 수평 방향이 있으며 선 또는 공간 형태로 시작된다.

Note(주) : 선형태가 적용될 때, 아래의 질문이 시방서에 포함되어야 한다.
1) 선이 수직방향 또는 수평 방향 중 어느 것인지?
2) 형태가 어느 가장 자리에서 시작되는지?
3) 형태가 선 또는 공간 중 어느 것으로 시작되는지?

Design-Plus Orientation(디자인 플러스 방향) – 일반적 방향과 다른 Viraspan 디자인형태

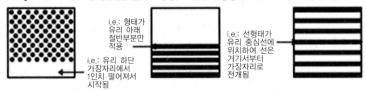

i.e.: 형태가 유리 아래 절반부분만 적용

i.e.: 유리 하단 가장자리에서 1인치 떨어져서 시작됨

i.e.: 선형태가 유리 중심선에 위치하여 선은 거기서부터 가장자리로 전개됨

[그림 6] 유리 실크스크린 패턴(Viracon 자료인용)

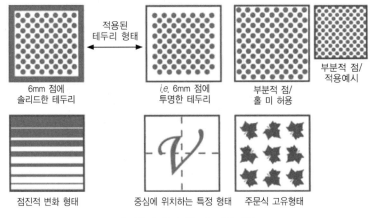

6mm 점에 솔리드한 테두리

적용된 테두리 형태

i.e. 6mm 점에 투명한 테두리

부분적 점/ 홀 미 허용

부분적 점/ 적용예시

점진적 변화 형태

중심에 위치하는 특정 형태

주문식 고유형태

[그림 7] 유리 실크스크린 패턴

[그림 8] 실크스크린 적용사례

2.2.5 디지털 세라믹 잉크 프린팅

외장의 미적 표현이 점차 화려해지고 실크스크린으로는 표현이 어려운 그림, 디자인, 컬러 패턴, 이미지 경우에 디지털 프린터를 사용하여 유리면에 세라믹 잉크를 직접 프린팅하고 불에 구어 유리면에 잉크가 영구적으로 융착되어 유리의 미적 외관을 구현하고 솔라에너지 성능을 개선시킨다.

멀티 칼라 이미지   커스텀 디자인   멀티 칼라 패턴

암갈색 이미지   누진적 패턴

[그림 9] 디지털 세라믹 잉크 프린팅 적용사례

2.2.6 복층유리

복층유리는 단열유리(Insulating Glass)로 불리며 두 장 이상의 판유리 사이에 단열성이 좋은 공기층 또는 알곤층을 형성시킴으로써 열취득 및 열손실을 감소시켜 높은 단열효과를 제공한다.

(1) 구성요소

- 두 장 이상의 판유리
- 공기(가스)층
- Air Spacer(알루미늄, 스테인리스 스틸, 웜엣지 단열 간봉)
- 흡습제(Desiccant)
- 이중밀봉(Dual Seal)

  - 1차 밀봉(Primary Seal) : Polyisobutylene(PIB)은 습기의 공기층 침투방지 역할을 한다. 유리 설치 시스템에 결로수 및 침투수에 대한 배수 시스템이 불충분하여 습기에 노출된 경우, 유리와 접착력이 약화되고 습기가 공기층 내부에 침투되어 결로가 발생된다.

  - 2차 밀봉(Secondary Seal) : 실리콘, Polysulfide, Polyurethane을 사용하며 구조용으로는 실리콘 소재를 사용한다. Silicone의 우수한 내구성과 구조성능으로 복층 유리에 일반적으로 적용되고 있다. 유리 설치 시스템에 결로수 및 침투수에 대한 배수 시스템이 불충분하여 습기에 노출된 경우, 유리와 접착력이 약화되어 습기가 공기층 내부에 침투되어 결로가 발생된다.

(2) 성능 개선 요소

- **밀봉 공기층**: 단열, 에너지 효율적 성능
- **밀봉 가스층**: 열적성능 및 소음차단 성능 개선
- **단열간봉(Warm Edge Spacer)**: 열적 성능 개선
- **로이코팅 및 색유리**: 열적 성능 개선
- **접합복층유리**: 소음차단성능 개선

(3) 복층유리의 품질기준 및 시험방법(ASTM & KS)

- ASTM E546 Standard Test Method for Frost Point of Sealed Insulating Glass Units

- ASTM E576 Standard Test Method for Frost Point of Sealed Insulating Glass Units in the Vertical Position

- ASTM E2190 Standard Specification for Insulating Glass Unit Performance and Evaluation 또는 KS L 2003 복층유리

(4) 복층유리의 품질인증제도(미국 IGCC: Insulating Glass Certification Council)

- ASTM E2190 품질기준 및 시험기준에 부합되어야 한다.

- 인증절차

  - 생산제품의 시편을 상기 ASTM 시험 항목에 따라 공인시험소에서 시험 실시하여 합격하여야 하며 이후 정기적인 시험을 실시하여 품질을 검증한다.

  - 생산제품에 대하여 독립 시험기관에서 정기, 부정기 검사를 수행하여 시험 합격 시편과 동일한 품질 수준인지를 확인한다.

- 복층유리 생산, 시험, 인증 품질기준 관련기관

  - Insulating Division of GANA

  - Insulating Glass Manufacturers Alliance(IGMA)

  - Insulating Glass Certification Council(IGCC)

(5) 복층유리의 반사 굴곡 영상(Optical Distortion)

건축외장 유리에서 굴곡된 영상이 보이는 것은 다음의 여러 가지 요인들에 기인한다. 이 것들의 어느 경우는 불가피한 자연현상이며 변형 수치를 최소화하여야 좋은 반사 영상을 가질 수 있다.

- 기체역학(Gas Law of Physics)
  복층유리의 공기층 내 공기(가스)가 외부온도와 압력 변화에 반응

- 열처리 유리의 전체적인 굽힘 변형(Overall Bow and Warp)

- 롤러 웨이브 변형(Roller Wave Distortion)

- 유리의 반사도(Glass Reflectivity)

- 반사영상 배경(Sky vs. Building Images)

- 투사각 및 거리(Viewing Angle and Distance)

- 글레이징 시스템 디자인

(6) Edgeseal 재료 상응성 및 글레이징 주의사항

- 글레이징 실란트와 인접 모든 소재들 간의 상응성 시험을 실시하여 비상응성으로 인한 화학반응으로 실란트 접착력 약화 화학반응 방지 필요

- 복층유리의 실란트는 수분이나 수증기에 직접적으로 장기간 노출되면 실란트의 접착력 약화 등의 품질저하 문제발생 가능

- 커튼월의 배수 시스템이 부적절하여 침투수가 적절히 배수되지 않거나 시스템 내부에 물이 차는 경우, 복층유리의 실란트 접착력이 약화될 수 있으며 내부 습기가 복층유리 공기층으로 침투되어 코팅을 손상시킬 수 있다.

(7) 삼복층유리(Triple Insulating Glass)

- 판유리 세 장과 스페이서 두 개를 사용하여 공기층을 두 개 조성하며 단열성능 개선

- Solar Control 로이코팅은 #2면에 적용되며 #4면에 투명 로이코팅을 적용하여 U-value 및 SHGC 개선

- 공기층에 알곤 가스를 충진하여 U-value 및 단열성능을 더욱 개선시켜준다.

- 기타 실크스크린, 스페이서, 로이코팅 등 복층유리에 적용 경우와 동일하게 적용 된다.

2.2.7   접합유리

(1) 개요

일반적인 접합유리는 두 장의 유리를 한 겹 이상의 접합필름으로 영구적으로 접합 시켜서 제작된다. 접합유리의 가장 중요한 기능은 유리 파손 시 탈락을 방지하고 유리를 통한 외부침입을 방지한다.

(2) 품질기준

• **접합유리**: ASTM C1172 Standard Specification for Laminated Architectural Flat Glass 또는 KS L 2004 접합유리

• **안전유리**: ANSI Z97.1 그리고 CPSC 16 CFR 1201

(3) 코팅

로이코팅은 외기로부터 보호되어야 하므로 접합유리 내부면에 적용한다.

(4) 실크스크린 세라믹 후릿

스판드럴용 유리는 #4면에 전면 도포되는 불투명 세라믹 후릿이 적용된다. 비전 유리는 가시광선이 투과되어야 하나 실내가 덜 보이게 하고 싶은 경우, 반투명 세라믹 후릿이 #3 면에 적용된다.

(5) 접합유리 적용 효과

• 소음

• 미관

• 방폭

• 구조

• 안전

• 자외선 보호

(6) 접합필름(Interlayer)

• **POLYVINYL BUTYRAL (PVB)**: 일반적 건축 접합유리 필름
  두께: 0.76 mm, 1.52 mm, 2.28 mm

• **SAFLEX® SILENTGLASS ACOUSTIC**: 삼중 접합필름, 소음 저감성능. 두께 0.76 mm

• **SENTRYGLAS®**: 단단한 물성의 Ionoplast Interlayer는 유리의 휨을 적게 해준다.
  두께: 1.52 mm, 2.28 mm, 2.54 mm

• 구조적으로 강풍 및 내 충격 성능이 강화된 특수 접합필름 선택 적용이 가능하다.

- VANCEVA® COLOR: 접합필름의 조합으로 특정 색상과 투과율 적용이 가능하다.

(7) 유리의 에너지 및 광학적 용어 설명

- **Solar Energy and Spectrum:** Solar Energy는 Solar Spectrum(파장 300-2100nm)에서 2%의 자외선(파장 300~390 nm), 46%의 가시광선(파장 390~770 nm) 및 52%의 열적외선(파장 770~2100 nm)으로 구성된다. Solar Control 반사 유리는 높은 Solar Energy를 반사하는 여러 종류의 금속막으로 이루어진다.

- **RAT Equation(반사, 흡수, 투과 합의 동일성):** 물리학에서 질량 불변의 법칙과 동일한 개념이다.

- **가시광선 투과율(Visible Light Transmittance):** 유리를 투과하는 Solar Spectrum (390~770 nm) 내 가시광선의 백분율이다.

- **솔라 에너지 투과율(Solar Energy Transmittance):** 유리를 투과하는 Solar Spectrum (300~2100nm)내 자외선, 가시광선 및 열 에너지의 투과율이다.

- **차폐계수(Shading Coefficient):** 3T 투명유리를 투과하는 Solar Heat Gain을 1로 할 때 비교되는 특정 유리의 태양열 취득총량의 비율이다.

  공식: 특정유리의 Solar Heat Gain / 3T 투명 유리의 Solar Heat Gain

- **열관류율(U-Value):** 유리의 열전도율과 실내외 온도차 및 풍속으로 인하여 발생되는 열전달(취득, 손실) 량의 측정치이며, 낮은 수치일수록 유리를 통한 열량의 이동이 작다. NFRC U-Value의 시뮬레이션은 실내외 온도 조건과 풍속 조건에서 산출된다. 외부온도 -18℃, 실내온도 21℃, 외부풍속 5.5m/sec. 한국식 KS U-Value는 실외온도 0℃, 실내온도 21℃, 외부풍속 5.5m/sec를 기준으로 한다. 한국식 KS U-value의 실내외 온도 범위(21)가 NFRC(39)보다 상대적으로 작으므로 같은 조건에서 NFRC보다 더 좋은 수치가 된다.

- **취득 총 열량(Relative Heat Gain):** 열관류율 및 차폐계수를 고려할 때 실내로 취득되는 태양열 에너지의 총량

  공식(Metric System): (여름철 열관류율 * 7.80℃) + (차폐계수 * 630)

- **LSG:** Light-to-Solar Gain Ratio
  가시광선 투과율(VLT)을 SHGC로 나눈 수치. 이것은 가시광선과 열취득 수치의 상관관계에서 적정한 유리를 선정하는 데 도움을 준다. 높은 LSG 수치는 최소한의 솔라 에너지 취득과 높은 가시광선 실내 투과율을 나타낸다. 미국연방에너지성의 에너지 관리 프로그램은 LSG 수치가 1.25 이상인 성능의 유리를 사용할 것을 권장 하고 있다.

- **유리성능 데이터**: 일반적인 유리의 에너지 및 광학성능 계산은 미국정부에너지성 (DOE)의 지원으로 캘리포니아 공대 로렌스 버클리 국립시험소(LBNL) 내 Window and Day Lighting Group에 의하여 개발된 윈도 프로그램에 의하여 산출 가능하며 IGDB(International Glass Data Base)에 등록된 각 유리의 Spectral Data를 사용하여 산출된다.

2.2.8 유리 제품 구성 및 성능(Product Schedule)

모든 제품은 관련 품질시험 규정을 충족하여야 한다.

(1) 반사코팅 단판유리

- {전체 두께} {제품번호, 예: VS1-18} 반사코팅 단판유리- 00사 제조 제품
  - 판유리: {외부 유리두께} {색상} {열처리 - AN, HS or FT}
  - 코팅: { } #2면
- 성능
  - 가시광선 투과율: { }%
  - 외부(Vis-Out) 반사율: { }%
  - 겨울철 U-Value: { }
  - 여름철 U-Value: { }
  - 차폐계수: { }
  - 태양열 취득계수 SHGC: { }
  - LSG: Light to Solar Gain Ratio: { }

(2) 로이코팅 복층유리

- {전체 유리두께} {제품번호, 예: VRE1-59} 로이코팅 복층유리 - 00사 제조 제품
  - 외부 판유리: {외부유리두께} {색상} {열처리 - AN, HS or FT}
  - 코팅: VRE-59 코팅#2 면
  - 공기층: 13.2 mm 간봉{마감 - Mill Finish, Black Painted or Stainless Steel}

- 실리콘: {Gray or Black}

- 내부 판유리: (6 mm) {투명} {열처리 – AN, HS or FT}

• 성능 요구

- 가시광선 투과율: 53%

- 외부(Vis-Out) 반사율: 30%

- 겨울철 U-Value: 1.70

- 여름철 U-Value: 1.53

- 차폐계수: 0.39

- 태양열 취득계수 SHGC: 0.34

- LSG: Light to Solar Gain Ratio: 1.56

(3) 로이코팅 접합유리

• {전체유리두께} {제품번호, 예} VLE1-57} 로이코팅 접합유리 – 00사 제조제품.

- 외부 판유리: {외부 판유리 두께} {색상} {열처리 – AN, HS or FT}

- 코팅: {VLE-57 코팅} #2면

- 접합필름 Interlayer: {두께} {Type – PVB, StormGuard, etc.}

- 내부 판유리: {두께} {색상} {열처리 – AN, HS or FT}

• 성능 요구

- 가시광선 투과: { }%

- 외부반사 (Vis-Out): { }%

- 겨울철 열관류율: { }

- 여름철 열관류율: { }

- 차폐계수: { }

- 태양열 취득계수 SHGC: { }

- LSG - Light to Solar Gain Ratio: { }

2.3 ◢ 커튼월 시스템 주요소재: 석재

2.3.1 건축외장용 가공석재(Dimension Stone) 개요

외장재로 사용되는 건축재료 중 석재는 자연 소재로 타 재료가 가지지 못하는 특유의 물성에 의해 동서고금을 통해 가장 많이 건축가의 애호를 받아오고 있으며 계속해서 타 재료와는 비교가 되지 않을 정도 폭발적인 증가추세에 있다. 전 세계적인 건축외장의 추세를 보더라도 알 수 있듯이 21세기 초반까지는 세계 100대 초고층건축물중 유치 채광 면을 제외한 외주 폐쇄 면인 외장을 석재로 사용한 건축물은 거의 60%를 차지한다. (100개 중 55개 빌딩) 이 또한 거의 30여 년 단기간 동안에 건축된 것이며, 최근의 20여 년 사이에 석재의 수요는 기하급수적으로 증가하고 있으며, 21세기 초반부터 경제적으로 급성장한 중국이 석재 시장에 개입함에 따라 세계적으로 고가이던 석재는 가격파괴가 일어나 새로운 양상의 건축외장 석재시장이 형성되고 있다.

지구상의 석재는 수천 년 동안 인류의 역사와 함께 인간이 축조한 지상건물의 주재료로 사용되어 왔다. 고대의 구조물은 자연의 환경에서 쉽게 채취할 수 있는 통 석으로 축조 건설되었다. 그러나 석재의 판재로의 사용은 1900년대 초반까지는 층간 조적 석조형태로써 석재로 콘크리트 구체 또는 조적조, 철 하부구조물 등에 의장적 포장재로써의 석판으로 사용되어 왔다. 이러한 초기 석재를 조적 상태로 사용한 건물에서의 석재의 두께는 최소 100mm 에서 200mm 정도였다. 그러나 산업혁명 이후 급격히 발전한 기계산업과 채석 및 석재의 절삭가공기술에 의해 1960년대 초반부터 건물의 외장에 사용되는 석재판재의 두께는 점차 얇아지기 시작했다.

오늘날, 일반적으로 사용되는 석재 판재의 두께는 25mm에서 30mm 정도가 보편적으로 사용되고 있다. 이는 설계된 석재의 크기와 이에 작용되는 외부 환경적 응력을 흡수할 수 있는 적정 두께로 인식되고 있으며, 실제 석재가 가지고 있는 물성

[그림 10] 고대이집트 석조건축

과 기술적인 연관성을 가지고 있다. 그러나 최근 석재배면 보강 합성 판 (Composite Panel)같은 보강된 신소재의 개발로 합성 설계된 가공석재 판일 경우 10mm에서 20mm 정도의 얇은 판재가 외장재로 사용되기도 한다.

사실상 그 동안 진행되어온 건물의 외장에 보다 얇은 석재를 사용하기 위한 석재가공 기술의 개발은 실제로 석재의 지질학적 생성 과정과 성분 분석 및 기계 물리적 시험 연구에 의해 밝혀진 석재의 물성에 대한 지식의 발전과는 별 상관이 없이 일방적인 경제적 효율(시공업자의 이윤)과 설계자 및 건축주의 취향에 따라 진행되어 왔다. 그간 오랫동안 사용되어왔던 석조건축의 구체로서의 가공석재는 이제는 기념비적 건축물 외에는 거의 찾아볼 수 없으며, 이제는 대부분 판재로서 석재의 두께가 최소한의 한계까지 오게 되었는데, 이러한 원인은 실제 석재가 지니고 있는 물성에 대한 이해보다는 아래 나열한 인위적인 이유로 인한 것이다.

- 원석을 얇은 판재로 할석하는 석재의 절삭 기술과 석재를 다루는 정밀 가공기술의 발전 및 이를 적용하여 건축 시공되는 클래딩 공법의 혁신적인 발전.

- 석재 판재를 이용한 석재건축물의 석재 클래딩 공법 설계 시, 역사적으로 흘러온 경험적인 접근방식 대신에 새롭고 다양한 신소재를 이용한 효율적이고 합리적인 방법으로 설계.

- 건설상 시공원가에 대두되는 석공사의 공기단축 및 공사비 부담에 따른 경제적인 이유 (타 건축소재에 비해 과다하게 높은 재료비)

일반적으로 건축에 종사하는 설계자 및 건축기술자의 외형적 이유만으로 설계에 선정된 석재에 대한 충분한 지식이나 이를 규제할 하자에 대한 법적인 규정적 제한도 없으며 재료적 물성도 제대로 분석하지 않은 채 두께가 25mm도 채 되지 않는 얇은 석재 판재를 외장 또는 내장의 고소에 부착 시공한다면, 종종 재료적 특성상 석재에 내재되어 있는 여러 자연 발생적 인위적 요인에 의해 균열과 파손 그리고 분쇄와 붕괴 등의 안전상의 문제가 석재 판재에서 발생하여 심각한 시공부실로 이어지게 된다. 일반적으로, 이러한 하자 형태의 문제는 석재 자체의 재료적인 휨 변형 또는 전단파손뿐만이 아니라 석재의 부착을 위한 긴결부위나 석재 패널 상호간의 이격된 줄눈에서도 나타나게 된다. 그리고 최근 우리나라에서 행해지고 있는 부적절한 석재를 취부하기 위한 공법과 외장소재로써의 검증되지 않은 부적절한 재료의 사용으로 인한 내구성의 저하와 환경에 대한 재료의 열화로 건축물의 사용기간(상업용 건축물 내구연한 최소 50년)도중 오염, 탈락 등 심각한 외장의 사회적 문제점을 야기 시키고 있는 것을 근간 발생되고 있는 외장 석재의 안전사고와 결부되는 것이다.

옛 건축적 외장으로 사용되어온 석재는 단순 외피로의 표장재에 앞서 구조 내력 벽으로의 외벽을 형성하여 석조 형태의 용도로 사용 되었으나 현대건축은 단순 의장적 목적 외에는 여타의 기능이 적다고 볼 수 있다. 그러므로 불과 25mm에서 30mm 정도의 두께 판재를 사용하는데 주저하지 않는다. 그러나 이러한 얇은 건축석재의 무분별한 사용은 심각한 재료의 구조적인 하자를 유발시켜 심지어 오염은 물론 탈락사고까지 발생되어 건축주에게 심각한 경제적 손실을 남기게 된 사례가 속출하고 있다. 이러한 예로 미국 시카고에서 1973년 준공한 '아모코' 빌딩(건물높이 346.3m)의 외장재인 대리석 판재(이태리 카라라 백색 대리석)가 1987년 재료의 환경적 열화로 인한 변형 및 탈락의 구조적 중대 하자가 발생하여 44,000여 장의 외장 대리석 두께 30mm 판재를 50mm 두께의 화강석으로 교체함으로써 8,000만 US$의 보수비용이 소요 되었으며 준공 시 총 건축 공사비 120만US$의 60%를 건축주가 부담하여야 하는 사고가 발생(그림 12)하였다. 최근에 일어난 우리나라의 10여 년 밖에 되지 않은 빌딩의 외장석재 탈락사고, 준공 후 20여 년만의 외장 재시공(GPC 공법) 또한 이러한 기술적 판단부족 및 품질관리 부실에 의해 발생된 사건으로 석재 건축 외장 기술로서의 사회적 문제점을 시사 하는바가 크다.

2.3.2 건축 외장용 가공석재의 열화와 재료적 특성 및 종류

(1) 외장석재 열화에 미치는 환경적인 영향

외부 환경에 노출된 고층건물의 외벽은 넓은 폭의 온도의 편차에 노출되어 수많은 횟수의 동결 과 해빙의 순환을 겪게 된다. 우리나라 서울 수도권인 위도상의 유사한 위치인 미국 워싱턴이나 시카고의 도시에서 겪는 연간 해빙이 서로 반복되는 조건의 평균 횟수를 세계 기상청의 통계에 의해 쉽게 파악할 수 있다. 예를 들면, 우리나라의 서울이나 미국 시카고에서는 연간 80회 정도의 해빙 순환이 반복되는 것으로 기상청 통계에 의해 알 수 있다.

건물의 외벽은 태양열로 인해 대기 온도보다 매우 높은 온도에 노출된다. 이를 복사열이라고 하는데 여름 한낮 태양에 노출된 차량 표면 본체의 금속판이 거의 섭씨 90도에 육박하는 사실과 같은 이치이다. 건물의 외벽 역시 해가 진 후 급랭하여 다시 해가 뜰 직전까지 표면냉각에 의해 매우 낮은 온도에도 노출된다. 미국의 열 냉동 기술협회 (ASHRAE: American Society of Heating, Refrigerating and Air Conditioning Engineer)의 자료에 따르면, 시카고에 있는 서쪽 석양 시 적외선의 노출에 위치한 건물의 검은 색 석재의 표면온도는 섭씨 77도까지 상승되는 것으로 기록되어 있다. 99%의 극한 간구온도에 의한 시카고에서의 극저온 외벽 설계온도는 십씨 영하 24도이다. 우리나라의 서울 지역도 이와 유사한 환경조건을 가진다고 보아도 무난할 것이다.

이러한 격렬한 환경의 변화에 노출되어 있는 외장 석재는 이러한 열 편차 및 결빙 반복에 의한 재료의 노후화에 대한 '내구성 열화시험'은 여타 시험보다도 중요하다고 판단된다. 그러나 아직도 일반적으로 석재의 외부환경에 대한 내구성 시험을 위한 ASTM의 표준 시험과정은 규정 되어있지 않다. 현재 미국의 가공석재 소위원회인 ASTM C18 위원회는 이러한 열악한 가속화된 기반에서의 환경 노출효과에 대하여 모의실험 하기 위한 시험 과정을 현재 다음 사진 [그림 11]과 같이 검토 진행 중이다.

[그림 11] ASTM C18 외기노출 열화시험 NIST TEST WALL

현재 외장석재의 외부폭로 장기열화시험은 ASTM C880에 의한 크기의 시편의 배치, 외부환경 노출, 실제 자연환경에서 채취한 빗물이나 이와 유사한 산성비 농도의 약산성 물로 부분적으로 채워진 시험용기, 그리고, 시료의 배치와 적용온도를 환경조건에 맞게 섭씨 -24도에서 섭씨 77도까지 변화시킬 수 있는 환경을 조성한 용기 안에서의 열화시험을 위한 방안을 고안해 놓았다. 이 시험에서의 각각의 환경적 반복주기는 실제 건축외벽의 실재 환경 노출과 같은 환경열화 반복조건을 유사하게 모의시험[그림 11] 하도록 설계되어 있다. 여기서의 모의실험에 대한 시험하고자 하는 시편은 완전히 실험완료 하는데 3개월 정도 걸리는 300 횟수의 가속된 노후화 환경에 노출시키게 된다. 동적인 환경조건과 300 횟수의 열화반복실험에 의해 강제적으로 열화 된 시편을 시험용기에서 꺼내어 ASTM C880 휨 강도 시험에 의해 강도의 손실을 측정한다.

그러나 이러한 유사환경의 실험에도 불구하고, 이러한 열화반복 순환시험은 일반적인 실제 환경 순환조건과는 같지는 않다는 것이다. 다만 기술적으로 비슷한 환경이라고 추정할 따름이다. 여기서의 기술적인 의문은 얼마나 많은 이러한 가속된 열화 반복 순환시험(Accelerated Weather Cycling Test)이 실제건물에서 어떻게 실제로 열화로 일어나는 기간과 같을 것인가 하는 것이다. 자연에서의 환경노출 효과와 석재의 시험실에서의 모의된 가속화된 환경시험에 대한 비교는 실제로 재료 공학자와 전문 엔지니어에 의해 미국의 많은 도시의 석재로 시공된 고층 건축물들에서 직접 실제 시료를 채취하여 이루어지고 있으며 조만간 이러한 조사에 의한 결과에 대한 정론이 나올 것이나 이쯤이면 뒤늦게 우리나라는 매우 심각한 상태의 외장석재의 안전 사각지대에 와 있음을 인식하게 될 것이다.

실제로 환경적인 영향에 의한 외장 석재의 열화로 인해 손상 탈락된 건물 중에 하나가 앞에서 지적한 시카고에 위치한 '아모코(Amoco)' 빌딩[그림 12]이다. 물론 우리나라 에서도 종종 일어나는 일이지만 아직 인명피해가 없었던 관계로 실제 사회화 되지 못하고 있는 실정이나 조만간 기사화 되리라 판단한다. 미국 시카고에서 일어난 석재의 환경열화에 의한 변형 탈락사고는 1973년에서 1987년 사이 15년 동안의 환경에 노출된 석재의 일부가 건물외벽에서열화 변형되어 탈락위기에 놓이게 된 사건이다. 이 건축물은 시카고의 당시 초고층의 '시어스' 타워(Sears Tower)가 완공되기 전 세계에서 가장 높은 백색 대리석으로 된 석재 건축물이었다.

당시 미국 시카고 건축학회에서는 이 건축물에서 즉시 ASTM C880에 의거 변형 박리된 석재의 시편을 채취하였고 시편의 휨 강도가 측정되었다. 채취된 시료는 실제 환경상태에서 가속된 노후화 시험조건 상태로 100, 200, 300번 노출시험을 하였고, 이에 준하여 ASTM C880에 의한 휨 강도가 측정되도록 시험되었다. 또한 병행하여 실제 건물에서 철거된 대리석 석재 시편에서의 측정된 휨 강도는 다음의 곡선으로 나타났다.

[그림 12] 미국 시카고 아모코 빌딩

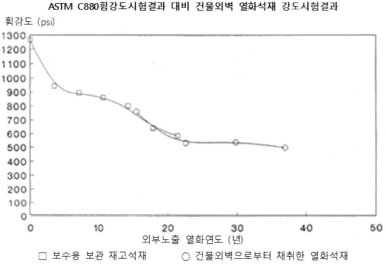

[그림 13] 시카고 아모코 빌딩 외벽 대리석의 열화과정 경과 시험

[그림 13]은 실제 건축물 외장석재의 열화에 의해 탈락된 사례에 의해 미국 시카고 건축학회에서 조사 및 실험한 자료이다.

그리고 본 건물 내부에 유지관리 보수를 위해 보관되어 있던 준공 당시 건물의 보수용 보관 중인 석재에서 채취한 석재 시편 역시 동일한 방법으로 시험되었다. 석재의 초기 C880 휨 강도와 가속화된 환경순환을 가한 후의 휨 강도가 별도로 측정 비교되었다. 건물 보수용으로 저장되어 있던 재고에서 알려진 시료의 시험 결과는 [그림 13]의 그래프 곡선으로 나타났다. 1년과 등가인 가속화된 열화 반복횟수는 두 그래프를 상대 비교 일치시킴으로써 얻을 수 있었다. 시카고의 환경에 대한 1년의 노출과 같은 약 80회를 받게 한 결과, 건물 내부에서 보관 중 석재에서 채취 된 석재 시료에 대한 휨 강도는 환경에 노출된 석재 시료의 휨 강도와 거의 일치하였다.

이러한 일치는 시카고 환경에 대한 1년의 노출과 실험실에서 실행한 80 횟수의 가속된 환경 조건과 같다는 것을 명확하게 보여주었다. 그간 실험된 다른 환경에서의 건물에서 채취된 석재시료에 대한 시험도 노출 년도와 가속된 환경 횟수와 비슷한 결과 값을 보여주었다. 실제 미국의 시카고 건축학회에 의해 시행된 여러 형태의 고층 외벽에서의 석재에서 행해진 환경 열화시험은 환경노출로 인한 강도의 감소가 상기 그래프와 같았고 250에서 300 횟수를 행한 이후는 강도 감소가 거의 없어졌다. 결론적으로 실험결과 유추된 환경에 의해 열화 되어 감소하는 석재의 강도는 다음과 같이 추정 되었다.

1. 표면 마광상태(Polished)의 화강석 :　최대 25 %
2. 표면 열처리(Flamed)에 의해 표면 손상 마감된 화강석 :　최대 45 %
3. 칼사이트(Calcite : CaCO3)계 대리석 :　최대 70 %
4. 석회석(Limestone) :　최대 60 %

이러한 강도의 손실은 건축외장재의 내구연한과 안전성 확보 차원에서 매우 중요하기 때문에 개별 건물에 사용되는 개개의 석재는 가능한 예측되는 구조적 강도 손실을 측정하기 위해 해빙반복 열화시험(Thaw Freezing Cycling Test)을 통해 평가되어야 한다.

석재의 물성에 의해 예측되는 재료적 물성의 변화 폭과 중첩되어 환경에의 노출로 인한 이러한 강도의 구조적 손실은 MIA & BSI (미국석재협회)와 STA (석재무역협회: Stone Trade Association)가 AISC 강구조 협회나 ACI 콘크리트협회 구조의 안전율에 비해 매우 높은 설계 안전율을 확립하게 된 주된 이유가 된 것이다.

이러한 MIA & BSI (미국석재협회)가 제시한 석재의 설계 시 적용하여야 할 석종 별 적용 조건에 따른 안전율의 적용은 다음과 같다.

• 화강석:
　휨 응력 및 압축을 받는 부분 :　3
　전단을 받는 접합부 :　4
　긴결부의 전단응력이 작용되는 부분 :　5

• 대리석(Marble) :
　휨 및 압축을 받는 부분 :　5
　긴결부의 전단응력이 작용되는 부분 :　10

• 석회석(Limestone) :
　휨 및 압축을 받는 부분 :　8
　전단 및 잠재응력이 작용되는 부분 :　16

그럼에도 불구하고 석재의 강도 손실의 크기에 좌우되는, 노후화되지 않은 강도에 대한 이러한 석재의 안전율의 적용은 충분히 크지 않다.

외장석재의 설계자의 통상 외장설계 시 별 생각 없이 선정하는 석재의 마감 중 특히 원래 강도에 비해 50% 이상 손실을 입는 표면 열처리 마감된 화강석과 산표면 부식 처리된 대리석의 표면에 대해서는, 노후화될 강도에 어느 정도의 악영향을 미치며 어느 정도의 안전율을 적용할 것인가에 대해 신중을 기하여야 한다.

시카고 아모코빌딩의 외장석재 전면교체   카나다 FCP 빌딩 외벽의 전면교체

[그림 14] 외벽석재의 열화에 의한 전면 교체

(2) 고층빌딩의 외장석재 열화에 의한 탈락

- [그림 14] 좌측은 20 년 전 시카고에 있는 가장 높은 마천루 중 하나인 '아모코' 빌딩 (Amoco Building)이다. 이 건축물의 외벽인 대리석의 외관이 열화에 의해 변현되고 탈락되어 건축주는 그 당시에 8천만 달러(US) 이상의 비용으로 44,000 개 이상의 외장석재 패널을 교체하게 되었다.

- [그림 14] 우측 그림은 캐나다의 가장 높은 마천루인 토론토(Toronto)의 캐나다 퍼스트 카나디언 플레이스(First Canadian Place) 건물로써 정면에 있는 대리석 패널이 50 층 이상 높이에서 탈락되었으며 일대의 도심지는 일시적으로 도시 금융 지구의 전면 도로를 폐쇄하였었다.

- 조사 결과 대리석 판재은 원래의 설계 강도의 약 40 %를 잃었다. 이러한 강도의 상실은 환경열화에 의해 16 년간 노출 된 결과 인 것으로 나타났다.

- 실험실의 가속 풍화 시험결과 [그림 13] 대리석 판넬이 26 년의 노출 후에 원래의 강도의 약 70 %를 잃을 것이라고 추정했다. 구조강도 실험 분석 결과 석재 패널은 강도 손실로 인한 설계 풍하중을 견딜 수 없다는 사실이 밝혀졌다. 기후 변화에 의한 열화가 대리석 판넬을 붕괴 탈락케 하는 중요한 요인이 되었다.

(3) 건축 외장석재의 선별과 적정성 판정

- **석재시장에서의 석재의 명명** : 글로벌 시장에서의 석재의 명기방법은 통상 석재의 색상과 석산의 위치 또는 고유 대명사로 조합되며 유럽 라틴계는 색상 또는 고유명사가 앞에 위치하고 석재의 색상은 뒤에 붙여 명명하며 영국, 미국식은 반대이다.

유럽시장	미국, 영국 시장	한국시장
Azzuro	Blue	청색
Dorato / D'oro	Gold	골드
Fiore	Flower	꽃
Giallo	Yellow	노랑
Negro/Nero	Black	검정
Perla / Perlato	Pearl	진주
Rosa	Pink	핑크
Rosso	Red	적색
Verde	Green	녹색
Bianco	White	흰색

• 석재 명기 사례

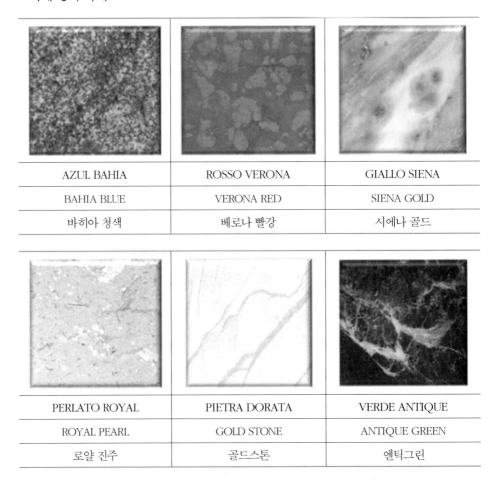

AZUL BAHIA	ROSSO VERONA	GIALLO SIENA
BAHIA BLUE	VERONA RED	SIENA GOLD
바히아 청색	베로나 빨강	시에나 골드
PERLATO ROYAL	PIETRA DORATA	VERDE ANTIQUE
ROYAL PEARL	GOLD STONE	ANTIQUE GREEN
로얄 진주	골드스톤	엔틱그린

[그림 15] 석재의 명기 사례

• **건축 가공석재의 석종 별 요구물성 (ASTM)**

석종	흡수율 C97 max WT%	비중 C97 min kg/M³	압축강도 C170 min MPa	전단계수 C99 min MPa	휨강도 C880 min MPa
화강석 C615	0.4	2560	131	10.34	8.27
대리석 C503	0.2	-	52	7	7
I 칼사이트	-	2595	-	-	-
II 백운석	-	2800	-	-	-
III 사문석	-	2690	-	-	-
IV 트래버틴	-	2305	-	-	-
석회석 C568	-	-	-	-	NS
I 저비중	12	1760	12	2.9	-
II 중비중	7.5	2160	28	3.4	-
III 고비중	3	2560	55	6.9	-

[그림 16] ASTM 가공석재의 요구물성

(3) 석재 물성시험 개요

• 초기 물성 시험의 목적은 건축물의 외장에 사용하고자 설계된 특정 석재의 물성에 대한 신뢰할 수 있는 정보를 얻는 데 있다. 석재는 일반적으로 인위적으로 가공 품질관리가 용이한 합금강이나 콘크리트와 같은 일반 건축물에 사용되는 인위적 제조공정에 따라 제조되는 건축 재료와는 달리 자연 상태에서 채취되어 재료적 물성의 인공적인 재처리를 하지 않고 사용하는 관계로 품질의 재료적 균질 도에 대한 범위가 매우 크므로 초기 물성 시험과 같이 합리적인 시험 값에 의한 실험값을 기초 토대로 되어야 한다. 그러므로 외장 석재를 사용코자 하는 건축 외장 설계자는 이러한 석재의 합리적인 설계를 하기 위해 석재의 물성에 대하여 정확히 알아야 한다.

• 건물의 외벽에 사용되는 석재는 종종 석재에 대한 지식이 미흡한 건축 외장 디자이너에 의해 단순 색상이나 문양과 같은 외관에 기초하여 깊은 판단 없이 종종 석재 납품 대행 업체가 제시하는 몇몇 종류의 석종만으로 쉽게 선택하는 경향이 많다. 석재의 물성은 석재의 선택 과정에서 가장 중요한 고려 사항이며, 외관의 의장적 판단과 동시에 평가 되어야 한다. MIA & BSI (NSI)에서는 석재의 의장적 표현과 재료적 물성을 동시에 제시 하여 설계자의 판단을 돕고 있다. 외벽의 표장재로 시공되는 일반적인 석재(대리석, 석

회석, 화강석, 사암)는 표준화 된 시험법에 의해 결정될 수 있는 물성기준을 ASTM (미국 재료 시험 표준원)에서 제시된 최소 물성을 유지함으로써 건축소재로서의 구조적 내구성을 확보하도록 하고 있다.

• 석재의 물성은 휨 강도, 전단계수, 압축강도, 흡수율, 비중, 마모율을 포함한다. 종종 석재 공급자들은 이전에 이미 채석된 재료에 대하여 시험을 구매자로부터의 요구에 의해 이미 실행했을 수도 있다. 이러한 재료에 대한 검토 가치가 있기는 하지만, 자연 재료인 석재는 Quarry의 상태 채석 진행과정 채굴 심도에 따라 변화되고 있다는 점을 인지하여야 한다. 프로젝트를 위한 석재의 디자인 변수를 정하기 위한 시험은 당연히 건물에 직접 사용될 실제 채석 공급 가용한 석재를 대표하는 원석을 이용하여 수행하여야 한다.

• 사용될 석종은 각각의 휨 강도(Flexural Strength), 파괴계수(Modulus of Rupture), 압축강도(Compressive Strength)를 측정하기 위한 ASTM에서 제시하는 재료성능 시험 과정은 각각의 시료의 시험조건(젖거나 마르고 틈(Rift)에 수평이거나 수직으로)에 따라 시험될 건축물에 사용될 석재의 형태나 등급의 평균을 진정 잘 나타낼 수 있도록 선택된 4개의 시편을 5회 이상의 시험하도록 시편(Specimen)을 요구한다. 그런 까닭에 석재 Cladding System의 디자인과 건물 Cladding으로서의 석재의 사용에 즈음하여 이러한 시험절차가 시행되는데 Stone Engineer의 지휘 아래 그 석종에 경험이 풍부한 공급처의 지질학자(Geologist)와 석산의 Quarry를 담당하는 Geological Technician이 Geological Data에 준하여 재료의 성능시험 시편의 선택에 참가하여야 하는 것은 당연한 것이다.

(4) 외장용 석재의 물성시험

■ 흡수율(Absorption)과 비중(Specific Gravity) / ASTM C97

• 석재 시편의 흡수율(Absorption)과 비중(Specific Gravity)은 ASTM C97 시험에 따라 확인한다.

• 이 시험에서 시편은 우선 건조 상태에서 무게를 재며, 그 다음 물에 침수되어 완전히 포화상태(Saturated)가 될 수 있도록 충분히 물에 담가 둔다. 그 다음에 물속에 잠긴 상태에서 시료의 무게를 재고 다시 시료를 꺼내어 표면의 물을 제거하고 바로 젖은 상태에서 포화된 상태로 공기 중에서 무게를 잰다. 그리하여 말랐을 때와 물이 포화상태로 되었을 때 부력(Buoyant)을 받는 상태에서 무게 등 세 가지 무게의 값을 얻은 것을 비교하여 흡수된 물의 양과 시편의 비중을 계산한다.

[그림 17] ASTM C97 흡수율과 비중 측정시험을 위한 시료의 개량

■ 시험 시료 (Test Specimens)

• 50mm x 50mm x 50mm 정육면체

• 표면의 마감 No. 80 Abrasive

■ 시료의 상태

• Dry 상태의 시료 결 방향 : 5개   Dry 상태의 시료 결 직각 방향 : 5개

• Wet 상태의 시료 결 방향 : 5개   Wet 상태의 시료 결 직각 방향 : 5개

• 총 시험 수량 20EA

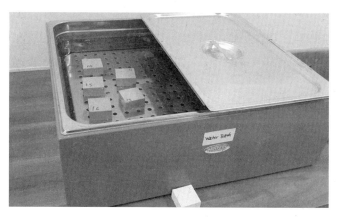

[그림 18] ASTM C97 흡수율과 비중 측정시험을 위한 시료의 침수 48시간

■ 압축강도 시험 / ASTM C170

• 석재 시편의 압축강도는 ASTM C170에 따라 결성된다.

• 압축강도 시험은 석재 시편으로 50mm x 50mm x 50mm로 할석한 정 입방체나 코아드릴로 제작된 원통모양(콘크리트 공시체와 유사함)의 시편으로 시험된다.

• 압축강도 시험은 계량된 시험 기계로 시편이 파괴될 때까지 하중을 가하는 방식으로 시행된다. 이 시험된 시편의 압축강도를 구하기 위해 최대작용하중을 시편에서 하중을 받는 면적으로 나누어진 값으로 정해진다.

• 시험 조건에서의 주어진 몇몇의 소수 석재에서 요구하는 상당한 정확도를 예상하여 최소 강도를 추정하는 것은 확률적으로 난해하기 때문에, 시험은 다음의 네 가지 조건에서 시행되어야 한다. 그 조건은 시료의 젖은 상태, 마른 상태, 결 면에 수평방향, 그리고 수직방향이다. 여기서 중요한 사실은 얇은 석재 판재의 구조적 설계가 일반적으로 압축강도에 의해 좌우되지 않음에도 불구하고, 고려 대상인 석재의 압축강도가 ASTM에서 규정한 최소 물성에 만족해야 한다는 점에 대해 아는 것과 석재의 물성이 시간 경과적인 물성 값에 일치할 것인가에 대해 아는 것은 석재의 구조적 물성상 매우 중요한 것이다.

• 석재를 설계하는 건축 외장 디자이너는 ASTM에서 규정한 최소 강도 요구조건을 만족하지 못하는 석재를 규정하게 됨에 따라 발생되는 안전상의 문제를 감안할 시 재료의 결정 이전에 그의 결정으로 인한 외장 석재의 구조안전에 대한 책임을 신중하게 심사숙고 하여야 한다.

[그림 19] ASTM C170 압축강도 시험

■ 시험 시료(Test Specimens)

① 50mm x 50mm x 50mm 정육면체

• 표면의 마감 No. 80 Abrasive

② 시료의 상태

• Dry 상태의 시료 결 방향 : 5개
• Dry 상태의 시료 결 직각 방향 : 5개
• Wet 상태의 시료 결 방향 : 5개
• Wet 상태의 시료 결 직각 방향 : 5개

총 수량 20 EA

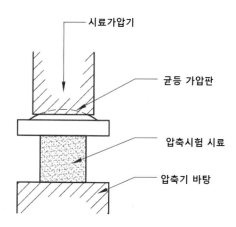

[그림 20] ASTM C170 압축강도시험

■ 시험과정 및 결과

① 시험과정

Calculate the compressive strength of each specimen as follows:

$$C = W/A$$

where:

C = compressive strength of the specimen, psi (MPa)

W = total load, lbf (N), on the specimen at failure, and

A = calculated area of the bearing surface in in.^{2} (mm^2).

■ 전단파단 계수 시험 / ASTM C99

• 이 시험을 위한 석재의 시편은 다음과 같이 ASTM C99에 규정되어 있다. 시험 시편의 크기 및 표면 상태는 폭 101mm, 길이 203 mm, 두께 80mm, 잘 연마된(마감 #80) 마감으로 준비되어야 하며, 시험 하중은 시료의 중앙 한 지점에 가해진다.

• ASTM C99는 ASTM C880과 마찬가지로 시료의 젖은 상태와 마른 상태, 결 면에 수직방향, 수평방향 에 대한 네 종류의 시험을 규정하고 있다. ASTM C880 휨 강도 시험과 ASTM C99 파괴 계수 시험은 비슷하지만 값에 대한 특성은 서로 다르다.

• ASTM C880에서 나타난 휨 강도에 작용되는 두께와 마감상태와는 달리 ASTM C99에 규정된 시험시편의 값은 건물에 사용될 석재의 실제 두께나 마감을 고려하지 않는다. 그 이유는 ASTM C99에서 중앙에 배치된 집중 하중은 일방적으로 집중 작용된 하중에 의해 직접적으로 발생하는 석재의 파괴원인이 되기 때문이다.

• ASTM C880 휨 강도 측정의 방법은 시편의 1/4 두 개의 지점에 시험 하중을 가하도록 규정하고 있다. 이 실험하중의 배치는 하중이 발생하는 지점의 사이에 있는 가장 약한 지점에서 파괴가 일어나도록 하기 때문이다.

• ASTM C880이 ASTM C99에 비해 실제크기 패널의 휨 시험에서의 결과와 보다 가까운 결과를 제공함에도 불구하고, ASTM C99 시험은 ASTM에 의해 규정되는 최소 물성에 대해 석재가 준수해야 하는 것을 증명할 필요가 있기 때문이다. ASTM C99 시험은 역시 근간에 시험된 석재와 지난 기간에 시험된 석재 사이의 시간적 경과에 따른 변화하는 값에 대해 비교, 석재물성의 변화에 대한 정보를 제공한다.

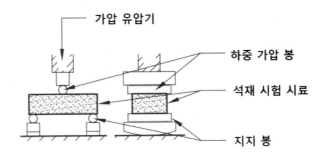

[그림 21] ASTM C99 전단파단 계수 시험

■ 시험 시료 (Test Specimens)

① 101mm x 203 mm x 80mm 직육면체

　표면의 마감 No. 80 Abrasive

② 시료의 상태

| Dry 상태의 시료 결 방향 : 5개 | Dry 상태의 시료 결 직각 방향 : 5개 |
| Wet 상태의 시료 결 방향 : 5개 | Wet 상태의 시료 결 직각 방향 : 5개 |

　총 수량 20EA

■ 휨 강도 시험 / ASTM C880

• 석재 판재를 횡 부재로써의 벽체 구조적 관점에서 설계할 때 가장 필요한 요소가 되는 물성이 휨 강도이다. 이 물성의 측정은 ASTM C880 시험을 시행함으로써 결정 될 수 있다.

• ASTM C880 휨 강도 시험은 사용될 원석 또는 석재 모판으로부터 채취된 석재 시편 절단면의 1/4지점에 하중을 가하는 것으로 시행된다.

• 시험하중은 시험 시편이 파괴될 때까지 ASTM C880에서 제시한 방법대로 서서히 증가한다. 여기서 시험 수행자는 최대로 가해진 하중을 측정계기에 기록되도록 장치하며, 이에 의해 얻어진 값에 따라 시편에서 파괴가 일어난 시점의 휨 응력을 계산한다.

• 이 시험은 4 종류의 시험조건 즉, 젖은상태, 건조상태, 결에 수평상태, 수직상태에 따라 각각 5회씩 반복하여야 한다. ASTM C880은 다양한 두께에 대한 석재의 시험에도 적용된다. 그것은 일반적으로 시험 시편의 인장을 받는 면이 잘 연마된 마감 면이 되도록 형상을 요구한다.

• ASTM C880 휨 강도 시험 결과와 실크기 패널의 결과의 비교는 거의 유사한 값으로 나타날 것으로 예상한다.

■ 시험 시료 (Test Specimens)

① 102mm x 381 mm x 32mm 직육면체

　표면의 마감 No. 80 Abrasive

② 시료의 상태

| Dry 상태의 시료 결 방향 : 5개 | Dry 상태의 시료 결 직각 방향 : 5개 |
| Wet 상태의 시료 결 방향 : 5개 | Wet 상태의 시료 결 직각 방향 : 5개 |

　총 수량 20EA

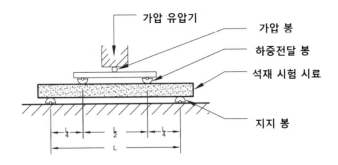

[그림 22] ASTM C880 휨 강도 시험

■ 시험과정 및 결과

$$\sigma = \frac{3\,WL}{4bd^2} \tag{1}$$

where:

σ = flexural strength, MPa

W = maximum load, N

L = span, mm

L = 10d

b = width of specimen, mm b $\geq$ 1.5d, and

d = depth of specimen, mm

[그림 23] ASTM C880 휨 강도 시험

■ 석재의 긴결부에 작용하는 풍하중에 대한 극한 파단내력 시험 / ASTM C1354

- 본 구조 내력시험은 ASTM C1354-96(가공석재의 개별 앙카긴결부 내력시험)에 근거하여 설계된 외장 석재 및 긴결 앙카방법에 대해 작용되는 설계하중과 석종별 긴결부의 조건 안전율에 따라 석재의 긴결된 단부가 견딜 수 있는 최대 파단내력을 확인하는 시험으로 미국의 ASTM C18(건축용 가공석재 협의회)에서 재정하여 1996년 등재한 외장석재의 클래딩을 위해 설계된 개개 별 앙카 긴결부에 미치는 극한 파단내력을 측정하기 위한 시험법이다.

- 외장석재의 구조에 대한 안전성 설계조건은 석재의 기계적인 물성 특히 전단파단계수와 석재의 긴결부에 따라 등분된 분할 크기에 적용되는 수압면적과 관련한 풍압, 그리고 설계 적용될 긴결재의 형태에 따라 결정되며, 여기에 적용 안전율을 감안한 하중 값을 적용하여 실제 적용될 석재의 구조적 안전율을 확인하는 절차이다.

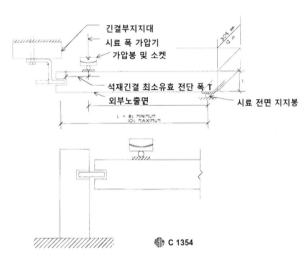

석재 긴결부 엣지 커프 매립앙카 긴결 파단 내력시험

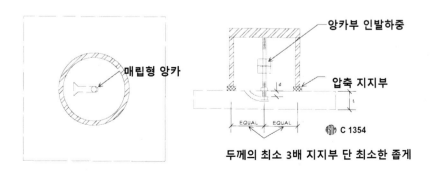

두께의 최소 3배 지지부 단 최소한 좁게

[그림 24] ASTM C1354 개별 긴결 앙카 극한 파단내력 시험

2.3.3   건축 외장 석재 클래딩 기능 설계와 고려사항

(1) 석재 파사드 클래딩 공법의 건축기능 설계요소

■ 외장의 요구 기능성능(Performance of Required Functions of Facade)

• 건축용도 별 설계 내구연한

• 외장석재 및 구성재의 내구성능

• 설계하중과 적용 안전율

• 구조거동과 변위흡수 체계

• 등압 차수공법의 적용

• 기밀성능

• 단열과 열교현상

• 방수, 수밀성능과 차수 및 배수기능

• 석재의 긴결공법과 구조접합

• 구성구조 소재의 내식기능

• 외장 석재 구성소재의 유지관리 및 교체 수용 기능

■ 외장 구성 적용재료의 요구물성 (Required Characteristic of Facade Materials)

• 외장용 석재의 요구 물성

• 석재 긴결소재 및 기타 구성재

• 하지구조와 구조 긴결재

• 구조 긴결 부속재

• 차수막과 후레싱

• 단열재와 방습막

• 정전방지 분리재 및 괴임재

(2) 외장석재 설치공법의 구조설계요소 (Design Elements of Structural Components)

- 외장석재 설치공법의 개념

- 석재의 긴결

- 층간신축이음과 변위흡수

- 석재 긴결공법의 설계

- 등압설계와 차수 및 배수 후레싱

- 창호 등 이질소재간의 접합상세 및 기능

(3) 외장 석재 설치공법과 건축기능설계 (Cladding System and Functional Design)

- **외장석재의 설치공법** : 건축물 외장재로 외벽 부위에 시공되는 석재 재료의 취부를 위한 석재의 구조적 안전성과 긴결 부재의 구조 및 건축 기능적인 시스템에 대한 엔지니어링 분석 자료로써 외장 석재 설치공법에 대하여 시공 협력사로부터 제출 승인을 위한 실시도서와 이에 명기된 사용재료의 사용성능 특성, 구조적 안전성, 내구성, 내후성 및 건축적 기능에 대하여 기술한다.

- **하지구조와 긴결재의 형태** : 1980년 초반 이후 건축외장에 적용되는 석재의 설치공법은 콘크리트 구체에 아연도 강재 또는 방청유기도료에 의해 방식 처리된 철 구성소재로 선가공 조립된 구조 단위 패널을 기계적으로 설계 고안된 접합방식을 이용하여 구체에 고정한다. 여기에 스테인리스 스틸(S.ST304) 또는 알루미늄 등 합금으로 제작된 석재 긴결재를 이용하여 가설 장비를 이용하여 직접 현장에서 25mm 내지 30mm 두께의 석재 판재를 취부하는 방식이다. 석재의 오염을 방지하기 위한 방안으로 석재 간의 줄눈은 열린 줄눈 방식이며, 이러한 방식의 석재 외장은 외주 벽체의 지정된 적정 부위에 차수막과 방습막을 설치하여 누수와 결로를 방지하는 등압 차수막 방식이다.

- **석재의 줄눈과 신축이음설계** : 석재줄눈 및 층간의 신축이음부와 창호와 접한 이질소재와의 경계부에는 후레싱 설치와 실란트를 충진 줄눈으로 하는 방식이며 층간의 신축 이음부는 별도의 층간 변위 흡수를 위한 장치가 필요하다.

- **줄눈의 늄메움 코킹** : 줄눈의 실란트 코깅 사용 시 재료의 특성상 오염이나 노후화로 인한 누수가 발생될 가능성이 있으므로 내구연한 확보를 위한 재료의 선별, 시공 시 시공 품질 관리에 각별한 주의가 필요하다.

• **등압공간과 구획** : 외부로부터의 풍 하중에 의한 우수의 유입을 방지하기 위한 등압설
계를 위한 내부공간은 각각으로 구획된 챔버는 50m³를 넘지 않는 범위에서 구획분할하
며 모서리 벽체는 2m를 넘지 않는 부위에 수직으로 후레싱에 의해 구획한다.

(4) 석재 외벽의 건축적 기능설계 고려사항

■ **기밀 차수 및 등압 배수성능 (PER System and Air Water Leakage Control)**

• **기밀 차수 방습막의 설치** : 건축의 외벽은 공기 및 우수의 유 출입의 차단을 위하여 기밀
(Air Tightening) 및 차수막(Water Proof Surface)설치와 방습막(Vapor Barrier)으로 밀
봉된다. 특히 기밀성능(Air-tightening Surface)의 하자는 건축물의 외부로부터 빗물,
습기, 소음을 통과시키며 열의 손실 등으로 인해 결로 발생 및 재료를 열화
(Weathering)시켜 내구성을 저하시키며 구성소재의 기능손상을 일으킨다. 그러므로
외부석재와 내부의 경계에 차수막(Rain Screen)에 의한 이격공간(Cavity 통상 25mm
이상)을 두고 공간별로 독립된 구획(Section Volume Dividing Compartment)을 설치
(Max 50m³/Volume)하여 외기와의 내부 공간 사이 등압(Pressure Equalization)을 유
지토록 한다.

• 우수의 침투(Water Penetration)에 대해 1차적으로 외장석재에 의해 차수되며 유입된
우수는 2차적으로 차수막(Rain Screen)에 의해 제어된다. 내부공간은 등압구획에 따른
에너지 상쇄와 침투한 우수는 배기공과 배수공에 의해 제어된다.

■ **결로의 방지(Condensation Control)**

• **결로의 발생조건** : 건축적으로 발생되는 결로란 실내 외기의 온도의 차이가 큰 경우 온
도가 높은 공간 내 수용된 많은 습기가 상대적으로 낮은 온도의 공간으로 유출될 경우
따뜻한 면 측의 온도가 강하된 부위에 노점이 결성되어 따뜻한 측의 지속적인 습한 공기
의 공급(우리나라의 조건은 겨울철 실내로부터 외부로 유출)으로 노점 부위에 지속적
인 물방울의 생성됨을 의미한다.

• **방습 기밀막의 설치** : 내부공간으로부터의 다습한 공기의 유출을 방지하기 위해 단열재
에 방습 막(Vapor Barrier)이 부착된 재료 또는 별도의 내부 Warm Side에 방습지(Al.
Foil Membrane 또는 PE Film)를 기밀을 유지할 수 있도록 연속적으로 설치하여 기밀을
유지하도록 한다. 현장에서는 방습막(Vapour Retarder Membrane)기능이 있는 일면
방습막이 부착된 단열재를 사용토록 권장하며 방습막의 이음부 Joint는 기밀을 위해 내

구성능이 인정된 승인 접착 테이프(Adhesion Tape) 또는 실란트로 밀봉(Weather Seal)한다.

- **주거환경 조건**: 쾌적한 평균 실내온도와 상대습도 / ASHRAE
  - Winter Comfort Zone / 20℃-25℃ RH 30%-60%(RH: Relative Humidity)
  - Summer Comfort Zone / 23℃-26℃ RH25%-60%
  - 겨울철 24℃ RH50%인 주거공간일 경우의 외기에 의한 노점이 형성되는 온도(Dew Point)는 12.9℃ 이하에서 100%로 형성된다.

■ Fire & Smoke Resistance(층간방화 방연성능)

- 외벽(Perimeter Wall)은 건축법규에서 규정한 일정시간 동안 발화 지연율(Fire Resistance Rate)을 확보하여야 한다.

- NFPA 268 / 285 : 방화시험, ASTM E84 / E119: 방염시험

- KS F ISO 5660 (열방출 시험), KS F 2271 (가스유해성 시험)

- 법규상 외벽의 발화지연은 1/2시간으로 되어 있으며 석재를 지지하는 Back Strong Steel Frame 및 Curtain Wall 구성소재 역시 난연 또는 불연재이다. 그리고 내부 실내의 화염 및 유해 가스가 Curtain Wall의 층간 Gaps(틈)을 따라 유입되는 것을 방지하기 위해 외벽 석재 내부 공간의 틈을 불연성 재료로 메우고 Smoke Proof Sealing 처리를 한다(층간 방화 기능 / USG Manual 참조).

■ Noise Control(차음기능)

- 음(Sound)은 공기의 진동에 의해 발생되는 일종의 파동이다. 음원의 진동이 공기에 전달되어 음파가 되며 이것이 귀에 입사되어 음(소리)으로 느끼게 된다. 우리가 일상생활에서 듣게 되는 소리는 일종의 종파로서 소리의 진행방향과 같은 방향으로 진동하는 파동이다.

- 소음(Noise)은 인간이 감각적으로 원하지 않는 소리(Unwanted Sound)로 정의되며 일상생활을 방해하는 음, 생리적 기능에 변화를 주는 음, 청력을 방해하는 음, 작업능률을 저하시키는 음 등이 있다. 건축에서의 소음방지는 전달경로 상에서 음을 적절하게 제어하여 궁극적으로 정온한 실내를 조성하는데 목적이 있다.

- 흡음(Sound Absorption)이나 차음(Sound Insulation)은 항공소음(Airborne)이나 급작스런 충격음(Impact Sound)을 차단하는 수단이며 단열성능(Thermal Insulation)과 함께 설계한다.

■ Thermal Resistance(단열기능)

- 건축물은 지속적으로 따뜻한 곳으로부터 찬 곳으로 지속적인 열의 흐름이 이루어지는 연속된 외벽으로 둘러싸여 있다. 이러한 여러 형태의 열의 교류는 일교차에 의해 또는 계절적으로 다양하게 나타난다. 여기서 열교는 기밀 손상부위나 재료적인 특성(열 관류율), 구조물의 형태, 기온, 직사광선의 영향, 음영의 조건, 바람의 속도, 채광창의 면적과 유리의 종류에 따라 다양하게 영향을 받는다.

- 단열재의 설계는 단열 설계 기준에 따른 재료의 선별 및 열 관류율에 대한 제한적 조건에 따라 선별 설치한다. 특히 소재의 열전도에 의한 열교가 형성되지 않도록 이질재간 또는 구성금속 소재간의 정전방식을 위한 열교차단 층(Thermal Break)을 설치한다.

(5) 설계 적용기준 및 관련법규

제공	관련문헌	적용기준
1. UBC	SEC. 2309 SEC. 2311 SEC. 2312	• 벽체와 구조골조 • 풍하중의 설계 • 내진설계 규정
2. ANSI (A58.1.82)	ASEC 7/88	• 건물 및 기타 구조물의 최소 하중 설계
3. AISC	PART 4	• 강구조 긴결공법
4. ASTM	C1242-93 C615-92 C1193-91 E547-93 E783-93 E1424-91 C241, C91 C170, C880 C99, C119 C1201-91 C1258 C1352	• 건축가공석재의 표준 지침 • 화강석 기준 • 줄눈 실란트 설계 기준 • 커튼월의 우수 침투 • 현장 기밀성능의 측정 • 커튼월 기밀성능 • 휨, 파단 계수 등의 초기물성시험 • 압축 강도 및 파단 계수 등의 초기물성시험 • 정적 등압 차이에 의한 외장석재 피복의 구조 성능 • 외장용 가공석재의 선별 기준 • 가공석의 휨 탄성계수 측정 • 외장석재의 구조성능 시험

제공	관련문헌	적용기준
	C1201 C1354 C1184 C1472	• 개별 앙카 가공석에 대한 극한 내력시험 • 구조용 실리콘 실란트 • 실란트 줄눈 이음부의 신축변위 량 산정 • 실란트의 오염
5. NSI 　NBGQA		• 미국 자연석재협회 (Natural Stone Institute) • 석산 채석협회
6. 건축법규		* KS 건축 구조물의 구조기준 등에 관한 규칙
7. 기타	ASTM MNL STP	* Another Technical Reference Data.

2.3.4 건축 외장석재 클래딩 공법설계

(1) 우수 침투와 결로 방지를 위한 등압설계

■ 등압 차수막 설계

• 건축물의 외장은 신체의 표피와 같이 끝임 없이 변화하는 환경에 노출되어 있다. 신체는 이에 적응하는 자율적 제어 시스템이 작동되어 사시사철 순응하는 반면, 건축물은 거의 초기단계에 설정된 설계와 시공 품질상태에 의해 일률적으로 반응한다. 그러므로 초기단계의 기술적 접근은 외장의 내구성과 건축적 기능성능을 결정짓는 매우 중요한 사안이다.

• 외장과 함께 건축물의 준공 후 사용자의 입주 특히 개점 이후 외장으로부터 누수가 진행되거나 결로가 발생되기 시작하면 이에 대한 개보수공사는 매우 심각한 인력 및 경제적 손실뿐 아니라 시공사나 건축주 모두에 적지 않은 손실을 입게 된다.

• 외장은 단순히 주로 사용되는 석재 및 철 구조물, 단열재, 내장재 등 소재에 의해 공정별로 관리되어 실제로 중요한 건축적 기능을 충족시키기 위한 후래싱, 배수, 배기, 등압구획설정 등에 대하여서는 기술적 접근뿐만이 아니라 시공품질조차도 기대하기 힘든 실정이다. 그러나 이러한 사소하게 생각되는 건축기능소재가 결국 외장의 내구성 및 의장적, 건축적 기능을 좌지우지한다는 것을 인지하게 되면 결코 쉽게 넘길 문제는 아닐 것이다.

(2) 환경과 건축의 외장

■ **외장에 미치는 환경조건**

- 바람

- 대기압과 공기를 움직이는 힘

- 유속과 공기의 압력

- 연돌 효과

- 건축 외장에 작용하는 공기압

- 등압과 구획

■ **우수를 움직이게 하는 요소**

- 중력

- 운동 에너지

- 표면장력

- 모세관 현상

- 정 수압

- 습기의 이동

■ **결로와 열교현상**

- 열의 전달: 전도, 복사, 대류

- 상대습도와 수중기압

- 열교와 열 차단

(3) 건축의 외장 영향요소

■ 외장에 작용하는 바람의 힘

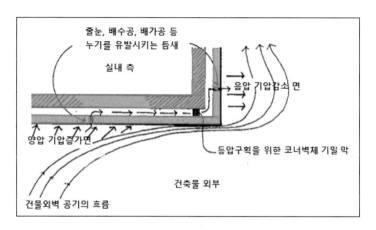

[그림 25] 바람의 흐름에 따라 형성되는 건축외벽의 기압 차와 공기의 흐름

• 대기압이란 대기를 구성하는 공기의 입자가 지구의 중력에 의해 지표에 붙어있는 공기 입자의 운동량의 합이며 단위면적당 작용하는 힘으로 표시된다. 대기압은 이탈리아의 과학자이자 지동설을 제창한 천문학자인 갈릴레오 갈릴레이의 제자인 토리첼리에 의해 증명되었으며 바람은 이러한 공기 입자의 확산과 중첩에 의해 나타나는 상대적 대기압의 운동적 에너지를 말한다.

• 비행기의 날개에서 나타나는 공기입자의 흐름에 따라 나타나는 양력은 비행기를 부유하게 하며 건축물에 작용하는 바람은 건축물의 외벽에 서로 다른 측압을 형성시킨다. 이 모두 다 유체역학적인 베르누이의 법칙에 따라 작용된다.

• [그림 25]에서 나타나 있듯이 바람을 등지고 있는 코너 벽체는 맞바람에 의해 양압을 받는 벽체에 정반대로 부압이 발생하게 되며 외장구성재의 내부공간을 통해 벽체의 틈을 타고 공기의 입자가 흐르게 된다. 이러한 흐름을 주도하는 것은 상대 기압에 따라 흐르는 공기입자의 동역학적 에너지이며, 이는 폭풍우를 동반한 장마 또는 태풍 시 물을 유입시키는 직접적인 원인이다.

• 상기의 현상은 거의 모든 건축물에 공통으로 나타나며, 이러한 예상되는 하자를 방지하기 위한 방책으로 석재배면 공간을 등압 구획 설치가 고안된 것이다. 이러한 PER(등압 차수막) 공법의 필수요건은 석재 배면의 내부공간의 확보, 등압 공간구획, 기밀막의 설치, 환기공, 배수공이 필수조건이며 이는 결로를 방지하는 공법이기도 하다.

■ 등압설계와 등압구획(PER System Design and Compartment)

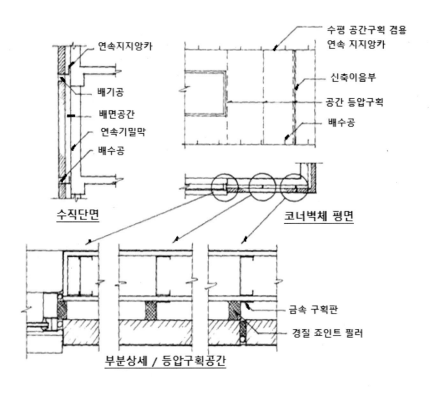

수평 공간구획 겸용
연속 지지앙카

연속지지앙카

배기공

배면공간

연속기밀막

배수공

신축이음부

공간 등압구획

배수공

수직단면

코너벽체 평면

금속 구획판

경질 죠인트 필러

부분상세 / 등압구획공간

[그림 26] 등압설계와 등압구획 기준

■ 우수유입 통제를 위한 등압조건과 등압에 영향을 미치는 요소

• **풍압의 세기(Gusting Wind Condition)** : 내부 등압 공간의 크기와 내 외부 공기의 흐름
은 기압의 차이, 즉 입자의 분포량에 따라 고기압에서 저기압으로 흐르게 된다. 이러한
기압차가 클수록 입자의 흐름은 빠르게 되며, 바람의 형태로 부는 방향(Inward)에서는
양압(Positive Pressure)으로, 배면은 음압(Negative Suction)으로 나타난다. 이때 건물
의 외장재인 석재의 배면은 외장의 Leakage에 의해 공기가 흐르게 되며, 이때 비를 동반
한 바람은 우수를 내부로 침투시키는 역할을 하게 된다.

■ 내부 기밀막의 기밀성능 (Airtightness of the Air Barrier)

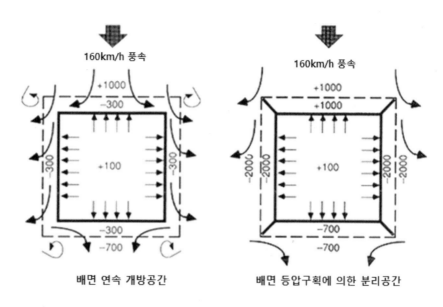

[그림 27] PER System Detail (수직단면) / PER System Detail (수평단면)

• **기밀막의 최대 누기량** : 0.1-0.2L/s/M² at 75Pa (AAMA max 0.3L/s/M² at 75Pa) 이에 따른 기밀막의 최대 누기의 허용면적은 최대 10mm²/M² 이하로 제한한다.

• 등압에 의한 차수막의 설계(PER Pressure Equalized Rain Screen)는 외부의 차수막 (Rain Screen)과 분할된 내부 공간(Compartment Cavity) 그리고 기밀막으로 구분되며 각각의 구성재는 적절하게 설계된 조건에 따라 기능을 만족하게 된다.

• Rain Screen Cladding의 Leakage area: Air Barrier 최대누기 량의 최소 5배 이상 면적 확보 : 최대 배기공 면적

  – 최대 50mm²/M² / 80-95% 풍하중의 기밀막

  – 최대 100mm²/M² / 90-99% 풍하중의 기밀막

  – 최소 개개 개구 폭/ 최소 폭 8mm 이상: 모세관현상 연결 형성을 차단.

• 내부 등압공간의 크기 : 1960년 'Garden' 제시

  – 수직 등분: 최대6m(2개 층)

  – 수평분할: 최대 10~12m / 외장석재 배면 공간 폭 : 평균 25m

2.4 ◢◢ 커튼월 시스템 주요소재: 실란트

2.4.1   실란트 개요

건물 외장의 성공적인 기능 여부는 건물의 사용자와 비, 눈 바람 등 외부 환경의 영향을 얼마나 잘 막아주는가에 달려있다. 이러한 건물 외관의 내후성을 확보할 수 있는 중요한 요소 중의 하나가 바로 실란트이다. 커튼월 조인트 실링은 움직임을 고려한 조인트의 설계, 적합한 실란트의 선정 및 적용 등 간단한 지침을 준수함으로써 효과적으로 수행될 수 있다.

건축 프로젝트에 적합한 실란트의 적용은 다음과 같은 이유로 인하여 점차 어려워지고 있다.

- 이용 가능한 실란트 종류의 증가

- 새로운 건축자재, 표면처리 방법의 증가

- 구조용 글레이징 시 실란트에 대한 특수한 요구사항 증가

실리콘 실란트는 세계적으로 과거 70여 년간 사용되었으며, 가장 좋은 내구성을 가진 실란트로 전세계적으로 인정되어 왔다. 실리콘계 실란트의 고유한 안정성은 폴리다이메틸실록산으로 구성된 폴리머 구조의 높은 결합 에너지 때문으로써 자외선, 온도 변화, 빌딩 세척용 화학물질, 스모그 및 오존에 영향을 받지 않는다.

폴리우레탄, 폴리설파이드, 그리고 변성실리콘과 같은 일반 유기계 실란트들은 시간이 지남에 따라 모두 균열(Cracking), 잔금(Crazing), 또는 표면이 딱딱해 지거나 물러지는 현상이 발생하므로 실리콘계 만이 구조용 글레이징에 적합하다.

2.4.2   조인트 움직임

건물의 규모나 높이와 관계없이 조인트 움직임은 반드시 발생하며, 온도 변화에 의한 수축 팽창, 지진 진동, 적재 하중(Liveload), 부적절한 설계 등의 다양한 요소에 의해 일어난다. 따라서 각 조인트는 반드시 이러한 움직임을 수용하도록 설계되어야 하며, 적합한 실란트를 사용해야 한다.

조인트 움직임의 가장 일반적이면서도 주요한 원인은 온도 변이와 적재 하중에 의해서 발

생되는 자재의 수축과 팽창이다. 온도 차이에 의한 움직임의 경우, 각 자재의 조인트 움직임의 정도가 반드시 고려되어야 하며 이는 각 자재들이 고유의 선팽창계수를 가지기 때문이다.

[표 1] 빌딩 자재의 선팽창 계수((mm/mm/℃)X10^{-6})

유리	8.8
알루미늄	23.8
화강석	5.0 ~ 11.0
대리석	8.7 ~ 22.1
콘크리트	9.0 ~ 12.6
스테인리스 스틸	10.4 ~ 17.3
아크릴	50.0 ~ 74.0
폴리카보네이트	68.4

주의: 벽돌, 돌, 나무와 같은 자연물, 또는 그들의 조합체의 팽창계수는 커다란 차이를 가질 수 있다. 특정한 자재가 사용될 경우, 일반적인 자재의 팽창계수로 간주하기보다는 그 자재에 맞는 값을 찾아서 적용하여야 한다.

2.4.3　조인트 형태

기능적인 면에서 움직임의 정도에 따라 건축용 조인트는 두 가지로 분류된다.

(1) 움직임 조인트(Working Joint)

움직임 조인트는 외벽과 지붕공사 등에서 설계된 외장재의 팽창과 수축을 수용하도록 사용되며, 또한 서로 다른 자재의 연결부에도 발생한다. 전형적인 형태로는 다음과 같다.

• 컨트롤(Control) 조인트

• 팽창(Expansion) 조인트

• 랩(Lap) 조인트

• 버트(Butt) 조인트

• 스택(Stack) 조인트

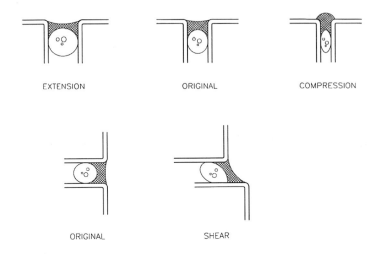

EXTENSION   ORIGINAL   COMPRESSION

ORIGINAL   SHEAR

[그림 28] 조인트 형태와 움직임

(2) 고정 조인트(Fixed Joint)

움직임을 제어하기 위하여 기계적으로 고정된 조인트이며, 움직임이 조인트 폭의 10% 이하인 경우이다. 이러한 조인트는 커튼월의 기밀, 수밀의 목적으로 설계된다.

2.4.4 조인트 설계

조인트의 설계 시 다음의 기본 사항은 반드시 고려되어야 한다.

- 실란트는 자재 접착면이 최소 6 mm 이상 되어야 한다.
- 실란트를 적절히 채우기 위해서는 조인트 폭이 최소 6 mm가 되어야 한다.
- 1액형 실란트는 공기 중 수분에 의해 경화되므로 반드시 실란트가 공기와 접촉하게 설계되어야 한다.

내후성 실링 조인트 설계에 대한 상세한 설명은 건축관련 지침서를 참조한다. 조인트 실란트 사용의 표준 지침서로는 ASTM C1193, SWRI의 Sealant, The Professionals Guide 그리고 AAMA Volume 6, 'Joint Sealants in Aluminum Curtain walls 등이 있다.

2.4.5 움직임 조인트의 고려사항

움직임 조인트를 설계할 때 다음사항을 고려하여 한다.

- 조인트 폭은 최소 6 mm 이상이어야 하며 조인트가 넓을수록 더 큰 움직임을 수용할 수 있다.

- 3면 접착은 조인트가 균열을 일으키지 않고 수용할 수 있는 움직임의 양을 제한한다. 3면 접착은 본드 브레이커 테이프나 백업재를 사용하여 해결될 수 있다. 3면 접착의 경우, ±15% 이상의 움직임은 수용될 수 없다.

- 얇은 실란트 조인트는 두꺼운 조인트보다 더 많은 움직임을 수용하며, 실란트는 조인트의 중간 부분이 오목한 모양이 되었을 때 최적의 기능을 발휘한다.

- 실제로 실란트 조인트 폭이 25 mm 이상일 때, 깊이는 9~12 mm에서 유지되어야 하며 실리콘 실란트의 깊이를 12 mm 이상으로 늘릴 필요는 없다.

$$\text{조인트 폭} = \frac{100(MT+ML)}{X} + T$$

X = 실란트의 움직임 허용치(%)

MT = 열팽창에 의한 움직임

ML = 적재 하중(Liveload)에 의한 움직임

T = 시공 오차

1액형 실리콘 실란트는 공기중의 수분과 반응하여 경화된다. 경화 도중 조인트 움직임은 실란트 표면의 주름이 발생되며, 실란트의 접착성은 경화 후 얻어지므로 초기 접착 불량도 발생할 수 있다.

2.4.6 실란트의 시공

적절한 조인트의 준비와 실란트의 시공을 위한 기본적인 5단계는 다음과 같다.

- **청소**: 조인트 표면은 깨끗하고, 건조하고, 먼지와 서리 등이 없어야 한다.

- **프라이밍**: 필요 시 프라이머를 깨끗한 표면에 적용한다.

- **백업재**: 백업재나 본드 브레이커 테이프를 적용한다.

- **실링**: 실란트를 조인트 안으로 밀어 넣어서 글레이징 한다.

- **툴링**: 매끄러운 조인트 표면을 만들고 실란트가 조인트 면에 완전히 밀착한다.

2.4.7   자재의 세척

(1) 유기 용제의 사용

모든 용제가 자재 표면의 모든 오염물을 효과적으로 제거할 수는 없으며 일부 자재들은 특정 용제로 인하여 심각하게 훼손될 수도 있다. 따라서 용제(Solvent) 제조자가 추천하는 취급법과 그 사용에 대한 규정을 따라야 한다. IPA(Isopropyl Alcohol)는 유리면 청소는 가능하나 폴리에스터 파우더 코팅된 알루미늄 표면의 오염물은 제거할 수 없으므로 크실렌 또는 화이트 스피릿을 사용하는 것이 바람직하다.

(2) 비다공성 자재

비다공성 표면은 실란트 적용 전에 세척 용제로 세척되어야 하며, 사용될 용제는 먼지와 오일 등 오염물의 형태와 자재에 따라 선택할 수 있다. 오일 성분이 아닌 오염은 대개 50%의 IPA와 물, 순수 IPA나 변성 알코올로 제거될 수 있다. 오일에 의한 오염이나 막은 일반적으로 크실렌나 화이트 스피릿과 같은 오일 제거용 용제가 필요하다.

(3) 다공성 자재

시멘트 패널, 콘크리트, 화강석, 석회석과 기타 석재를 다공성 자재라 한다. 일부 먼지 제거만으로도 신규 다공성 자재에는 충분한 세척이 될 수 있으나 표면 상태에 따라 연마 세척, 용제 세척 또는 두 가지 모두를 필요로 할 수도 있다. 표면의 먼지 및 알갱이는 완전히 제거 되어야 한다.

어떤 다공성 자재들은 세척이나 프라이밍 후 용제를 함유할 수 있으므로 실란트 적용 전에 용제가 충분히 증발 되도록 하여야 한다.

(4) "Two-cloth" 세척법

깨끗하고, 부드럽고, 흡수력이 좋으며 실 보푸라기가 없는 천이 사용되어야 한다. 이 세척법은 용제를 묻힌 천으로 세척 직후 다른 마른 천으로 다시 한번 닦아 주는 것이다.

(5) 동, 하절기 용 세척제에 대한 고려사항

IPA 메틸에틸케톤(Methylethylketone, MEK)은 물에 잘 용해되므로 응축물이나 성에를 제거하는 데 유용하므로 겨울철 세척용으로 적합하다. 자이렌이나 톨루엔은 물에 녹지 않아 여름철의 세척용으로 적합하다.

2.4.8 프라이머의 적용

프라이머 도포는 아래와 같이 적용되어야 한다.

- 조인트 표면은 반드시 깨끗하고 건조해야 한다.
- 자재와 현장 상황에 따라 두 가지 방법으로 사용할 수 있다. 마른 헝겊에 프라이머를 적셔서 자재 표면에 얇은 막이 형성되도록 문지르는 것과 손이 닿기 어렵거나 거친 표면은 깨끗한 솔로 프라이머의 막이 형성되도록 적용한다.
- 모든 용제가 증발할 때까지 프라이머를 건조시킨다. 온도와 습도 조건에 따라 보통 5~30분이 소요된다.
- 프라이머가 과도하게 적용되면 분말 형태의 막이 표면에 형성된다. 이때는 실란트 시공 전에 마른 헝겊이나 뻣뻣한 털솔로 조인트를 닦아서 제거해야 한다.
- 자재 표면에 프라이머를 적용한 당일에 실란트 작업을 하여야 한다.

2.4.9 백업재 설치

- 최소 6 mm의 조인트 폭을 유지한다.
- 백업재는 실란트와 자재의 접촉을 좋게 하고 조인트 깊이를 조절하며, 3면 접착을 방지하기 위해 사용한다.
- 백업재 중앙 부분에서 실란트 깊이는 6 mm일 때, 그리고 조인트 표면이 오목한 형상일 때 실란트는 최적의 신축 성능을 발휘한다.
- 독립 기포형 폴리에틸렌(Closed Cell) 또는 폴리올레핀(Open Cell) 백업재가 내후성 실링에 적합하며 조인트 폭보다 25% 정도 큰 것을 사용한다.
- ASTM C1253에 따른 시험 시 찢어진 상태에서 물을 흡수시키지 않아야 하며 비기화성이어야 한다.

2.4.10   실란트의 적용

실란트는 반드시 아래와 같이 적용되어야 한다.

- 마스킹 테이프는 과도한 실란트가 원하지 않는 부분에 묻어서 미관을 저해하지 않도록 반드시 사용되어야 한다.
- 코킹 건이나 펌프를 사용하여 전체 조인트 폭을 채우는 데 충분한 압력이 가해지도록 하여 실란트가 연속적으로 실링되도록 한다.

2.4.11   실란트 툴링

- 실란트 표면이 경화되기 전에 실란트를 툴링하여 백업재와 조인트 표면에 실란트가 잘 밀착하도록 한다.
- 툴링 후 실란트의 표면이 경화되기 전에 마스킹 테이프를 제거한다.

2.5 ▰ 커튼월 시스템 주요소재: 가스켓

2.5.1   가스켓

가스켓은 커튼월의 부속자재로 기밀 및 수밀성능 유지에 중요한 역할을 한다. 가스켓은 시공 방식상 건식(Dry Glazing)으로 분류되며 외기에 직접 노출되고 자외선 영향을 쉽게 받을 수 있다. 장기적으로 크랙이 발생하여 누수로 이어질 수 있으므로 사용 부위별 재료 특성을 고려하여 재료선정 및 가공사양 관리가 필요하다. 가스켓은 연속사출품이기 때문에 코너면에서 이음부가 발생되는데 코너이음부 처리가 제대로 처리되어 있지 않으면 열 신축 또는 코너접합부시공 불량에 의한 누수원인이 될 수 있다. 장기적 재료 탄성 유지 및 코너부의 이음부제작(Vulcanized Corner) 관리가 중요하며 계획단계부터 세심한 주의 가 요구된다. 최근에는 초고층 건축물에 고품질 커튼월용으로 설치시 작업성이 우수하고, 수밀성능, 기밀성능 및 내구성능이 우수하며, 사용성에 적합한 실리콘 가스켓을 커튼월 및 외장 패널 시스템에 사용하고 있다.

가스켓은 외장재의 중요한 내후성 및 영구 변형에 있어 취약하여 많은 문제가 발생하므로 아래의 주요 관리사항을 자재 별로 비교, 검토하여 공사의 특성에 맞는 재료를 선택하는 것이 중요하다.

건축물 구성재(주로 외장 패널 및 커튼 월)의 줄눈부 및 개구부에 이용되는 건축용 가스켓에 대하여 규정한다.

(1) 가스켓 사용 목적

- 밀폐성(수밀성, 기밀성)
- 내·외부 공기 유입/유출 방지로 에너지 손실의 최소화

(2) 가스켓의 주요 관리 사항

- **응력 이완 및 압축 줄음률**: 가스켓에 가해진 하중을 제거하였을 때 눌렀던 형상이 원형으로 복원되어야 한다.
- **내후성**: 자외선에 장기 노출된 후에도 노출 전 원래의 신율 및 인장강도를 유지하여야 한다.
- **내열 노화성**: 열에 노출되어도 원래의 특성을 유지하여야 한다.
- **내한성**: 극저온에서도 물성 변화 및 가스켓의 수축이 없어야 한다.
- 폴리카보네이트(PC)나 폴리메타크릴산메틸(Polymethylmethacrylate; PMMA)과의 반응이 없어야 한다.
- 제품 성형이 용이하여야 한다.
- 이행 오염이 없어야 한다.
- 내오존성
- 실란트와의 상응성

(3) 가스켓의 KS 및 ASTM 규격

KS F 3215 Building Gaskets and Building Structural Gaskets - Materials in Preformed Solid Vulcanizates Used for Sealing Glazing and Panels

ASTM C509 Standard Specification for Elastomeric Cellular Preformed Gasket and Sealing Material

ASTM C-864 Standard Specification for Dense Elastomeric Compression Seal Gaskets, Setting Blocks, and Spacers

ASTM C-1115 Standard Specification for Dense Elastomeric Silicone Rubber Gaskets and Accessories

(4) 아래는 일반 가스켓과 실리콘 가스켓에 대한 기본적인 요구사항이다.

[표 2] ASTM C864 - Elastomeric Compression Seal Gaskets and Accessories Physical Requirements

Properties	Requirements						ASTM TEST Method
Hardness, nominal Shore A durometer ±5, as specified by the purchaser	40	50	60	70	80	90	D 2240
Compression set, 22 h @ 100℃(212℉), max, %	35	30	30	30	35	40	D 395
Ozone resistance, 100 mPa, 100h @ 40℃(104℉), 20% elongation	← no cracks→						D 1149(Specimen A)
	at 7× magnification						
Tensile strength, min, MPa (psi)	10.3(1500)	10.3(1500)	11.0(1600)	12.4(1800)	12.4(1800)	12.4(1800)	D 412, Die C
Elongation at rupture, min, %	400	300	250	200	175	125	D 412, Die C
Heat aging, 70 h, 100℃(212℉):							
Hardness increase, max durometer points	10	10	10	10	10	10	D 573
Change in tensile strength, max, %	15	15	15	15	15	15	
Change in elongation, max, %	40	40	40	40	40	40	
Tear strength, min, kN/m (lbf/in)	26.3(150)	26.3(150)	26.3(150)	17.5(100)	17.5(100)	13.1(75)	D 624, Die C
Brittleness temperature, max, ℃	-40	-40	-40	-40	-40	-40	D 746
Nonstaining	← no migratory stain→						D 925
Flame propagation							C 1166
Option I	← 100 mm (4 in.) max. →						
Option II	← no limit						

[표 3] ASTM C864 - Standards for Cross-Sectional Tolerance

NOTE 1-Dimensional tolerances for outside diameters, inside diameters, wall thickness, width, higth, and general cross-sectional dimensions or extrusion.

Rubber Manufacturers Association [A]					
RMA Class		2 Precision	RMA Class		2 Precision
Drawing Designation		E2	Drawing Designation		E2
Dimensions (in inches)			Dimensions (in Millimeters)		
Above	Up to		Above	Up to	
0	0.06	±0.010	0	1.5	±0.25
0.06	0.10	0.014	1.5	2.5	0.35
0.10	0.16	0.016	2.5	4.0	0.40
0.16	0.25	0.020	4.0	6.3	0.50
0.25	0.39	0.027	6.3	10	0.70
0.39	0.63	0.031	10	16	0.80
0.63	0.98	0.039	16	25	1.00
0.98	1.57	0.051	25	40	1.30
1.57	2.48	0.063	40	63	1.60
2.48	3.94	0.079	63	100	2.00

[A] Adapted from Rubber Manufacturers Association Handbook, Table 13, Fifth Ed., 1992.

[표 4] ASTM C1115 – Requirements for Dense Elastomeric Silicone Rubber Gaskets and Accessories, Type T—Tear Resistant

| Property | Hardness | | | | | Test Method |
	3	4	5	6	7	
Low temperature flexibility	A	A	A	A	A	D 2137
Hardness, Type A durometer, ±5 points	30	40	50	60	70	D 2240
Compression set, max %	30	30	30	30	30	D 395
Tensile strength, min, MPa (psi)	7 (1015)	8 (1160)	8 (1160)	8 (1160)	7 (1015)	D 412
Ultimate elongation, min %	500	500	500	400	200	D 412
Heat aging						D 573
Hardness change, max durometer points	±10	±10	±10	±10	±10	
Tensile strength change, max %	±20	±20	±20	±20	±20	±20
Ultimate elongation change, max %	±30	±30	±30	±30	±30	±30
Ozone resistance	B	B	B	B	B	D 1149 (Specimen A)
Tear Strength, min, kN/m (ppi)	25 (143)	25 (143)	26 (149)	26 (149)	25 (143)	D 624
Flame propagation[C], mm (in.)	100 (4)	100 (4)	100 (4)	100 (4)	100 (4)	C 1166
Specific gravity	D	D	D	D	D	D 792
Staining	E	E	E	E	E	D 925
Color	F	F	F	F	F	G

[A] No failure.　　　　　　　　　　　　　[B] No cracks at 7 × magnification.

[C] If Class F-Resistance to flame propagation is required.　　[D] Within ±0.05 of qualified compound.

[E] As specified by purchaser (see 10.11)　　　[F] As specified by purchaser.

[G] See 10.12.

[표 5] ASTM C1115 Requirements for Dense Elastomeric Silicone Rubber Gaskets and Accessories, Type C—Compression Set Resistant

| Property | Hardness | | | | | | | Test Method |
	3	4	5	6	7	8	9	
Low temperature flexibility	A	A	A	A	A	A	A	D 2137
Hardness, Type A durometer, ±5 points	30	40	50	60	70	80	85	D 2240
Compression set, max %	15	15	15	15	15	20	25	D 395
Tensile strength, min, MPa (psi)	5 (725)	5 (725)	5 (725)	5 (725)	5 (725)	5 (725)	5 (725)	D 412
Ultimate elongation, min %	350	300	250	200	125	100	60	D 412
Heat aging								D 573
Hardness change, max durometer points	±05	±05	±05	±05	±05	±05	±05	
Tensile strength change, max %	±15	±15	±15	±15	±15	±15	±15	
Ultimate elongation change, max %	±30	±30	±30	±30	±30	±30	±30	
Ozone resistance	B	B	B	B	B	B	B	D 1149 (Specimen A)
Tear Strength, min, kN/m (ppi)	9 (51)	9 (51)	9 (51)	9 (51)	9 (51)	9 (51)	7 (40)	D 624
Flame propagation[C], mm (in.)	100 (4)	100 (4)	100 (4)	100 (4)	100 (4)	100 (4)	100 (4)	C 1166
Specific gravity	D	D	D	D	D	D	D	D 792
Staining	E	E	E	E	E	E	E	D 925
Color	F	F	F	F	F	F	F	G

[A] No failure.　　　　　　　　　　　　　[B] No cracks at 7 × magnification.

[C] If Class F-Resistance to flame propagation is required.　　[D] Within ±0.05 of qualified compound.

[E] As specified by purchaser (see 10.11)　　　[F] As specified by purchaser.

[G] See 10.12.

[표 6] ASTM C1115 - Standards for Cross-Sectional Tolerance

NOTE 1-Dimensional tolerances for outside diameters, inside diameters, wall thickness, width, higth, and general cross-sectional dimensions or extrusion.

Rubber Manufacturers Association [A]					
RMA Class	2 Precision		RMA Class		2 Precision
Drawing Designation	E2		Drawing Designation		E2
Dimensions (in inches)			Dimensions (in Millimeters)		
Above	Up to		Above	Up to	
0	0.06	±0.010	0	1.5	±0.25
0.06	0.10	0.014	1.5	2.5	0.35
0.10	0.16	0.016	2.5	4.0	0.40
0.16	0.25	0.020	4.0	6.3	0.50
0.25	0.39	0.027	6.3	10.0	0.70
0.39	0.63	0.031	10.0	16.0	0.80
0.63	0.98	0.039	16.0	25.0	1.00
0.98	1.57	0.051	25.0	40.0	1.30
1.57	2.48	0.063	40.0	63.0	1.60
2.48	3.94	0.079	63.0	100.0	2.00

[A] Adapted from Rubber Manufacturers Association Handbook, Table 13, Fifth Ed., 1992.

2.6 커튼월 시스템 주요 소재: 단열재/방화재

2.6.1 단열재/층간 방화

커튼월은 외부로 면한 벽체로 법적 최소단열성능 적용이 요구되며 창호부와 벽체와는 다른 단열성능(열관류율) 기준이 적용된다. 지역별, 건축물 규모조건별로 세부 단열성능 기준이 정해져있으며 소방법상 외장적용자재는 최소 준불연 또는 난연성능이 요구된다. 또한 커튼월과 골조틈새를 통한 화재(연기) 확산방지를 위해 층간 방화구획 시공이 되어야 하며 단열재(Rock Wool) 및 방화(Fire Seal)는 소방기준에 합격한 제품이 적용되어야 한다.

국내 최근 화재 안전 관련 건축법규 중 불연 성능 관련사항은 다음과 같다.

1. 건축법 시행령 (시행일 2015.09.22)

   가. 용어정의

      1) 불연재료: 불에 타지 않는 재료

      2) 준불연 재료: 불연 재료에 준하는 재료

      3) 난연재료: 불에 잘 타지 않는 재료

나. 외부 마감재료 적용대상

    1) 6층 이상 또는 최고 높이 22 m 이상 건축물은 준불연 재료 이상 적용

2. 건축물의 피난 방화 구조 등의 기준에 관한 규칙 (시행일 2016.04.08)

    가. 외부 마감재료 적용기준

        1) 6층 또는 22m 높이 이상 건축물: 준불연 재료 이상 적용

        2) 화재확산방지구조 적용 건축물: 난연 재료 이상 적용

    나. 6층이상 건축물 대상 사용 가능 제품

        1) 글라스울(불연 재료)

        2) 미네랄울(불연 재료)

        3) 페놀폼(준불연 재료)

        4) 경질우레탄 PIR(준불연 재료)

3. 건축물 마감재료의 난연성능 및 화재 확산 방지구조기준(시행일 2012.09.20)

    가. 적용대상: 6층 이상 건축물 중 난연 재료 적용 건축물

    나. 화재확신 방지구조: 수직 화재확신 방지를 위해 매 층마다 최소 높이 400 mm 이상 밀실하게 채운 것

    다. 화재확산 방지 재료

        1) 미네랄 울 101~160K 이상 /12.5 T 이상의 방화 석고보드

        2) 내화 15분 성능을 만족한 재료

[그림 29] 층간방화구획 시공사례

[표 7] 국내 단열재 소재별 현황

구분	유기	무기		
	경질우레탄-PIR	페놀폼-PF	글라스울-GW	미네랄울-MW
열전도율 (W/Mk)	0.020~0.022	0.019	0.032~0.036	0.035~0.037
단열	고	고	저	저
수분	강	중	약	약
화재	가연	준불연	준불연/불연	불연
시공성	고	중	저	저
가격지수 (두께감안 동일성능)	1.3	1.6	1.1	1.6

[표 8] 국내 불연성 시험기준

분류	시험방법					정의
	불연성			가스유해성		
	가열조건	시간	합격기준	시험조건	합격기준	
불연	섭씨 750도	20분	'최고온도-최종 평형온도' 20K 이하 질량 감소율 30% 이하	섭씨 500도~600도 가열 하면서 연소가스를 주입하면서 쥐의 행동 시간 측정	쥐 8 마리가 평균 9분 이상 움직여야 함	불에 타지 않는 성질을 가진 재료
준불연	복사열 50 kW/m^2	10분	- 총 방출 열량: 8MJ/m^2 이하 - 소멸, 관통 없을 것			불연 재료에 준하는 성질을 가진 재료
난연		5분				불에 타지 않는 성질을 가진 재료

커튼월 설계를 통한 건물에너지 관리

—

3.1 ◢◢◢ 건축환경 일반

3.1.1   기후특성의 이해와 건축

일반적으로 기후대에 대한 정의는 한대기후, 온난기후, 건조기후 및 열대기후 등 네 가지 기후대로 정의되며, 각각의 기후대는 서로 다른 특성을 가지고 있다[그림 1]. 먼저 한대기후는 월 평균최저기온 -15℃ 이하인 지역으로 시베리아, 그린란드 등이 속한다. 온난기후대는 월평균 -15~+25℃ 사이인 지역으로 북부/중부 유럽, 미국북부, 북동아시아 등이 이에 속한다. 건조기후대에는 월평균 최고기온 25℃ 이상인 지역으로 북아프리카, 아랍 지역, 미국 남부 등이 속한다. 마지막으로 열대기후대에는 월평균 기온이 한 달 이상 20℃ 이상, 상대습도 80% 이상인 지역으로 인도, 아프리카 등이 이에 해당된다. 한대기후 건축에서의 열손실을 어떻게 줄일 것인가에 초점이 맞추어져 있으며, 열대기후 건축에서는 열획득을 어떻게 줄여나갈 것인가가 가장 중요하게 다루어지는 접근방향이다. 만약 한대기후 건축설계에서 열대기후에서의 주제로 접근방향을 설정하는 것은 매우 잘못된 선택을 하게 되는 것이다. 또한 동일한 기후대에 속한 서로 다른 지역이라도 기후적 특성은 뚜렷한 차이가 발생한다. 한반도의 경우는 전형적인 온난기후대의 특성을 보여주고 있지만, 동일한 온난기후대인 유럽 지역과 비교할 경우 뚜렷한 기후적 특성의 차이로 인해 건축설계 시 이에 따른 특성을 충분히 검토해야 한다.

[그림 1] 세계 기후대(좌), 한대기후 건축(우상), 열대기후 건축(우하)

한반도는 전형적인 온난기후대에 속하며, 여름에는 고온다습한 그리고 겨울에는 저온 건조한 기후적 특성을 보인다. 현재는 한반도는 온실가스에 의한 지구온난화의 영향으로 아열대성 기후로 변화하고 있다. 동일한 온난기후대에 속하는 독일 베를린과 서울의 월

평균 기온을 비교하면, 베를린은 연간 월평균 기온이 19.2K 차이가 나는 반면, 서울은 28.3K로 월평균 온도차가 훨씬 더 크게 차이가 나며, 이에 따라 베를린 대비 서울은 난방기에 1~2K 정도 더 춥고, 냉방기에는 9~10K에 가까운 훨씬 더 더운 기후를 보인다[그림 2]. 특히 서울의 경우 한여름의 습도가 더해지면 불쾌지수가 베를린 대비 매우 높으므로 쾌적한 환경조성을 위한 온습도를 유지하기 위해 더 많은 에너지를 소비해야 한다. 하지만 한반도는 비교적 작은 면적에도 불구하고, 북부와 남부의 기후적 특성이 매우 뚜렷하게 차이가 나며, 이는 과거 전통건축을 살펴보면 기후적 차이에 따른 남북의 건축적 특성이 쉽게 이해된다. 북부는 열손실을 최소화하기 위한 폐쇄된 구조로서 창 면적이 매우 적고 두꺼운 벽이 있지만, 남부는 일사에 의한 열획득을 최소화하기 위한 개방된 구조로서 마루와 처마가 발달하였다[그림 3]. 특히 남부, 중부의 한옥은 열대건축과 한대건축의 특성이 동시에 나타나는 매우 독특한 건축적 형태를 보인다. 결국 이것은 과거에 한반도에서 건축이 기후적 특성을 극복하기 위해 어떤 노력이 했는지를 보여주는 증거라 하겠다.

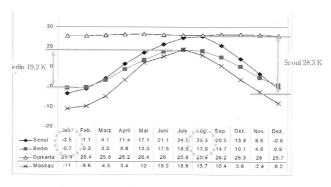

[그림 2] 서로 다른 온난기후대의 월평균기온 비교

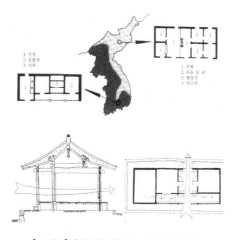

[그림 3] 한국의 지역에 따른 건축특성

3.1.2   인체의 쾌적 범위

인간은 뱃속의 태아 상태에서 가장 쾌적함을 느낀다고 한다. 이는 어머니의 신체가 뱃속에 있는 아이의 주변 환경을 일정하게 유지해주기 때문일 것이다[그림 4]. 하지만 인간은 세상에 태어나면서 큰 변화를 가진 외부환경을 접하게 되며, 이때부터 인간의 신체는 춥거나 더운 환경에 따라 민감하게 대응한다[그림 5]. 통상 인간은 온도 20~25℃, 상대습도 35~65%에서 가장 쾌적하게 느낀다[그림 6]. 국내 기후여건상 -15~+35로 변하는 외기온의 변화에 대해 인간의 신체가 느끼는 쾌적 범위를 유지하기 위해서 건축에서 많은 에너지가 소비되고 있다고 해도 과언이 아니다.

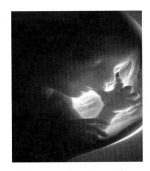

[그림 4] 엄마 뱃속의 아이

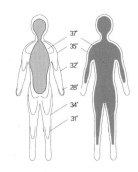

[그림 5] 추운 조건(좌),
더운 조건(우)상에서의 인체 온도변화

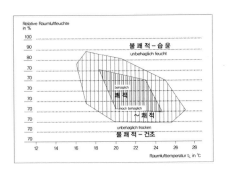

[그림 6] 쾌적영역 분포

3.1.3   창의 기능

창의 기능으로는 차양, 채광, 일상이용, 눈부심 방지, 차음, 그리고 자연환기 등이 있다. 도심의 개발에 따라 최근에는 과거에 비해 차음과 자연환기에 대한 요구가 커지고 있다. 하지만 창의 기본적인 요구에 대한 동서양의 이해는 서로 상이하게 나타났다. 과거 동양의 창은 종이로 되어 있어 환기가 가능하다는 장점과 빛은 유입되지만 시야의 확보는 어렵고 쉽게 찢어진다는 단점을 갖고 있었다[그림 7]. 이에 반해 유리로 된 서양의 창은 시야 확보가 가능하며 내구성이 좋지만, 구조상 통풍이 되지 않는 단점이 있다[그림 8]. 하지만 동서양을 통틀어 과거 건축물은 별도의 환기를 하지 않더라도 실내의 요구되는 환기를 충분히 공급할 수 있을 정도로 창호부의 침기가 매우 컸고, 이는 바로 창호 접합부의 가장 큰 문제이기도 하였다.

[그림 7] 동양의 창(좌), 서양의 창(우)
출처 : Schittich, Staib, Balow, Schuler, Sobek, Glasbau Atlas, Muenchen 1998

일반적으로 일사에 대한 건물의 합리적 에너지 관리를 위해 창호는 개폐면적이 클 경우 외부 차양을 사용하며, 개폐면적이 적을 경우 내부차양을 사용하여도 무방하다. 무엇보다 향에 따른 창호설계 전략수립은 매우 중요하다. 남향의 경우는 태양의 고도가 높아 차양을 통해 일사차단 및 자연채광을 수용하기에 유리하지만, 서향의 경우는 태양고도가 낮기 때문에 일사를 차단할 경우 자연채광이 불리하다. 또한 이는 실내 인공조명을 가동해야 하는 상황이 발생하게 된다. 그러므로 초기 설계단계에서 합리적 접근 전략 수립은 건물의 에너지 체질 개선에 매우 중요한 의미가 있다.

3.2 에너지관리의 구성요소

3.2.1 열관류율(U-Value)

기후 환경적으로 그리고 건축 환경적으로 우리는 열과 수증기 그리고 공기와 아주 밀접한 관계를 맺고 있음을 알 수 있다. 보통 건물 내에서는 열, 수증기, 공기가 함께 움직여 여러 가지 현상을 나타내고 있다. 예를 들면 실내에 난방을 하면 대류가 발생하고 외기와의 온도차에 따라 환기가 된다. 이때 공기가 이동하면서 열도 이동을 하게 된다.

이처럼 열과 공기를 따로따로 떼어놓아 생각하는 것은 어렵겠지만, 그래도 이 장에서는 열의 이동만을 따로 떼어 놓고 알아보고자 한다.

흔히들 열과 온도를 혼동하는 경우가 많은데, 열은 에너지이고 온도는 체적을 나타낸다. 따라서 열은 대소, 즉 많고 적음으로 나타내며, 온도는 고서, 높고 낮음으로 표시된다. 열 이동은 보통 전열이라고 표현한다. 이동에 대해서 논할 때는 반드시 방향성의 문제가 제기되는데 역시 열에도 방향성이 제기된다. 따라서 열의 방향성은 온도가 높은 쪽에서 낮은 쪽으로 이동한다.

이러한 이동은 아래 세 가지 형태로 나타나게 된다.

① 복사(Radiation)
② 대류(Convection)
③ 전도(Conduction)

우리가 주위에서 느끼는 온도감은 상기 세 가지 형태로 일어나는 열 이동에 의한 것으로서 이에 대한 정확한 개념 정립이 요구된다.

(1) 열의 이동

■ 복사전열

복사란 열이 전자파의 형태로 물체에서 물체로 전달되는 형태를 말한다. 따라서 전자파의 형태로 열이 이동하기 때문에 이동의 통로가 되는 매질에 영향을 받지 않고 전달되는 특성이 있다. 전자파는 파장에 의해 분류되는데, 주로 전자파 중에서도 열선인 적외선 파장을 의미한다. 복사에 의해 전달되는 열량은 열의 복사면과 흡수면의 온도에 의해서, 또 표면의 흡수율과 복사율에 따라서 결정된다. 이를 부연하면 물체 상호간에 전자파가 방산되며, 이에 따라 전자파의 파장분류가 결정된다.

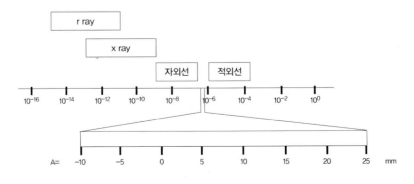

[그림 8] 전기파의 파장분류

고온 측에서도 저온 측에서도 동시에 전자파가 방산되며, 그때의 복사전열량은 고온 측에서 저온 측으로 입사된 열량과 저온 측에서 고온 측으로 입사한 열량과의 차가 된다.

[그림 9] 온도차에 의한 복사전열 이동 비교

(2) 대류전류

기체 혹은 액체에 열을 가해 열이 가해진 부분의 밀도가 작아지고, 이로 인하여 유체의 상승작용에 따라 상하의 흐름이 발생하여 열이 이동하는 것을 대류전열이라 한다.

이를 보다 현실감 있게 말한다면, 고체 표면에서 유체(기체나 액체) 혹은 유체에서 고체의 표면으로 열이 이동하는 형태를 말한다.

■ 전도전열

전도전열이란 열의 이동이 어떤 물체 내에 국한되어 일어나며, 이동형태는 물질의 이동 없이 고온에 있는 물체의 분자 운동이 저온에 있는 분자운동으로 전달되는 것이다. 따라서 물체를 구성하고 있는 분자 구조가 치밀하게 구성되어 있으면 열전도는 용이하다. 기체는 고체에 비해 분자밀도가 적기 때문에 분자운동이 자유롭지 못하며, 액체는 중간적 성질을 띤다. 즉 고체, 액체, 기체 순으로 열전도는 작아진다. 물이 얼음 또는 수증기로 변할 때의 열전도율은 [표 1]과 같다.

[표 1] 물의 3상에 따른 열전도율

물의 3상	열전도율(Kcal.mh℃)[1]
수증기(기체 0℃)	0.014
물(액체 0℃)	0.50
얼음(고체 0℃)	1.89

---

1 열전도율의 단위개념은 <u>열이 이동하는 길이 방향</u> 1 m를 1시간에 1℃를 올리는 데 몇 Kcal의 열 이동 또는 열이 소요되는가라는 개념이다. 다음 장에 나오는 열관류율이나 열전달률의 단위개념 중에 m² 단위도 <u>열이 이동하는 방향의 평면</u> 개념이다.

(3) 열전달과 열관류

보통 건축 환경공학 관련 도서를 읽다보면 종종 열관류, 열전달, 열전도라는 비슷한 단어가 나타나 혼동될 경우가 있다. 따라서 이번에는 이들에 관한 개념을 자세히 알아보고자 한다. 우선 실내의 공기와 벽 그리고 실내의 공기 또는 실외의 공기든 간에 서로 각기 다른 온도를 가지고 있는 물질들 사이(경계 또는 경계를 이루는 표면)에서 일어나는 열 이동에 관해 살펴보자.

표면 열전달에는 대류열전달과 복사열전달 이라는 두 가지 전열 현상이 일어난다.

■ 대류열전달

고체 표면과 접한 유체와의 사이에는 전도와 대류에 의한 열 이동이 일어나고 있다. 이를 건물에 적용하여 보면, 지붕, 바닥, 벽 등의 고체 부분을 사이에 두고 외기와 실내공기인 기체와 접하고 있는 부분(양측 표면)에서 열 이동이 일어나는데, 이와 같이 고체 표면과 유체와의 사이에 온도차가 있을 때 열이 이동하는 현상을 대류열전달이라 한다.

[그림 10] 표면열전달

[그림 10]과 같이 벽체 표면과 기체가 접하고 있는 부위에는 눈에는 보이지 않지만, 기체로 형성된 경계층이 존재한다. 이 경계층은 기체와 고체 사이의 전열에 영향, 즉 벽 표면에 열전달저항이 일어난다.

[그림 10]에서 공기와 경계층 대류열전달은 기류의 속도뿐만 아니라 벽 표면의 거칠기에 따라서도 영향을 받는데, 거친 면 일수록 열전달이 조금 커진다.

■ 복사열전달

건물에 대류열전달이 일어나고 있을 때, 동시에 주변 고체 표면과 대기와의 사이에는 복사열전달이 일어나고 있다. 실내의 벽면으로부터 복사열전달이 일어나고, 바깥 벽면에서 대기의 열복사전달이 일어나고 있다.

벽 표면에서 일어나고 있는 두 가지 열전달에 관해 살펴보았는데, 이들 두 가지 열전달은 표면의 형상, 거칠기, 공기의 상태, 그리고 각 표면의 온도에 따라 변화하므로 상당히 복잡하다.

[표 2]는 실제 열전달을 계산하는 경우 사용되는 관례수치의 예이다.

[표 2] 표면열전달 일람

표면의 위치		표면열전달률 αKcal/m²h℃	표면열전달저항 Ra m²h℃/Kcal 실내=Rai, 외기=Rao
실내용	수직	8	0.125
	수평상 방향	10	0.1
	수평하 방향	6	0.0167
	우각부	5	0.2
외기용	풍속 3m/s	20	0.05
	풍속 6m/s	30	0.033
	미풍2	10	0.1

건물에서 한 벽면에서 일어나고 있는 벽 표면의 전열량은 위에서 언급한 대류 열전달과 복사열전달을 합한 것이 된다.

1m², 1시간, 1℃ 당 몇 kcal의 열 이동이 있는가를 나타내는 것이 바로 열전달률이며 이의 역수가 열전달저항이다.

이상 열전달에 관한 내용을 정리하여 보았다. 다시 한 마디로 요약하면 고체를 사이에 두고 주변에서부터 열 이동이 발생하는데 이때 고체 자신의 내부에서 발생되는 열 이동(열전도)만을 제외한 모든 열 이동을 열전달이라 한다.

(4) 열관류 값

열관류란 열전달 개념보다는 좀 더 포괄적인 것으로 [그림 11]과 같이 유체와 고체에 연결된 열 이동 모두를 뜻한다.

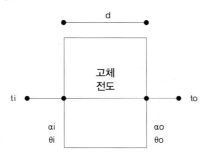

[그림 11] 열관류 개념도

[ti : 실내 공기온도(℃), to : 실외 공기온도(℃), α i : 실내 표면 열전달률(Kcal/m²h℃),
α o : 실외 표면 열전달률(Kcal/m²h℃), θ i : 고체 내측 표면온도(℃), θ o : 고체 외측 표면온도(℃)]

---

2 고층건물의 난방 시를 대상으로 한다.

다시 말해 고체 내부에서는 열전도, 그 양측의 공기와의 접면에서는 열전달이 발생하여 양 방향 조합에 따라 고온 공기에서 저온 공기로 열이 이동하는 것을 열관류라 한다.

따라서 열전도율의 표기는 건축 제품에서 많이 볼 수 있으며, 건축의 단열규정을 보게 되면 열관류율을 사용하는 것을 보게 된다.

3.2.2   결로

(1) 습기 개요

결로에 대해 알아보기 전에 먼저 우리는 결로와 가장 밀접한 관계를 지니고 있는 수증기에 대해 알아보기로 한다.

따라서 이 절에서는 우리가 어떠한 메커니즘을 통하여 수증기를 느끼며, 또 어떠한 면에서 혼돈하고 있는가를 살펴볼 것이다. 공기 중에 포함되어 있는 수증기에 대해서 가장 혼돈하기 쉬운 점은 수증기가 많으면 습하다고 생각하는 것이다. 보통 '습하다' 또는 '건조하다'라고 느끼는 것은 온도의 높고 낮음에 따라 포함할 있는 포화수증기량과 비교하여 현재의 온도에서 얼마만큼의 수증기가 공기 중에 포함되어 있느냐 하는 상대개념으로 건조함과 습함의 정도를 느끼는 것이다. 이 상대개념이 바로 상대습도가 된다. 예를 들어 체적 $1\,m^3$의 공간에 수증기량이 8.28 g있다고 하면 다음 표에서와 같이 된다.

[표 3] 온도에 따른 포화수증기량과 상대습도

실온	포화수증기량 (g/kg Dry Air)	상대습도 (%)	비고
12℃	8.71	95	습한 느낌
30℃	27.19	30	건조한 느낌

즉, 우리가 느끼는 습하고 건조함이란 것들은 수증기가 많아서라기보다는 현재의 체적과 온도에서 포화시킬 수 있는 수증기량과 비교하여 얼마큼의 수증기를 포함하고 있는가에 따라 습도는 달라진다.

(2) 건조한 공기와 습기 있는 공기

보통 실내공기 $1\,m^3$에는 3~12 정도의 수증기가 있다. 공기는 질소, 산소, 아르곤 등의 기체로 조성되어 있는데, 이때 수증기를 전혀 포함하고 있지 않은 공기를 "건조공기"라 부른다. 통상 특별한 사유가 없는 한, 건축에서는 "건조공기"를 취급하지 않는다.

일반적으로 취급하는 공기에는 수증기가 항상 포함되어 있으며, 이러한 공기를 "습기 있는 공기"라 부른다. 따라서 사막의 공기라 할지라도 수증기가 포함되어 있다는 사실을 알아야 한다.

(3) 온도와 관련된 수증기량

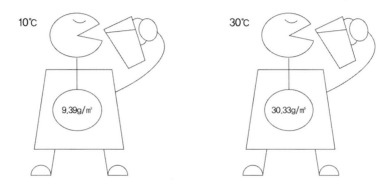

[그림 12] 온도와 관련된 수증기량

[그림 12]는 동일한 체격에서 온도에 따라 수증기를 먹을 수 있는 위의 크기가 달라지는 것을 도식화한 것이다. 즉 온도가 높은 만큼 많은 수증기를, 온도가 낮은 만큼 적은 수증기를 포함하는 성질이 있으며, [그림 13]에서 보여주는 바와 같이 저온에서는 직선적으로 변하지만, 고온에서는 급격히 증가함을 알 수 있다. 따라서 저온에서는 미세한 온도 변화에도 포화수증기압 상태가 되기 쉬우므로 결로에 대한 충분한 주의가 있어야 한다.

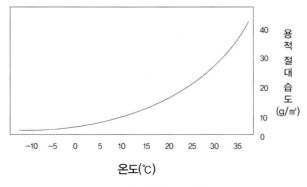

[그림 13] 포화수증기량 곡선

⑷ 수증기의 크기

수증기의 크기는 약 4/100,000 mm 정도로 눈으로 볼 수는 없다. 흔히 목욕탕에서 온탕 위에 보이는 증기를 수증기로 알고 있지만, 실은 이는 앞서 기술하였듯이 포화수증기량 을 초과한 수증기가 물방울로 변한 것이지 수증기가 아니다.

⑸ 수증기의 표시 방법

공기 중에 포함되어 있는 수증기량을 나타내기 위해서는 어떠한 방법을 사용하고 있는지 알아보자. 일반적으로 세 종류로 분류할 수 있으며, [표 4]는 각 습도의 표시방법과 내용을 설명한 것이다.

[표 4] 습도의 표시

종류	명칭	기호	단위	적요
수증기 분압	수증기압	f	mmHg	수증기 분압을 수은주의 높이로 표시
수증기 중량	용적 절대습도	σ	g / m³	1 m³의 습기 있는 공기 중에 존재하는 수증기 량으로 표시
	중량 절대습도	x	g / Kg or Kg / Kg (dry air)	건조공기 1Kg과 공존하는 수증기량으로 표시 (g / K g´, / K g´으로도 표시)
포화수증기 와의 비율	상대습도	φ	%	포화수증기량과의 비를 수증기압 혹은 용적 절대습도로 표시 $\varphi = \dfrac{f}{f_s}\, Kg \times 100 = \dfrac{\sigma}{\sigma_s} \times 100$ (fs, σs는 동일 온도에서의 포화)
	비교습도	ψ	%	포화수증기량과의 비를 중량 절대습도로 표시 $\varphi = \dfrac{X}{X_s} \times 100$ (X_s는 동일 온도에서의 포화) 실용상 φ 늑 ψ 로 하여도 지장 없음

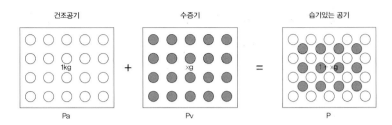

[그림 14] 공기 중 수증기의 이해

[그림 14] 같이 습기 있는 공기압력 P는 건조공기만의 분압 Pa와 수증기만의 Pv 분압에 의해 성립하여 P = Pa + Pv라는 식으로 표현된다. 이때 수증기분압 Pv는 수증기량과 비례하므로 습도의 단위로 사용할 수도 있다. 일반적으로 수증기압은 앞의 표에서와 같이 수은주의 높이인 mmHg로 표시되는데, 그 양이 어느 정도인가를 표시하려 할 때 수증기압(σ)과 용적 절대습도(f)의 수치는 거의 비슷하므로 단위를 바꿔 사용하여도 무방하다. 예를 들어 10 mmHg의 수증기압일 경우 건축 환경 범위로 보면 1 m³의 공기에 약 10 g의 수증기가 있다고 생각하면 이해하기 쉽다. 기상학에서 사용하는 표준대기의 기압은 1,013 mb, 15℃가 표준이 되며, 이 기압을 mmHg으로 환산하면 760 mmHg가 된다.

⑹ 공기선도에서 나타난 습도의 특성

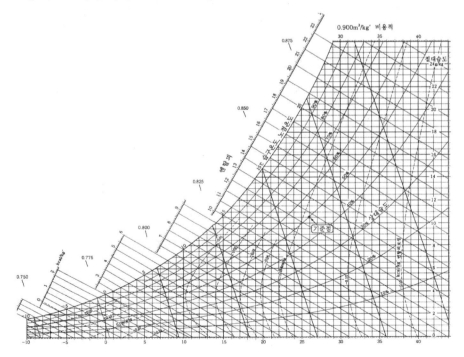

[그림 15] 공기선도

[그림 15]는 상대습도, 절대습도, 수증기분압의 관계를 나타내며, 이 공기선도를 사용하여 수증기량과 노점온도를 알 수 있다.

■ **도표 보는 방법**

• 온도 20℃, 습도 70%일 경우의 수증기량은?

온도 측 20℃에서 수직선을 그어 상대습도 70% 곡선과 만나는 점에서 수평선을 그어 수증기 분압과 만나는 점을 읽으면 다음과 같이 알 수 있다.

– 절대습도(수증기량) 0.013 Kg/Kg' 건조공기, 수증기분압 12 mmHg

■ **예제**

• 상기 조건하에서의 노점온도는?

상대습도 70% 교점에서 좌측으로 수평선을 그어 상대습도 100%와 만나는 점이 노점온도(td) 14℃가 된다.

(7) 공기선도에서 나타난 특기 사항

온도가 올라감에 따라 공기 중에 포함될 수 있는 수증기의 양은 급격히 증가됨을 [그림 15]에서 보았다. 대략 25℃ 부근에서 급격한 수증기량의 증가를 보여주고 있는데, 역으로 온도가 낮아지면 포함할 수 있는 수증기량이 작아진다는 사실에 주목하여야 한다. 즉 공기의 온도가 10℃ 이하로 되면 소량의 수증기 증가에도 금세 포화상태가 되어 수증기의 결로현상이 발생한다.

(8) 수증기의 이동방식

■ **수증기의 성질**

수증기는 수증기량(수증기압)이 큰 쪽에서 낮은 쪽으로 이동하여 평형상태가 되려는 성질을 가지고 있다. [그림 16]은 두 개의 공간에 수증기압 차가 있는 경우, A에서 B로 수증기의 이동이 시작되어 평형이 되는 과정을 보여주고 있다.

겨울철 실외와 실내의 수증기 이동을 살펴보면, 실외는 실내보다 상대습도가 높으나 수증기압이 실내보다 낮아 수증기는 외부로 흐른다. 이러한 예는 건물 안에 있는 실들 중에서 난방실과 비난방실에 적용하여도 동일한 현상이 나는데, 난방실은 비난방실보다 수증기량이 많기 때문에 수증기는 난방실에서 비난방실로 흐른다. 결과적으로 수증기의 이동 방향은 상대습도가 아니라 절대 수증기압(혹은 절대 수증기량)의 대소에 의해 결정된다.

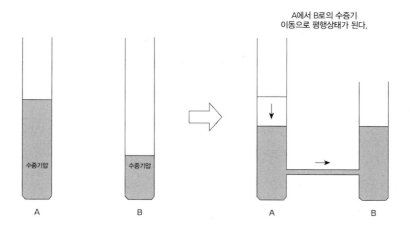

[그림 16] 수증기의 이동

■ 습류와 투습

일반적으로 수증기는 [그림 16]에서와 같이 분압 차에 의해 이동하기도 하며, 공기의 대류 작용에 의해 운반 이동되기도 한다. 이러한 수증기 이동을 "습류"라 하며, [그림 17]과 같이 물체를 사이에 두고 일어나는 습류 현상을 "투습"이라 한다.

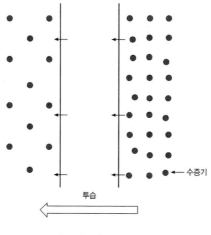

[그림 17] 투습 현상

투습은 굉장히 작은 간극에서도 용이하게 발생한다. 종종 이중벽 사이에 단열재로 충진된 글라스 울에서 결로가 발생한 것을 볼 수 있는데, 이러한 결로는 바로 수증기의 투습 현상에 의해 발생되는 것이다. 이와 같은 결로를 내부 결로라 하며, 결로는 발생 원인에 따라 결로의 종류로 나눌 수 있다.

대부분의 건축 재료는 작거나 크거나 간에 수증기를 통과시킨다. 그러나 수증기를 하나도 통과시키지 않는 건축자재도 있다. 예를 들면 플라스틱 필름과 같은 얇은 금속막은 어느 일정 두께 이상이 되면 수증기를 통과시키지 않는다. 물의 분자보다 수증기의 분자(4/100,000 mm)가 더 작기 때문에 물은 통과할 수 없으나 수증기는 통과할 수는 건축자재가 대부분이다. 하나의 예로, 시멘트 몰탈방수나 구체방수의 경우 물은 통과하지 못하나 수증기는 통과한다. 따라서 흔히 우리는 방수와 방습을 혼돈하는데, 방수 구조가 되었다고 방습이 되는 것은 아니다.

재료는 각기 투습의 정도, 즉 "투습률" 혹은 그 역수인 "투습 비저항"이라는 것으로 표시를 할 수 있다. 투습으로 인하여 특히 내부 결로가 발생되는데, 시공상 방수보다도 방습 시공이 어려우므로 결로 방지는 어렵고 힘든 작업이다.

재료의 두께 그리고 투습과 관련된 투습률, 투습 비저항, 투습 저항의 관계는 아래의 식과 같다.

$$
\text{투습 저항}(\text{m}^2 \cdot \text{h} \cdot \text{mmHg/g}) = \frac{\text{재료의 두께}(\text{m})}{\text{투습율}(\text{g/m} \cdot \text{h} \cdot \text{mmHg})}
$$

$$
= \frac{\text{투습비 저항}}{(\text{m} \cdot \text{h} \cdot \text{mmHg/g})} \times \frac{\text{재료의 두께}}{(\text{m})}
$$

(9) 결로의 종류와 발생

■ 표면 결로와 내부 결로

앞에서 언급하였듯이 결로는 수증기가 응집되어 물방울로 되는 현상으로, 발생 부위 또는 발생 시기 등에 따라 그 명칭을 달리하나 발생 원인의 메커니즘은 동일하다.

우선 건축상에서 결로는 "표면 결로"와 "내부 결로"로 분류된다. 즉 발생 부위별 특성에 따라 분류된 것으로 제반 특성은 [표 5]와 같다.

[표 5] 부위별 결로의 종류

구분	발생 메커니즘	시기	대책
표면 결로	실내의 습기 있는 공기가 포화 온도 이하의 벽이나 천정 등에 접했을 때 수증기가 물방울로 되어 부착하는 현상 ※ 표면온도와 포화온도와의 관계	사계절	• 단열재의 이용 • 환기에 의한 습도 저감 • 표면 마감재의 호흡 성능 이용 ※ 대처가 비교적 용이
내부 결로	실내외의 수증기압 차이에 의해 벽체나 지붕 등 눈에 띄지 않는 구조체의 내부로 통과한 수증기가 저온 부위에서 막혀 결로되는 현상 ※ 온도차가 있는 실내외의 수증기 이동과 저온 측의 차단 효과	주로 겨울	• 실내 측 방습층(외기 측 유통 공기층이 있으면 효과 증대) • 냉동 창고 등에서 발생하는 하기 결로는 실외 측 방습층 ※ 대처가 비교적 힘듦

■ 겨울 결로와 여름 결로

결로의 분류는 발생 위치에 따라 표면 결로와 내부 결로로 나뉘지만, 발생 시기, 즉 기후조건에 따라서 "겨울 결로", "여름 결로"로 나뉜다. 결로의 발생 조건이 다르기 때문에 대책도 다른 경우가 있다.

[표 6]은 겨울 결로와 여름 결로의 특성 및 대책을 보여주고 있다.

[표 6] 계절별 결로의 종류

계절	결로 부위	발생 메커니즘	대책
겨울 결로	표면 결로	• 습기 있는 공기와 접촉한 벽, 바닥, 천정, 옥상 등의 표면 • 온도와의 포화관계	• 단열재의 이용 • 환기에 의한 습도저감 • 표면마감재의 호흡성능 이용
	내부 결로	• 온도차가 있는 실내외의 습류와 저온 측의 차단효과	• 실내 측 방습층(외기 측 유통공기층이 있으면 효과가 증대)
여름 결로	표면 결로	• 상동	• 단열재의 이용 • 환기에 의한 표면온도의 상승
	내부 결로	• 상동(주로 냉장고, 냉동차에 발생함)	• 외기 측 방습층(냉장차 등은 결로 수가 너무 많아서, 습기용량의 이용은 불가능)

• 결빙형과 습윤형

앞서 분류한 방법으로도 결로에 대한 이해가 충분하나, 다음과 같은 분류 방법도 참고하면 좋을 것이다.

결로 형태에 대해 앞서 언급한 것 이외의 방법의 분류로는 결빙형과 습윤형이 있다. 이것은 위도상의 차이로 나타나는, 즉 기후적, 지형적 차이로 발생하는 결로의 형태로서 다음과 같이 설명할 수 있다.

- 결빙형: 추운 북쪽 지방에서 주로 나타나는 형식으로 겨울철 발생된 결로수가 축적·결빙의 과정을 반복하였다가 봄이 오면 녹기 시작하여 유출되어 피해를 입힌다.
- 습윤형: 결빙형과는 반대로 따뜻한 지방에서 발생되며, 또한 물의 형태로 작용하므로 결로가 발생되면 바로 알 수 있다. 과거에는 결빙형이 많이 띄었으나 건물의 기밀성과 보온성의 향상으로 점차 습윤형으로 발전하고 있다.

3.2.3   태양열 취득계수 SHGC(Solar Heat Gain Coefficient)

(1) 건물의 Shell 로서 창호의 문제점

■ 건물의 Shell로서 창호부의 문제

2013년 강화된 단열 기준에서 창호부의 열관류값은 $1.50\ W/m^2K$인 반면, 외벽면은 $0.27\ W/m^2K$이다. 창호는 건물에 있어 가장 큰 열적 취약부로써 손실이 벽에 비해 5.5배 이상 높다. 특히 고층 주거용 건물은 발코니 확장이 허용되면서 확장 시 일사유입에 의해 온실효과가 발생하여 냉방부하 상승으로 이어지고 있다. 유리 면적이 넓은 경우 외부차양이 필요하나, 현실적으로는 태풍이나 기상이변이 잦은 국내 기후 여건으로 인해 구조적 대안의 제시가 난해하다. 또한 고층건물은 높은 풍압에 노출되며, 이는 대부분 대로변에 위치함에 따라 자연환기를 효과적으로 유도하는 것이 어렵다. 이와 같은 현상은 판상형 건물에 비해 탑상형 건물에서, 그리고 통상 대로변이 인근에 위치할 경우의 건물에서 나타난다. 즉 소음과 자동차로 인해 합리적 자연환기가 불가하므로 강제 환기에 의존해야 하는 경우가 많다. 결국 이는 쾌적성 저하에 따른 건강문제의 대두뿐만 아니라 에너지 소비량이 증가하게 되는 원인이 된다. 이와 같은 문제를 해결하기 위해 창호 또는 유리 분야에서 새로운 기술들이 제공되었으나, 이 또한 한계가 있었다. 삼중유리, 투광 조절창, 적외선 차단 필름 등 다양한 소재들은 U값 개선효과는 뛰어나나 내부차양이 적용된 상태에서는 SC값(Shadings Coefficient)의 조절은 의미가 없어지므로 그 효과는 큰 의미가 없다.

도심의 밀도 있는 개발의 결과로 초고층 유리건물은 현대건축의 특징 중 하나가 되었으며, 지역적 특성과 어우러져 랜드마크가 되는 상징적 역할을 담당하게 되었다. 하지만 고층건물의 사무실은 높은 내부 발생부하와 내부차양이 설치되어 일사에 무방비로 노출되는 경우가 많다. 이로 인해 IT 건물과 같이 실내 발열부하가 높은 경우는 난방기조차도 냉방이 요구되기도 한다. 독일에서의 한 보고에 따르면 커튼월로 시공된 24개 건물에서의 1차 에너지 소비를 측정한 결과 연간 에너지 소비가 300~700 kWh/m²에 이른다고 보고되고 있다. 특히 오피스는 50년대 이후 열획득 대비 열손실 부분이 상대적으로 많았으나, 점차적으로 열손실은 감소하여 열획득은 증가하였고 90년대에는 열획득이 상대적으로 더 높게 발생하였다[그림 19]. 우리와 같은 기후 여건의 동일한 맥락에서 초고층 건물은 지속적인 단열성능의 개선으로 난방기보다 냉방기에 문제가 심각하게 발생한다.

[그림 18] 국내 공동주택 및 독일 Passive house 창호부 적외선카메라 촬영결과

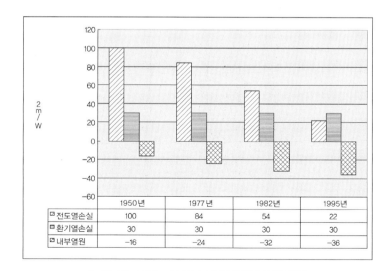

	1950년	1977년	1982년	1995년
전도열손실	100	84	54	22
환기열손실	30	30	30	30
내부열원	-16	-24	-32	-36

[그림 19] 1950~1995년 사무소건물 열균형 변화
출처 : Nuessle외, Heizen und Kuehlen mit abgehaengter Decken, Deutsche Bauzeitschrift 8, 1997

■ 자연환기가 재실자의 건강에 미치는 영향

자연환기는 주거 또는 업무환경에 있어 재실자의 심리적 쾌적성을 좌우하는 요소 중 하나이다. 다수가 사용하는 공간에서는 사용자의 위치 또는 심리상태에 따라 자연환기에 대한 선호도가 다르게 나타나며, 특히 난방기의 경우 창 측에 위치한 사람과 복도 측에 위치한 사람과의 이에 대한 요구는 큰 차이를 보이게 된다. 이와 함께 두통, 메스꺼움, 안구 건조증, 호흡장애 등 일반 근무 여건 속에서 발생하는 재실자가 느끼는 불편을 통계로 나타낸 자료를 보면 창이 개방되지 않는 건물에서 재실자의 불편호소율은 평균 40%로 나타났지만 창이 개방되는 건물에서 재실자의 불편호소율은 평균 25%로 나타나 창이 개방되지 않는 건물에서보다 약 15% 가량 낮은 것을 볼 수 있다. 이는 자연환기에 의한 효과가 재실자의 건강에 미치는 영향이 큰 것을 알 수 있다[그림 20].

특히 초고층건물은 높은 풍압의 발생으로 인해 구조적으로 창개방을 통한 자연환기를 효과적으로 실현하는 것이 쉽지 않고, 특히 창이 개방되지 않는 건물에서는 기계식 환기만 가동되므로 재실자의 건강에 있어 심각한 문제가 발생할 수 있다. 따라서 창개방이 허용되지 않고 기계식 환기만 제공되는 건물에서는 새집 증후군(Sick Building Syndrome) 및 밀폐 빌딩 증후군(Tight Building Syndrome)과 같은 문제가 발생할 확률이 높다. 결국 자연환기란 추가적 에너지 소비 없이 재실자의 쾌적감을 개선하며 건강을 유지할 수 있는 잠재력을 의미한다. 특히 초고층건물의 주변은 대부분 대도시의 교통량이 많은 지역이므로 대로변 소음으로 인해 기계식 환기에 대한 의존도가 더욱 높을 수밖에 없으므로 이에 대한 대응이 요구된다.

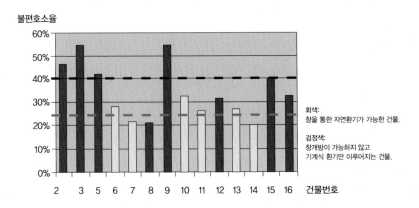

[그림 20] 사무실에서 불편함을 호소한 사람들의 비율(%).
출처: Boris Kruppa, Untersuchungsergebnisse der ProKlima– Felduntersuchung, Raumklima in Buerohaeusern, 21. Internationaler Velta Kongress' 99, Tirol, 1999

■ 유리 소재의 특성과 한계

유리는 실내로의 에너지 투과에 가장 큰 영향을 미치는 요소이다. 온도차에 의한 열전달보다 직달 일사의 유입에 의한 열전달은 약 10배가량 크다. 유리의 푸른색은 Fe_2O_3의 함량에 따라 투과율에 영향을 미친다. 일반적으로 유리가 두꺼워지면 투과율이 낮아지며, Fe_2O_3의 함량이 높으면 가시광선 및 적외선 대부분에서 투과율이 낮아진다. 또 Fe_2O_3 함량이 낮으면 투과율은 높아지게 된다[그림 21]. 국내 기후의 특성상 냉방기는 유리를 통한 에너지 투과율을 낮추고, 반대로 난방기는 에너지 투과율을 높여야 하나, 유리라는 단일 소재만으로는 에너지 투과율을 조절할 수 없다. 이에 따라 유리와 차양을 통합하여 대응하게 된다.

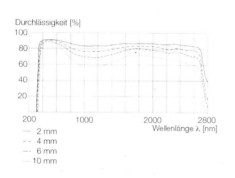 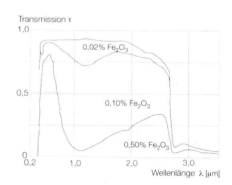

[그림 21] 유리 두께에 따른 투과율 비교(좌) 및 Fe_2O_3 함량에 따른 투과율 비교(우)
출처 : Schittich, Staib, Balow, Schuler, Sobek, Glasbau Atlas, Muenchen 1998

결로에 대해 알아보기 전에 우선 결로와 가장 밀접한 관계를 지니고 있는 수증기에 대해 알아보기로 한다.

■ 태양열 취득계수(SHGC 또는 G값)

열관류값의 경우 실내외의 온도 차만을 반영하게 되므로 일사에 의한 영향을 반영할 수 없다. 특히 창의 연관류값이 이에 해당되며, 유리 입사되는 전체 빛에너지량 대비 실내에 유입되는 에너지량의 비율로 나타내며 Solar Heat Gain Coefficient(영어권), 또는 G-Value(독일어권)라 한다. SHGC값이 낮으면 적은 양의 빛에너지가, 높으면 많은 양의 빛에너지가 실내로 유입됨을 의미한다. 그러므로 유리 면적이 많은 건물의 경우는 냉방기 중 높은 일사열 획득으로 인해 실내의 온실효과가 발생하며, 이를 해결하기 위해서는 합리적 창벽 면적비와 외부차양 개념의 도입이 필요하다. 독일의 DIN EN 410에 따라 G

값은 아래의 식으로 얻어진다. 수직유리면 입사와 기류속도 $4\,\text{m/s}$, 비환기되는 중공층이 이의 조건이다.

$$g = \tau + q_i$$

$$\tau = \frac{\sum\limits_{\lambda=300nm}^{2500nm} S_\lambda \tau(\lambda)\Delta\lambda}{\sum\limits_{\lambda=300nm}^{2500nm} S_\lambda \Delta\lambda}$$

$$q_i = \frac{\left(\dfrac{\alpha_{e1}+\alpha_{e2}}{h_e}+\dfrac{\alpha_{e2}}{\Lambda}\right)}{\dfrac{1}{h_i}+\dfrac{1}{h_e}+\dfrac{1}{\Lambda}}$$

$$\alpha_{e1} = \frac{\sum\limits_{\lambda=300nm}^{2500nm} S_\lambda \left[\alpha_1(\lambda)+\dfrac{\alpha_1'(\lambda)\tau_1(\lambda)\rho_2(\lambda)}{1-\rho_1'(\lambda)\rho_2(\lambda)}\right]\Delta\lambda}{\sum\limits_{\lambda=300nm}^{2500nm} S_\lambda \Delta\lambda}$$

$$\alpha_{e2} = \frac{\sum\limits_{\lambda=300nm}^{2500nm} S_\lambda \left[\dfrac{\alpha_2(\lambda)\tau_1(\lambda)}{1-\rho_1'(\lambda)\rho_2(\lambda)}\right]\Delta\lambda}{\sum\limits_{\lambda=300nm}^{2500nm} S_\lambda \Delta\lambda}$$

[그림 22] SHGC 계산 방법

(2) 건물의 에너지 관리

■ 건물의 난방기 에너지관리

건물의 난방기 쾌적온도는 18~20℃이다. 이를 위한 난방에너지 소비량은 구조체에 의한 전도 및 열교에 의한 열손실, 환기와 건물 틈새의 환기에 의한 열손실과 일사에 의한 열획득, 그리고 내부의 인체, 조명, 기타 기기 등에 의한 열획득의 합으로 나타낸다.

$$Q_h = ((Q_{T spez} + Q_T) + Q_V + Q_{V.Leckage})) + (Q_S + Q_I)$$

$Q_{T spez}$ = 건축구조(지붕/벽/바닥/창)를 통한 전도 열손실(-),

Q_T = 열교에 의한 전도 열손실(-),

Q_V = 환기에 의한 환기 열손실(-),

$Q_{V.Leckage}$ = 건물틈새에 의한 환기 열손실(-),

QS = 일사 열획득(+), Q_I = 내부 열획득(인체, 조명, 기계)(+)

■ 건물의 냉방기 에너지 관리

건물의 냉방기 쾌적온도는 25~27℃이다. 냉방기에는 열획득이 발생하며, 이를 효과적으로 제어하여 쾌적온도와 습도 범위를 유지할 수 있어야 한다. 열획득의 유형으로는 전도에 의한, 그리고 창호부 전도 및 복사에 의한 열획득이 있고, 내부에는 재실자, 조명, 그리고 기타 기기에 의한 열획득이 있다.

$$Q = Q_A + Q_I = (Q_W + Q_T + Q_S) + (Q_P + Q_B + Q_M)$$

$Q_W =$ 전도에 의한 외부 전도 열획득

$Q_T =$ 창호에 의한 외부 전도 열획득

$Q_S =$ 창호에 의한 외부 복사 열획득

$Q_P =$ 재실자에 의한 내부 열획득

$Q_B =$ 조명에 의한 내부 열획득

$Q_M =$ 기계에 의한 내부 열획득

■ 건물외피 설계를 통한 건물의 합리적 에너지 관리

기후대 별 이상적인 열 관리에 대해 살펴보면, 먼저 U값은 모든 기후대에서 가능한 최소값이 요구되며, SHGC값은 한대기후에서 최대값 그리고 열대기후에서 최소값이 요구된다[그림 23]. 건물외피를 통한 이상적 열 관리가 가장 난해한 지역은 온난기후대이다. 온난기후대에서 SHGC값은 냉방기에 최소값 그리고 난방기에 최대값이 요구된다. 인간은 주변 환경의 변화에 따라 의복을 통해 쉽게 대응하여 추우면 두꺼운 옷을, 그리고 더우면 가벼운 옷을 쉽게 갈아입을 수 있다. 하지만 건축에서 건물외피를 통해 이와 같은 가변성의 요구에 대응하는 것은 현실적으로 쉽지 않다. 건물 에너지 관리를 볼 때 국내 현장에서 건물외피에 가장 일반적으로 적용되고 있는 내부차양은 에너지적인 측면에서 난방기에는 이상적이지만 냉방기에는 매우 불리하다.

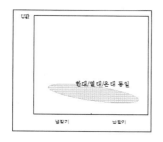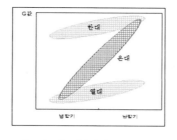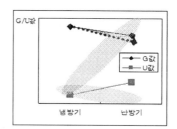

[그림 23] 기후대별 U값 및 G값의 특성 분석

Building curtainwall

CHAPTER **4**

커튼월 성능테스트

4.1 ▰ 성능테스트 개요

4.1.1   개념

외벽을 형성하는 커튼월은 바람, 비, 열, 공기, 습기, 먼지, 소음, 해충, 동물, 도둑 등 자연의 기후조건 및 주변 여건에 충분히 견딜 수 있도록 설계, 제작, 시공되어야 한다. 그러므로 전반적인 성능을 확인하기 위한 성능테스트는 최근에 들어서 고층 및 중요도가 높은 빌딩은 물론 여타 모든 건물에도 거의 일반화가 된 상황이다. 그러나 모든 커튼월에 대해서 반드시 테스트를 하여야 하는 것은 아니다. 테스트의 필요성을 면밀히 검토하여 테스트의 종류 및 기준, 순서가 설정되어야 하지만 불필요한 테스트의 경우 시간과 예산을 낭비하는 결과를 초래할 수도 있으므로 시방서 작성 시 테스트의 필요 유무에 대하여 유의할 필요가 있다.

4.1.2   성능테스트 시행 이유

성능테스트를 시행함으로써 현장에 커튼월 설치에 앞서 전형적인(Typical)물량을 대량으로 양산하기 전에 평가해 볼 수 있고 평가된 테스트 결과를 피드백하여 설계에 반영 시공할 수 있을 뿐만 아니라 미리 시료를 설치해봄으로써 시공 상의 문제점을 파악하여 개선할 수도 있다. 또한 테스트를 통하여 도면 또는 데이터와 다른 결과에 대해 공식적인 확인을 할 수 있고 발주처(Owner) 측에 확신을 줄 수도 있다.

4.1.3   성능테스트 시행 목적

커튼월을 구성하는 각 부위(글레이징 부위, 외벽본체, 외벽체와 구조체의 연결 관계) 등의 기능을 복합적으로 평가하고 제품의 안전성을 실물 테스트를 통하여 확인함으로써 도면과 계산만으로는 파악하기 어려운 문제점을 점검하여 본 공사에 반영하기 위함을 목적으로 한다. 특히 새롭게 설계되는 커튼월 시스템은 반드시 성능테스트를 통하여 요구 성능 조건의 부합 여부가 확인되어야 하며, 다음과 같은 효과를 기대할 수 있다.

• 본 제품 생산 전에 비슷한 환경조건에서 외벽의 성능 확인

• 설계 도면에 대한 설치 순서 확인 및 시공작업 시 문제점의 검토 기회 제공

- 도면 상 점검 불가능한 부분에 대하여 설계 보완 가능
- 가시적인 성능테스트를 통하여 외벽 전체 시스템에 대한 발주처의 공식적 승인 절차 제공
- 커튼월 전문업체에게 설계 개선, 기술 축적의 기회 제공

4.1.4 성능테스트 요구 유형

규격 제품에 대하여 가장 기본적인 기밀, 수밀, 구조성능 등이 테스트를 통하여 확인되었을 경우 추가 테스트가 불필요할 수 있으나 특정 성능 및 현장의 조건에 맞추어서 디자인된 유형은 반드시 테스트를 통하여 성능을 확인하고 결함을 보완 조치하는 것이 필요하다.

4.1.5 성능테스트 요구 항목

성능테스트의 가장 기본적인 항목은 기밀, 수밀, 구조 성능이라고 할 수 있으며, 그 외 필요에 따라 열순환, 열관류율, 결로, 층간변위, 타이백 테스트 등의 항목을 실시할 수 있다.

기본적인 세 가지 테스트 항목(기밀, 수밀, 구조 성능) 중 가장 중요한 것은 구조성능 테스트이다. 구조 성능테스트의 경우 커튼월의 안전성에 대해 검증할 수 있는 가장 대표적인 시험 항목으로, 만약 명확한 구조적 확인 없이 실제 시공에 착수되었을 때 문제점이 발생한다면 치명적인 결함으로 작용하여 최악의 경우 안전사고 및 재시공에 이를 수도 있기 때문이다.

다음으로는 수밀 성능테스트이다. 수밀 성능테스트는 외기에 접한 커튼월에서 비와 바람으로 인한 누수가 발생하는지 여부를 확인하는 시험이다. 수밀 성능을 만족하지 못할 경우 내부 마감재에 영향을 주어 이로 인한 피해를 사용자가 직접적으로 체감하게 된다. 뿐만 아니라 구조 성능의 경우 그 중요성이 이미 인지되어 있기 때문에 이에 대한 검토방법이 상당히 정확도 있게 정립되어 있으나 수밀성능의 경우 수치적으로 정확한 계산 및 예측이 어려우므로 테스트의 필요성에서 볼 때 구조성능에 못지않다고 할 수 있다.

마지막으로 기밀 성능테스트이다. 기밀 성능테스트는 외기에 접한 커튼월을 통하여 외기와 실내 간에 유입 또는 유출되는 통기량을 측정하는 시험이다. 기밀 성능이 저하될 경우 커튼월을 통한 열손실, 결로 발생, 차음성 저하 등의 문제점이 발생하며, 또한 수밀성의 저하와 연결될 수 있어 사용자의 불편 및 경제적 손실을 초래할 수 있다.

- 기밀 테스트(Air Infiltration & Exfiltration Test) : ASTM E 283

  - 정압(靜壓, Static Pressure)

- 수밀 테스트(Water Penetration Test)

  - 정압(靜壓, Static Pressure) : ASTM E 331

  - 동압(動壓, Dynamic Pressure) : AAMA 501.1

  - 맥동압(脈動壓, Cyclic Pressure) : ASTM E 547

- 구조 성능테스트(Structural Performance Test) : ASTM E 330

  - 설계하중 테스트(Design Load Test) :
    설계중압 정압(正壓, Positive Pressure),
    부압(負壓, Negative Pressure)의 ±50%, ±100%

  - 안전하중치 테스트(Proof Load Test):
    설계중압 정압(正壓, Positive Pressure),
    부압(負壓, Negative Pressure)의 ±75%, ±150%

- 층간변위 테스트(Horizontal Movement, Vertical Movement)

  - 좌, 우 변위 : AAMA 501.4

  - 상, 하 변위 : AAMA 501.7

- 열순환 테스트(Thermal Cycling Test) : AAMA 501.5

  - 혹한 조건(Cold Condition)

  - 혹서 조건(Hot Condition)

- 타이백 테스트(Tie back Test) : 현장 특기시방서에 따름.

4.1.6 성능테스트 평가

모든 성능테스트가 현장 조건에 정확하게 맞는다고 단언하기는 어렵다. 테스트와 현장의 설치기술 차이, 고정방법 차이, 현장코킹, 건물 구조체 상황, 관리, 감독 정도 등이 다르기 때문이다. 그럼에도 불구하고 테스트 결과는 기능의 결함, 디자인의 결함, 가공 및 시공의 오류 등이 미리 확인되어 보정할 수 있으므로 현장시공 시 소요되는 시간 및 경비를 절약할 수 있고 정밀하고 정확한 시공의 계기가 된다. 따라서 테스트 준비 과정부터 설치 및 테스트 과정까지 충분한 검토와 평가가 이루어져야 한다. 그러나 소규모의 커튼월 공사에서의 테스트는 시간 및 경비 측면에서 볼 때 주종이 전도되는 경우가 될 수 있으니 테스트의 필요유무를 면밀히 검토할 필요가 있다.

4.1.7 올바른 목업(Mock-Up) 테스트를 위하여

외벽에 대한 테스트는 디자인 측면의 검토를 위한 실물모형 육안검사(Visual Mock-Up)과 성능을 검증하기 위한 시험소 성능테스트(Laboratory Performance Mock-Up) 그리고 현장 성능테스트(Field Performance Mock-Up)으로 대별할 수 있다. 성능테스트는 외벽에 가해지는 비, 바람, 지진, 건물의 움직임, 열 수축/팽창 등으로부터 건물의 예상수명 내에 발생할 수 있는 최악의 여건에 충분히 견딜 수 있는지를 확인하는 과정이다. 이러한 확인 절차 없이 제작, 시공된 커튼월의 경우 어느 부분이 취약한 부위인지 알 수가 없다.

따라서 성능테스트 시행 시 염두에 두어야 할 사항을 정리한다면 다음과 같다.

■ 테스트 부위가 합리적이어야 한다.

테스트 부위는 최소 2개 층과 3개 span이 되어야 하며, 가능하다면 코너를 포함하고 벤트가 있을 경우 반드시 반영되어야 한다. 전문가의 심도 있는 검토 없이 잘못 선정된 부위에 대한 테스트는 경제적, 시간적인 손실을 초래하므로 사전에 담당자와 시험소 간 충분한 협의 후에 진행하는 것이 바람직하다. 잘못된 부위에 대한 테스트는 현장공기 및 품질 등 어느 것에도 도움이 안 될 뿐 아니라 시간과 자재, 인력, 경제적인 손실만을 가져올 뿐이다.

■ 테스트 항목과 평가기준이 명확하고 주어진 건물에 합당하여야 한다.

잘못된 테스트 항목과 평가기준으로 테스트를 시행할 경우, 원래 취지를 벗어나고 단지 요식 행위 에 불과하다고 할 수 있다. 예를 들어 높은 수준의 기준을 요구하는 커튼월에 낮은 수준의 평가기준으로 테스트를 시행한다면 테스트 결과에 대해 신뢰할 수 없고, 잘못된 성능평가로 인하여 인적, 물적 손실을 불러오는 원인이 된다.

■ 테스트에 대한 정확한 평가를 위해 목업 도면을 작성한다.

목업 도면은 전체 커튼월 시스템의 근본이 된다. 정확하지 못한 목업 도면은 임의 제작, 시공을 불러오므로 문제 발생 시 원인 규명이 어렵다. 목업 테스트 단계는 커튼월의 설계, 제작, 시공 등의 약 70% 가량의 비중을 차지하고 있으나 실제로는 인식도가 부족한 것이 국내의 실정이다.

■ 목업 시료의 제작과 설치 시 점검한다.

승인된 목업 도면대로 제작, 설치되지 않은 상태에서 테스트를 신행하였을 경우에는 문제점에 대한 원인 파악이 어렵고 테스트 결과에 대해 신뢰할 수 없기 때문에 승인된 목업 도면대로 철저히 제작, 설치되어야 한다. 도면대로 제작, 설치되지 않았을 경우에는 비록 기간이 더 소요된다고 하더라도 수정, 보완하고, 설치는 향후 현장에서 시공자가 진행하며 감리, 감독 측의 점검이 필요하다. 도면대로 시공되지 않은 부분, 임의로 작업한 내용은 성능 파악을 저해하는 요소이며, 본 행위 후의 테스트는 현장의 부실을 초래한다.

■ 테스트 시행에 대한 인식이 필요하다.

성능테스트의 주목적은 설계, 제품 생산에 대한 기술, 시공의 가능성 및 개선점 파악, 성능의 문제점에 대한 수정 보안책의 피드백이다. 테스트의 합격 여부는 테스트 시행의 근본적인 목적이 아니다. 근본적인 목적은 문제점의 정확한 파악, 대책 강구, 시공의 편리성, 현장의 품질 제고이고, 또한 더욱이 고려해야 될 사항은 요구 성능 이상의 결과에 대한 경제적인 방향의 수정 및 보완이다.

■ 테스트에 대한 적극성이 요구된다.

모든 시공회사는 한 개의 공사로 종지부를 찍는 것이 아니다. 시행된 공사는 귀중한 홍보 자료이고 그 회사의 소중한 실적일 뿐 아니라 대단히 유용한 자료이다. 그럼에도 불구하고 테스트 시 발생한 문제점에 대해 임시방편으로 해결하려 하고 원인분석에 대해 인색한 것은 기술 발전 및 품질 향상을 저해하는 것이다. 전체 외장공사 금액에 비하여 테스트 비용이 차지하는 비율은 대단히 적으므로 미래지향적이고 긍정적인 사고로 임한다면 문제의 해결은 물론 개선된 시공방법에 의하여 일석이조의 결과를 달성할 수 있을 것이다. 뿐만 아니라 훗날 불필요하게 현장에 투입되는 인적, 물적 자원을 최소화할 수 있다.

정리하면 다음과 같이 요약할 수 있다.

• 합리적인 목업 부위 선정

• 합당한 테스트 항목, 평가기준 선정

• 철저한 목업 도면 작성

• 목업 시료의 제작 및 설치 시 점검

• 테스트 시행에 대한 인식 제고

• 테스트에 대한 적극성 견지

4.2 / 성능테스트 시방(Performance Test Specification)

4.2.1 일반사항

- 계약자는 시료 제작에 필요한 자재 및 설치 등에 소요되는 제경비를 제공하여야 한다.

- 목업은 실제 규모이어야 하고 밀봉재(Sealant), 유리(Glass), 유리설치(Glazing), 가동창(Operable Vent), 앵커(Anchor), 마감(Finish) 등이 현장에 설치될 것과 최대한 같아야 한다.

- 정확한 조립 관계를 점검하기 위하여 단열재(Thermal Insulation) 및 고정핀(Impaling Pin)과 백패널(Clip, Back-Panel) 등을 설치하고 변위측정기(Deflection Gauge) 설치를 위한 부분은 시공자가 제거한다.

- 여분의 유리를 최소한 한 장 준비하고, 유리 파괴 시 교체하여 테스트를 재시행하며 계속적인 파괴는 시스템의 불합격으로 판정한다.

- 목업 시료는 승인된 목업 도면에 따라서 설치되어야 하고, 수정보완이 필요한 경우에는 승인을 받아야 한다.

- 계약자는 시방서에서 요구하는 테스트에 대하여 입찰 시 별도로 금액을 산정하여 제시해야 한다.

- 테스트는 감리, 감독, 또는 컨설턴트(Consultant)가 승인한 시험소에서 시행한다.

- 시험소는 테스트 및 테스트 보고서 작성을 이행하며, 테스트 진행 시 나타나는 사항 및 보완 수정된 사항들을 보고서에 포함시킨다.

- 시험소는 테스트 보고서를 직접적으로 관련 당사자에게 송부한다.

- 테스트가 불합격일 경우 관련 당사자들과의 충분한 협의한 후 필요한 경우 재시험을 하며 추가적인 비용은 계약자가 부담한다.

- 테스트 결과 판정의 견해 차이는 감리, 감독, 컨설턴트 또는 시험소의 의견을 우선으로 한다.

- 계약자는 테스트에 따른 챔버 사용 시기, 운송, 설치 및 보양, 테스트 일자에 대해서 시험소와 직접 조율하여 적어도 2주 전에 관련 당사자에게 통보하여야 한다.

- 관련 당사자의 부재 시 예비테스트는 시행할 수 없다.

- 테스트 부위는 감리나 감독, 컨설턴트가 지정하는 위치로 하며 최소로 폭은 3Span, 높이는 2개 층으로 한다.

- 설계풍압은 건축 법규의 건축물의 하중 기준 등에 관한 규칙 및 풍동테스트 시행 결과가 있으면 그 중 악조건을 택한다. 단, 벽면의 내단부는 외단부와 동일하게 취급하여 설계한다.
- 시스템의 성능에 대한 안전계수를 확인하기 위하여 극한하중 테스트를 시행할 수도 있다.
- 코너 부위를 테스트 할 경우 코너 부위에 대한 풍압으로 시행하여야 한다.
- 테스트 시 평가기준을 충족시키지 못하는 결과가 도출되었을 경우 테스트는 불합격이며 수정, 보완 또는 재시공 후 추후 시행한다.
- 목업 자재는 시험소 운송 2~3일 전에 감리, 감독, 또는 컨설턴트가 검수한다.
- 목업 설치 시 감리, 감독, 또는 컨설턴트의 점검이 필요하며 시공자 단독으로 시행할 수 없다.

4.2.2 기타사항

계약자는 현장일정에 맞추어서 다음 사항을 제시하여야 한다.

- 목업에 대한 디자인, 샘플, 가공, 조립, 운송, 설치 및 테스트 일정을 제출하고 승인받아야 한다.
- 입찰 시 제안했던 도면 또는 최종 확정된 기본 도면에 따른 목업 도면 및 구조계산서 등을 제출하고 승인받아야
- 목업 도면에 시험소와 계약자의 작업 범위를 명시하여야 한다.
- 목업 도면(DWG.)은 하드카피 및 소프트카피로 제출한다.

4.2.3 성능테스트 주요항목

(1) 개요

- 목업은 현장의 시공자에 의해 설치되어야 한다.
- 시험소, 테스트 항목, 순서, 일정 등은 사전에 제시되어야 한다.
- 테스트 부위는 감리, 감독, 컨설턴트가 지정하는 위치로 한다.

(2) 테스트 항목별 기준

■ **선재하 테스트(Pre- load Test)**

• 참고규격 : ASTM E 330

• 기준 : 설계풍압의 50%(정압 또는 부압)

• 지속시간 : 압력 도달 후 10초(또는 30초, 60초)

• 본 테스트 전 테스트 가능 여부 확인

■ **기밀 테스트(Air Infiltration/Exfiltration Test)**

• 참고규격 : ASTM E 283/AAMA 501

• 기준
  - 최소 : 75 Pa(= 7.6 kg/m², 1.57 psf)
  - 최대 : 300 Pa(= 30.6 kg/m², 6.24 psf)

• 지속시간 : 압력, 유량 안정화 시까지

• 시료의 누기량 측정(테스트 전 챔버의 누기량 측정)

• 허용기준
  - 고정 창(Fixed area) : 0.06 cfm/ft³ (= 0.0183 m³/min · m² = 1.097 m³/h · m²) 이하
    또는 By spec.
  - 가동 창(Operable area) : 0.25 cfm/ft (= 0.0232 m³/min · m = 1.392 m³/h · m) 이하
    또는 By spec.

■ **수밀 테스트(Water Penetration Test)**

• 참고규격 : ASTM E 331(정압-Static) / AAMA 501.1(동압-Dynamic) / ASTM E 547(맥동 압-Cyclic) / AAMA 501

• 기준 : 설계풍압(정압)의 20%(AAMA 추천-최소 300 Pa, 최대 720 Pa)
  - 최소 : 300 Pa(= 30.6 kg/m², 6.24 psf)
  - 최대 : 720 Pa(= 73.4 kg/m², 15.0 psf) 또는 By spec.

• 살수 시 시험체 내부로의 누수 여부 관찰

• 살수량 : 3.4 L/min · m²

• 지속시간 : 15분

- 허용기준 : 제어 불가능한 누수가 없어야 함

■ **구조 테스트(Structural Performance Test)**

- 참고규격 : ASTM E 330 / AAMA 501 / AAMA TIR-A11

- 설계풍압에 대한 시험체의 구조적인 성능 파악

- 기준, 지속시간, 허용기준

  1. 설계하중 테스트(설계풍압의 ±50%, ±100%)
     - 지속시간 : 압력 도달 후 10초
     - 허용기준 : 구조부재 최대변위

        L/175 이하(지점 간 부재길이 L ≤ 4110 mm일 경우) 또는

        L/240 + 6.35 mm 이하(지점 간 부재길이 L이 4110 ≤ L 〈 12,000 mm일

        경우)

  2. 안전하중 테스트(설계풍압의 ±75%, ±150%)
     - 지속시간 : 압력 도달 후 10초
     - 허용기준 : 구조부재 최대 잔류 변위

        2L/1000 이하(L = 지점 간 부재길이) 또는 By spec.

■ **층간 변위 테스트(Horizontal Movement, Vertical Movement)**

- 참고규격 : AAMA 501.4(수평) / AAMA 501.7(상하)

- 기준 : H/400(H = 층고) 또는 By spec.(예상되는 층간 변위량)

- 지진 및 풍압에 따른 구조체의 변위량을 시험체에 가하여 추종성과 복귀성을 확인

- 3회 반복

- 허용기준 : 구조재의 휨, 변형과 유리의 파괴, 실링재의 변형 등 기록

■ **열순환 테스트(Thermal Cycling Test)**

- 참고규격 : AAMA 501.5 / AAMA 501

- 기준
  - 혹한조건(Cold Condition) ; 외기온도 -18℃ (2시간) 또는 By spec.
  - 혹서조건(Hot Condition) ; 메탈표면온도 +82℃ (2시간) 또는 +48℃ (2시간) 또는 By
    spec.

- 온도 변화에 따른 부재의 수축, 팽창 시 시료의 이상 유무 판단

- 3회 반복

- 허용기준 : 수축, 팽창에 따른 파괴나 영구손상이 없어야 함

4.2.4 성능테스트 순서(예시)

① 선재하 테스트

② 개폐창 작동 테스트

③ 기밀 테스트

④ 정압수밀 테스트

⑤ 동압수밀 테스트

⑥ 구조 테스트

⑦ 기밀 테스트

⑧ 정압수밀 테스트

⑨ 열순환 테스트 / 결로 테스트

⑩ 기밀 테스트

⑪ 정압수밀 테스트

⑫ 층간변위 테스트

⑬ 기밀 테스트

⑭ 정압수밀 테스트

⑮ 잔류변위 테스트

4.3 ◢ 주요 항목별 테스트 방법

4.3.1   기밀 테스트(Air Infiltration/Exfiltration Test) : ASTM E 283

기밀 테스트는 시료를 통해 발생하는 누기량을 확인하기 위한 시험이다.

- 시료의 외부를 고정 창은 필름으로, 가동창은 벤트는 테이프로 밀폐한다.
- 시험 챔버(Test chamber)를 주어진 압력차 75 Pa(= 7.6 kg/m^2, 1.57 psf, 25 mph) 또는 300 Pa (= 30.6 kg/m^2, 6.24 psf, 50 mph)로 만든다.
- 주어진 압력은 압력계에 표시되고 누기량은 누기량 측정기를 통해 확인한다.
- 이때 나타나는 값은 시험 챔버의 누기량이다.
- 필름을 제거하고 다시 압력을 75 Pa(= 7.6 kg/m^2, 1.57 psf, 25 mph) 또는 300 Pa(= 30.6 kg/m^2, 6.24 psf, 50 mph)로 만든다.
- 여기서 표시되는 값은 시료의 고정창과 시험 챔버의 합산 누기량이다.
- 테이프를 제거하고 다시 압력을 75 Pa(= 7.6 kg/m^2, 1.57 psf, 25 mph) 또는 300 Pa(= 30.6 kg/m^2, 6.24 psf, 50 mph)로 만든다.
- 여기서 표시되는 값은 시료의 고정 창과 벤트의 합산 누기량이다.
- 고정창 + 시험 챔버 누기량에서 챔버 누기량을 뺀 것이 고정 창의 누기량이다.
- 고정창 + 벤트 누기량에서 고정 창의 누기량을 뺀 것이 벤트의 누기량이다.
- 고정창 + 가동창 + 시험 챔버 누기량에서 고정창 + 시험 챔버 누기량을 뺀 것이 가동창의 누기량이다.

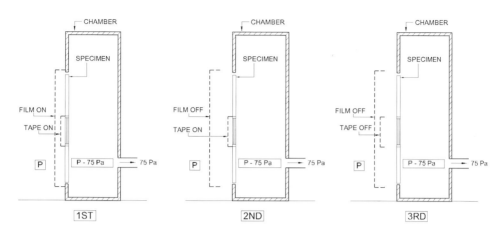

[그림 1] 기밀 테스트 개념도

[그림 2] 기밀 압력 75 Pa(= 7.6 kg/m², 1.57 psf, 0.3 inch H₂O)

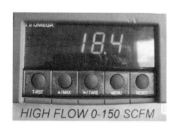

시험 챔버 누기량
(필름 및 테이프 부착)

(필름제거, 테이프 부착)

시험 챔버 + 고정창 + 가동창 누기량
(필름 및 테이프 제거)

[그림 3] 단계별 누기량 측정

4.3.2   정압수밀 테스트(Static Water Penetration Test) : ASTM E 331

정압수밀 테스트는 주어진 압력차를 유지한 상태에서 살수를 했을 때 시료에서 발생하는 누수를 확인하기 위한 시험이다.

- 살수장비(Water Spray Rack)을 교정(Calibration) 결과에 따라 3.4 L/min·m^2(5 U.S.gallons/h · ft^2)로 맞춘다.
- 시험 챔버를 주어진 압력차로 맞춘다.
- 시험 챔버 내부에서 누수 여부를 육안으로 확인한다.
- 누수 시 위치와 시간 및 누수량을 기록한다.
- 시간은 수밀압력 및 살수확인 후 15분간 계속한다.
- 시료 및 시험 챔버 사이의 누수는 비누거품을 이용하여 누수 발생 부위를 확인할 수 있다.
- 테스트 중 결로는 본 테스트와 관계가 없다.
- 누수 시 감독관이나 관련 당사자 간의 허락 없이 보수는 금한다.
- 누수 발생 시 누수의 원인을 규명하고 보완 수정 및 재 테스트에 대한 협의는 테스트 중에 결정한다.

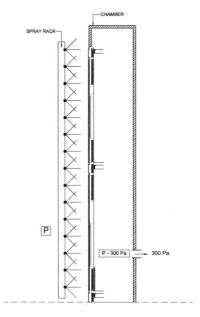

[그림 4] 정압수밀 테스트 개념도   [그림 5] 수밀압력 300 Pa(= 30.6 kg/m^2, 1.2 inch H$_2$O)

[그림 6] 정압수밀 테스트 전경

4.3.3 동압수밀 테스트(Dynamic Water Penetration Test) : AAMA 501.1

동압수밀 테스트는 소용돌이치는 폭풍우 상태에서 시료에서 발생하는 누수를 확인하기 위한 시험이다.

- 살수장비를 교정 결과에 따라 $3.4 \, L/min \cdot m^2$(5 U.S.gallons/h · ft²)로 맞춘다.

- 엔진을 사용하여 주어진 압력에 상응하는 풍속을 가한다.

- 챔버 내부에서 누수 여부를 육안으로 확인한다.

- 누수 시 위치와 시간 및 누수량을 기록한다.

- 시간은 엔진 가동 및 살수확인 후 15분간 계속한다.

- 시료 및 시험 챔버 사이의 누수는 비누거품을 이용하여 발생되는 부위를 확인할 수 있다.

- 테스트 중 결로는 본 누수 테스트와 관계가 없다.

- 누수 시 감독관이나 관련 당사자 간의 허락 없이 보수는 금한다.

- 누수 발생 시 누수의 원인을 규명하고 보완 수정 및 재 테스트에 대한 협의는 테스트 중 결정한다.

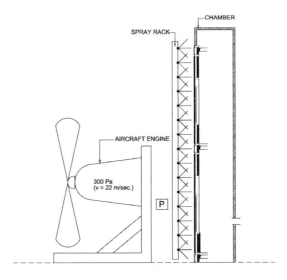

[그림 7] 동압수밀 테스트 개념도

[그림 8] 동압수밀 테스트 전경

4.3.4 구조 테스트(Structural Performance Test) : ASTM E 330

구조 테스트는 주어진 설계풍압 하에서 시료의 구조적 성능을 확인하기 위한 시험이다.

■ 설계 하중(Design Load)

- 변위 계량기는 사전에 설치한다.

- 정압 50%를 가한다. 압력은 압력계로 읽고 50% 도달한 후 10초간 유지한다.

- 최대 변위값을 기록하고, 압력을 제거하고 1~5분 안정화 후 잔류 변위값을 기록한다.

- 정압 100%를 가한다. 압력은 압력계로 읽고 100% 도달 후 10초간 유지한다.

- 최대 변위값을 기록하고, 압력을 제거하고 1~5분 안정화 후 잔류 변위값을 기록한다.

- 부압 50%를 가한다. 압력은 압력계로 읽고 50% 도달 후 10초간 유지한다.

- 최대 변위값을 기록하고, 압력을 제거하고 1~5분 안정화 후 잔류 변위값을 기록한다.

- 부압 100%를 가한다. 압력은 압력계로 읽고 100% 도달 후 10초간 유지한다.

- 최대 변위값을 기록하고, 압력을 제거하고 1~5분 안정화 후 잔류 변위값을 기록한다.

■ 안전 하중(Proof Load)

- 설계 하중 100% 테스트 후 변위 측정기(Deflection Gauge) 값을 영점으로 설정한다.

- 정압 75%를 가한다. 압력은 압력계로 읽고 75% 도달 후 10초간 유지한다.

- 최대 변위값을 기록하고, 압력을 제거하고 1~5분 안정화 후 잔류 변위값을 기록한다. (안전 하중 하에서의 기록값은 잔류 변위량이다.)

- 정압 150%를 가한다. 압력은 압력계로 읽고 150% 도달 후 10초간 유지한다.

- 최대 변위값을 기록하고, 압력을 제거하고 1~5분 안정화 후 잔류 변위값을 기록한다.

- 부압 75%를 가한다. 압력은 압력계로 읽고 75% 도달 후 10초간 유지한다.

- 최대 변위값을 기록하고, 압력을 제거하고 1~5분 안정화 후 잔류 변위값을 기록한다.

- 부압 150%를 가한다. 압력은 압력계로 읽고 150% 도달 후 10초간 유지한다.

- 최대 변위값을 기록하고, 압력을 제거하고 1~5분 안정화 후 잔류 변위값을 기록한다.

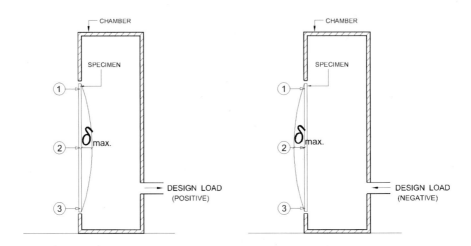

A. Design Load (Deflection Check)

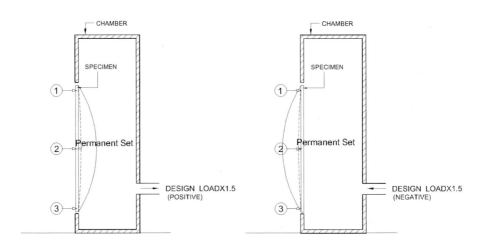

B. Proof Load (잔류변위 Check)

[그림 9] 구조 테스트 개념도

[그림 10] 구조 테스트 압력   [그림 11] 변위 측정기 설치상태

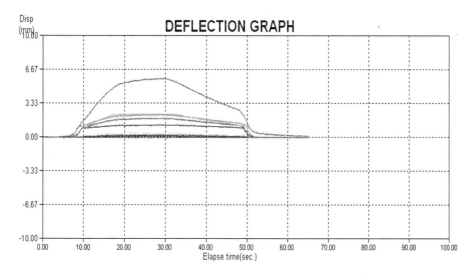

[그림 12] 설계하중 가압시 최대변위 및 잔류변위

4.3.5   **층간 변위 테스트(Horizontal & Vertical Movement) : AAMA 501.4 & 501.7**

층간 변위 테스트는 지진, 풍하중, 활하중, 고정하중에 따른 건물 구조체의 움직임에 대한 변위량을 시료에 가했을 때 시료의 파괴 및 이상 현상을 확인하기 위한 시험이다.

■ 수평 층간변위(Horizontal Movement Test)

• 시료의 좌·우 양 끝단을 정해진 변위 이상으로 챔버와 이격시키고 그 사이를 이동 시 파괴되지 않도록 시공한다. 즉, 좌·우 또는 내·외로 움직일 수 있는 공간을 확보하는 것이다.

- 기둥과 빔의 고정 볼트를 풀거나 용접을 제거하여 움직일 수 있도록 조치한다.

- 빔에 장착된 유압 펌프로 시방서에 명시된 수치만큼 좌 · 우 또는 내 · 외로 움직인다.

- 이때 계기를 빔에 설치하여 움직이는 수치를 확인한다.

- 좌 · 우 또는 내 · 외 3회 왕복 움직임이 끝나면 테스트는 종료된다.

■ 수직 층간변위(Vertical Movement Test)

- 기둥과 빔의 고정 볼트를 풀거나 용접을 제거하여 움직일 수 있도록 조치한다.

- 빔에 장착된 유압 펌프로 시방서에 명시된 수치만큼 상 · 하로 움직인다.

- 이때 계기를 빔에 설치하여 움직이는 수치를 확인한다.

- 상 · 하 3회 왕복 움직임이 끝나면 테스트는 종료된다.

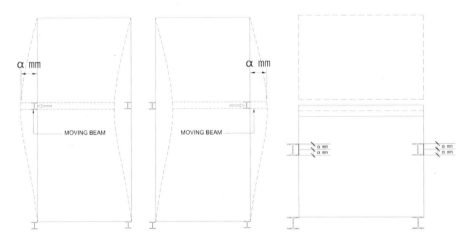

[그림 13] 층간 변위 테스트 개념도

 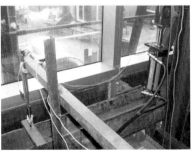

[그림 14] 층간 변위 테스트(좌우)   [그림 15] 층간 변위 테스트(상하)

4.3.6   열순환 테스트(Thermal Cycling Test) : AAMA 501.5

열순환 테스트는 설계 제작된 제품이 현장에 시공되었을 경우, 열에 의한 커튼월의 각 부재 및 자재의 열수축 및 팽창이 설계요건에 부합하는지를 확인하는 시험이다. 테스트 중 결로에 대한 사항도 동시에 수반체크 가능하다.

- 점검되는 사항은 설계 허용 움직임의 확인, 실란트의 크랙, 조인트에서의 움직임, 조립부의 크랙, 소음, 각종 조립 연결 부위의 파괴, 영구 변형 및 이탈 등이다. 또한 결로의 발생지점, 부재의 내·외부온도, 단열재의 효율성 등도 점검이 가능하다.
- 본 테스트는 기존 기밀, 수밀, 구조테스트 시 사용되는 챔버가 아닌 추가 열챔버(Thermal Chamber)가 필요하다.
- 기존 기밀, 수밀, 구조테스트와 병행할 경우 열챔버는 기존 시료와 같거나 작은 크기로 만든다. 즉, 주요 점검 부위의 영역을 포함할 수 있는 크기의 챔버이면 충분하다.
- 커튼월의 외부온도를 열에 대하여 극한치로 노출시킨다. 시방서에 준하지만 통상 메탈 표면 온도를 +82℃, 외기 온도를 −18℃로 2시간 정도 교대로 노출시킨다.
- 당시 내부조건은 시방서에 준하지만 통상 24℃로 일정하게 유지된다.
- 3회(hot → cold 또는 cold → hot)를 수행한다.
- 매 테스트 종료 시 내부, 외부 각종 부재의 이상 유무를 확인하고 이를 기록한다. 단, 결로 확인을 위해 부재의 표면 온도를 측정 기록해야 한다.

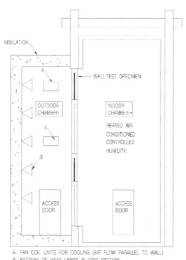
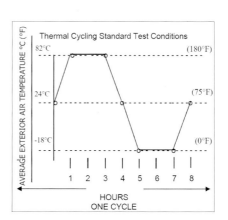

[그림 16] 열순환 테스트 개념도

[그림 17] 열순환 테스트 시 측정 온도 및 그래프

[그림 18] 열순환 테스트 전경

4.3.7   타이백 테스트(Tie Back Test)

타이백 테스트는 외부 보수, 플래카드를 위한 작업 시의 안전을 검토하기 위한 시험으로
작업자의 안전을 위하여 반드시 검토되어야 할 테스트이다.

• 설계된 위치에 유지를 삽입시켜 고정시킨다.

• 시방서에 명기된 힘을 인발, 좌&우, 상&하로 가한다.

• 통상 지속시간은 10초로 하며, 3회 반복한다.

• 각 단계 별로 테스트 종료 후 연결봉의 이탈 내지는 유격 여부, 변형 및 부재의 손상, 주변 실링재의 파손 여부를 확인 기록한다.

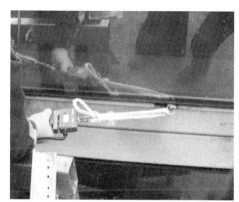 

[그림 19] 타이백 테스트 전경

Building curtainwall

CHAPTER **5**

커튼월 공사관리 프로세스
(계획/ 제작/ 시공/ 유지관리)

5.1 　커튼월 공사 이해

5.1.1 　커튼월 공사 속성 이해

커튼월 계획 및 시공관리의 주요 고려사항은 성능확보, 공정 준수 그리고 경제성을 꼽을 수 있다. 제시된 건축도면에 잠재된 장애요소들을 제거하여 공정에 차질이 없도록 관리하고, 목적된 기능과 성능을 경제적으로 충족하기 위해서는 커튼월에 대한 정확한 이해와 관심에서 시작된다.

외장공사 원활하게 수행하기 위해서는 건축도면과 시방서에 잠재된 다양한 문제점과 장애요소들을 신중히 살펴보고, 발주처의 전문성 부족으로 인한 의사 결정 지연에 대해서는 필요하다면 전문가의 조언을 구하는 등 사전에 적극적으로 대처하고 통제하지 않으면 사소한 문제들로도 공정이 지연되어 서두르게 되고 결과적으로는 품질 저하가 초래된다. 더구나 전문 외장업체의 기술 역량 부족이나 작업자의 무관심에서 오는 피해 사례는 더욱 심각하다.

외장 품질 결함 피해는 완성 후에도 과도한 비용과 빈번한 하자보수를 부담하게 되므로 이를 피하기 위해서는 전문업체 수행 역량 및 실적 확인을 통한 적격 업체 선정, 주어진 기본설계에서 현장적용을 위한 상세 시공도 준비를 위한 충분한 적정 기간 확보, 공사 착수전 시험(시험실 Performance Mock-up Test, Visual Mock-up Test)을 통한 성능 및 미관 검증, 제작, 설치 단계의 검수 및 승인 프로세스의 구축과 이행관리가 매우 중요하다.

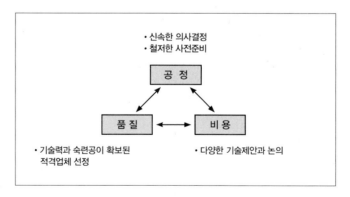

[그림 1] 커튼월의 주요 고려 요소

5.1.2 커튼월의 초기 계획 업무

커튼월을 수행하기 위한 초기 계획단계에서 점검하고 관리하여야 할 내용은 시스템의 기능과 사용소재의 적합성, 연관 자재와의 조합방법, 시공과 관련된 초기일정 및 건물 유지보수와 관련된 필요사항이다. 이를 구분하여 계획을 세우면 보다 효과적으로 커튼월 초기 검토계획을 수립할 수 있다.

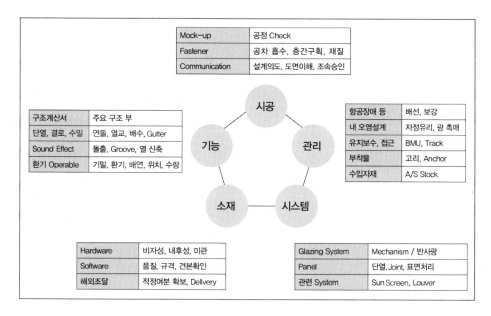

[그림 2] 계획단계 주요 검토포인트

초기 건축도면에서 제시된 커튼월 도면은 건축가의 설계된 의도가 표현된 수준으로 제시된 경우가 대부분이므로 전문성을 기대하기 어렵다. 일부 외장전문업체의 협력을 구하여 상세도를 작성한다 하여도 업체마다 성격이 다르므로 객관성이 부족하고, 또한 많은 양의 디테일을 필요로 하기 때문에 완성도 높은 커튼월 도면 수준을 기대하기가 어려운 실정이다.

커튼월의 평가를 위해서는 전문업체의 자문을 통하여 예산과 공기를 가늠하게 되므로 업체선정 전에는 구체적인 평가나 문제점 도출에 한계가 따르기는 하지만, 별도의 컨설팅 과정을 거치지 않고 일반적인 경험을 통하여 기본계획을 수립하는 경우라면 아래 주요 비용 변수가 많은 사항을 확인하여 업체선정관련 입찰 준비가 필요하다.

[표 1] 비용 상승 주요 항목

검토항목	주안점	비고
풍압력의 확인과 부재의 크기	과소 여부	풍압력, 구조확인
비기준층 높이 변화와 보강 크기	보강 누락 여부와 비중	3.5 m 초과 부분
배연창 수량	도면수량과 법적 필요 수량 차이	도면과 내역 상이 여부
유리 품종 개선의 필요성, VE 대안	결로조건과 도면표시 사양	유리의 내풍압 성능 확인
패널의 특수사항	표면처리 사양	아노다이징(Anodizing)
패널 줄눈 형식	Open Joint	도면과 시방서 일치 여부
Mock-Up Test	차음, 지진, 단열, 해외시험 등	기본성능 시험외 추가어부
BMU (Building Maintenance Unit)	역경사 진입 Crane Type	용량 및 수량

기본도면의 미비한 부분을 보완하고 개선방향을 예측하여 계획을 수립하는 과정은 계약 후 업체와의 분쟁요소를 사전에 제거하여 공사의 원활한 진행을 유도하고 관리하기 위해 필요하며 업체 선정 단계의 중요한 검토 항목이다.

설계도면 관리 외에도 과도한 대안 요구나 발주처 감리단의 승인지연 등 기술외적인 요소가 전체 커튼월 공사의 주요한 영향을 줄 수 있다.

5.2 커튼월 프로세스 문제점과 고려 요소

5.2.1 프로세스 단계별 문제 요인 분석

(1) 커튼월 설계 단계

① 건축설계 도서의 오류
현장여건 반영, 시공성 고려가 미흡하고 전문화된 엔지니어링의 부족으로 인한 불완전한 설계도서

② 부적절한 검토과정
- 커튼월 요구성능 확인 및 검토절차 미흡
- 설계자와의 정보교류 및 의사소통 미흡
- 발주자 및 설계자의 의사 반영 미비
  (계약 특기시방서 정보 부족/ 공사 중 의사 결정 지연)
- 부족한 커튼월 설계 기간
- 잦은 건축설계 도면의 변경

(2) 생산단계
- 단순 승인을 위한 Mock-up Test
- 발주자의 요구 변화로 인한 재설계
- 정보누락 및 현장여건 변화로 인한 설계변경
- 과도한 외장의 변화
- 가공, 조립 시 제작 역량 부족으로 인한 마감 품질 미흡

(3) 반입 양중 설치단계
- 생산성을 고려한 공장 편의 위주의 생산 출하.
- 제작업체의 타 프로젝트 중복수행으로 인한 생산지연.
- 선·후행 공정간섭으로 인한 설치지연, 인력낭비
- 양중 인력 및 장비의 효율성 저하

[표 2] 커튼월 진행 장애요소

구분	내용	문제점	원인	비고
건축 설계	설계도서의 오류	• 불완전한 설계도서(불충분한 설계정보) • 시공성, 시공계획을 고려하지 않은 설계 • 엔지니어링 능력 부족으로 인한 설계 품질 저하	• 부족한 설계기간, 비용 • 엔지니어링 능력 및 정보수집의 부족 • 커뮤니케이션의 부족(시공 엔지니어링 업체) • 설계관리 시스템의 미비 및 설계전문성 부족	O-A A A-G A
커튼월 설계/ Shop drawing	설계도서의 오류	• 불완전한 설계도서(불충분한 설계정보) • 현장조건의 반영이 미비한 설계 • 시공성, 시공계획을 고려하지 않은 설계 • 엔지니어링 능력 부족으로 인한 설계 품질 저하(요구성능의 미비 및 과다 반영) • 커튼월 설계도서의 자체 오류	• 부족한 설계기간, 비용, 엔지니어링 능력 정보수집의 부족 • 커뮤니케이션 및 정보수집 부족 (현장 DATA, 공정계획 등) • 엔지니어링 능력 부족 • 구조계산서 검토 미비, 건축 지식 부족, 건축도서 오류, 부적절한 일정계획에 따른 설계절차 무시 및 급속 설계	A-E A-G-E G-E A-E
Mock-up Test	TEST 오류	• 실제 설치 상황을 반영하지 못한 시험체 제작 • 시험체 설치 시공 검사 미비 • 시험 기준에 미치지 못하는 Test 시험 도구 • 잘못된 시험방법	• 현장조건에 대한 정보수집 부족, 불량 시공 • 경험에 의한 일상적인 Test 시행 • 정보수집의 부족(시험장소, 설비 등) • 사전점검 부족 및 Test 업체의 미흡한 시설투자	A-G-E E G-E A-G-E
생산 및 제작	결함	• 커튼월 자재 자체의 결함 • 무리한 생산일정(급속생산)에 따른 하자 • 부적절한 제작 품질관리 및 출하관리에 따른 하자	• 불량자재의 구매 • 일정계획, 커뮤니케이션의 미비 • 품질관리 계획 및 출하관리 계획 미비	E-S G-E G-E
검사 및 출하	결함	• 공장편의에 의한 Packing • 잘못된 Packing으로 인한 운반과정에서의 파손 • 출하 및 운반과정에서의 부주의에 의한 파손 • 과다한 대기시간에 의한 파손	• 참여자간 적대적 관계 및 현장과의 커뮤니케이션 미비 • 부적절한 품질관리 • 부적절한 생산관리 및 품질 관리	G-E E E
부속자재 조달	결함	• 커튼월 부자재 자체의 결함	• 부적절한 자재검수	E

구분	내용	문제점	원인	비고
양중	결함	• 커튼월 부자재 자체의 결함 • 자재의 잦은 이동에 따른 파손 • 부주의에 따른 파손 • 현장내 장시간 보존에 따른 먼지 등에 의한 오염	• 부적절한 검수 및 품질관리 • 부적절한 야적공간(Stockyard)계획 • 품질관리 및 숙련공의 부족 • 부적절한 보관계획, 시공계획	G-E G-E G-E G-E
시공	결함	• 설치 과정에서의 파손 • 보양 과정에서의 파손 • 불량 골조공사에 의한 커튼월 시공 하자 발생 • 커튼월 시공오차 발생 • 오염 및 부주의에 따른 파손	• 숙련공의 부족 • 부적절한 품질관리 • 선행공사 정보수집 미비 및 부적절한 품질관리 • 부적절한 품질관리	E G-E G-E G-E
품질관리	결함	• 품질불량으로 인한 누수, 결로, 탈락, 과도변형 등의 하자 발생	• 엔지니어링 능력부족 및 Mock-up테스트 미비 • 현장 시공품질관리(체계) 미흡	A - E - M G-E

(O: 발주자, A: 설계사, E: 외장 전문 업체, G: 건설업체, C: 컨설팅 업체, S: 자재납품 업체, M: 유지관리 업체)

5.2.2 커튼월 진행 장애요소

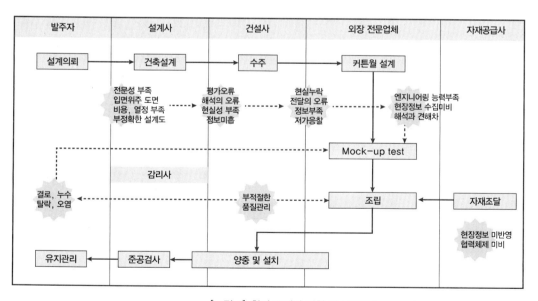

[그림 3] 참여 주체별 역할 및 문제요소

이러한 커튼월 공정에서 나타나는 진행 단계별 문제점과 원인을 이해하고 주어진 커튼월의 특성을 파악하여 사전에 충분한 유기적 미팅과 정확한 정보전달, 전문가 의견제시 등을 통하여 문제발생을 최소화하거나 원인을 제거하려는 노력이 필요하다.

참여자 간에 부적절한 요소들이 사전에 정리되지 않으면 각 업체 간 해석의 차이와 반복되는 과다한 정보교류로 인해 승인이 지연되거나 건축도면을 수정해야 하는 시간적 낭비를 초래하게 된다.

특히 커튼월 전체공정에 가장 큰 영향을 미치는 Mock-up Drawing 승인지연과 공장 편의에 따른 생산 출하 계획은 착수 일정 준수와 원활한 현장 공정관리를 위해 경계 해야 할 요소이다.

5.3　커튼월 계획

5.3.1　초안 검토

건축설계 도면에서 검토해야 할 항목을 크게 분류하면, 가격을 지배하는 요인과 외장업체의 성격을 결정하는 요소, 그리고 공사기간을 지배하는 요소로 구분하여 정리할 수 있다.

(1) 가격 관련 요소

① Module과 층간 높이(지점거리)

② 구조부재의 요구 크기(단열바)

③ 시방서

④ 개폐창 방식과 수량

⑤ 앵커의 형식

⑥ 유리의 품종과 패널구성

(2) 외장업체 선정관련 고려 요소

① 제품의 형태: 제작 조립방식

② Glazing 장소

③ Panel 형태

(3) 시공기간

① 건물의 형상 변화 여부

② Non Typical 비중: 건축도면에서 커튼월 영향인자를 정리하여 요소별 문제점과 시행 방안 및 필요한 기술수준 등을 검토하고 이를 바탕으로 시행계획을 수립한다.

[표 3] 초기 검토 주요 영향 요소

구분	검토항목	영향 요소
Cost 요소	Module과 층간 높이	구조의 크기와 비용결정 주요인
	Mullion, Transom 요구 크기	장식형 돌출유무, Sunscreen 여부
	특기시방서(Specification)	특수조건, 시방서 검토, 비용대비 과소 적용여부 검사
	개폐창(Operable Units)	개폐방법의 유효성 및 배연창 위치와 수량
	Fastener	재질과 형상 크기, 지점거리, 구체와 거리
조립 방식	요구형태 성격	커튼월 Punched Window, Panelized Unit 여부
	Glazing 장소	Factory Glazing / Field Glazing
납기영향	입면변화 정도, 설계대처 능력	Non Typical Module 변화가 많으면 엔지니어링 증가

5.3.2 VE (Value Engineering) 고려사항

커튼월의 재료 성능에 관한 기준은 정해져 있지만 시스템 설계는 특별한 기준이나 규격이 없고 오히려 과거의 방법보다 개선된 아이디어나 우수한 설계가 제공된다면 제품의 성능 개선은 물론 경제적으로 상당한 효과를 거둘 수 있다.

층간 지점거리 구간을 부분보강(Kicker)하여 경제성을 높이거나, 줄눈을 합리적으로 조정하여 누수위험을 줄이는 노력은 가장 기초적인 VE이지만 좀더 관심을 가지고 살펴 본다면 디자인 변경 하나로 시스템 전체에 기능과 성능을 개선시킬 수 있는 다양한 가능성을 발견할 수 있다.

비용대비 고효율 커튼월을 가능케 하는 설계 아이디어와 후속공정의 영향을 최소화할 수 있는 다양한 형태의 VE 과정은 품질의 개선은 물론 경제적으로도 상당한 결과를 거둘 수 있다.

더구나 건축설계 단계에서 고려되지 않은 주변환경 위해 요소에 대한 사전검토와 대안을 강구하여 보다 효과적이고 기념비적인 건축물로 완성하기 위한 VE 과정은, 커튼월 진행 과정에 낭비요소를 제거하고 개선함과 동시에 경제적이고 안정적인 시스템을 구축하기 위해 없어서는 안 될 중요한 과정 중의 하나이다.

5.3.3   Shop Drawing 검토 사항

(1) Shop Drawing 작성 Flow

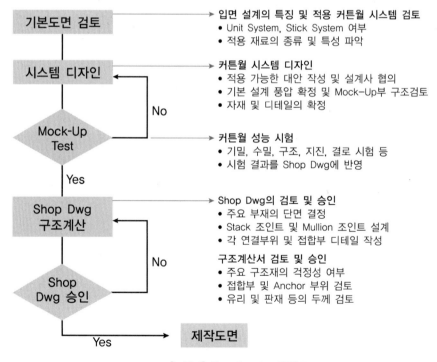

[그림 4] Shop Drawing 작성 Flow

(2) Shop Drawing 에 반드시 포함되어야 할 도면

- Revision 사항이 표기된 도면 목록
- 전체 및 단위 입면과 평면 및 단면을 포함하는 Key Plan
- 부분 및 전체 입단면도
- 단면, 입면, 평면 상세도
- 각종 용접, 접합, 긴결 및 매입 등의 방법, 위치에 대한 상세도
- 커튼월 부재, 긴결재 등의 규격 및 간격
- 유리 설치 방법과 관련 부속재의 위치 및 보양
- 기밀재(Gasket류) 설치 방법 및 재료

(3) 주요 검토 사항

- 특기 시방서 요구 사항 반영 및 충족 → 관련 규정 준수 및 설계 기준 반영
- 현장 여건의 변화에 대한 대응성 확보 → 골조 오차 발생 시
- 타 마감재 및 마감 부분에 대한 계획 → 간섭 부분에 대한 충분한 고려
- 골조와의 Joint 처리상태(단열, 수밀 처리) 검토
- Dimension 등의 건축도면과의 일치 여부 검토
- 가공, 조립 및 시공의 용이성 확보
- 설계 의도, 방향에 대한 Information
- Detail 누락 여부 검토
- 방청처리 및 절연처리 상태 검토
- 결로, 단열성능 확보 여부 검토
- 시공 가능 여부 검토
- 유지보수가 용이한 System 형성
- 단계별 도면 작성 계획 수립
- 기타 커튼월 기능상의 문제점 유무 검토 및 대안

5.3.4 외장 구조재 특성 및 구조 검토 사항

(1) 알루미늄 자재의 구조적 특성

알루미늄 부재는 온도저하로 취성파괴는 일어나지 않으며 8~10% 연신율을 가진다. 알루미늄 합금의 용융점은 600℃로 일반강재와 달리 비교적 낮기 때문에 고온에 노출되는 부위 적용은 적합하지 않다. 또한 불활성 가스 아크 용접을 사용하면 쉽게 용접할 수 있으나 용접 금속내에 기공발생 슬래그 섞임 혹은 텅스텐 섞임, 용접 균열, 열영향부의 연화와 내식성의 저하 등 여러가지 결함을 일으킬 수 있으므로 세심한 주의가 필요하며 가급적 현장용접이 불필요한 조립방식으로 계획한다.

(2) 커튼월 설계 하중

풍하중은 커튼월 설계에서 가장 중요한 하중요소로서 경제적인 측면에서 밀접한 관계를 가지고 있으므로 풍하중에 큰 영향을 미치는 경계조건(노풍도, 각종계수)에 대한 정확한 이해와 적용이 필요하다 일반적으로 건축물 하중기준에 의한 외장재용 풍하중을 적용하거나 비정형 건축물 또는 초고층 건축물의 경우 풍동실험(Wind Tunnel Test)의 풍하중 결과값을 반영한 경제성을 고려한 최적 설계가 되도록 한다.

지진에 의해 각층의 골조가 수평방향으로 서로 다르게 이동한다. 이때 각층의 변형차이(층간변위)에 의해 커튼월은 면내 방향으로 변형이 발생한다. Stick Type의 커튼월은 사다리꼴로 변하나 유리는 면내 변형이 없으므로 유리와 Frame 사이는 적절한 틈이 있어야 하고 Unit Type의 커튼월은 Stack Joint Sleeve의 Sliding으로 Stick Type보다 작은 사다리꼴 변형이 발생한다.

(3) 커튼월 부재 구조 검토 고려 사항

알루미늄 커튼월 구조 해석은 탄성해석을 기초로 하며 부재의 응력 및 처짐 검토는 전통적인 허용응력도 설계 방법(Allowable Stress Design Method)을 사용한다.

알루미늄 커튼월에서 힘전달 과정은 유리, 판넬에서 수평부재(Transom)와 수직부재(Mullion), 고정철물(Anchor)로 전달되며 이것들은 접합부와 함께 구조 검토 항목이 된다.

알루미늄 커튼월 구조 검토에서 유리 및 구조용 실란트는 제조협회(AAMA)에서 제공된 구조계산식을 사용하여 검토되며 Glazing Bead, 판넬, 판넬 연결 Screw, 배연 환기창 프레임, 수평부재와 수직부재 및 연결재, 배연 환기창의 Arm. Hinge, Lock 등은 구조 검토에 일반적으로 포함 된다.

수직부재의 처짐 제한은 풍하중에 대하여 스팬이 4,115mm 미만일 때 L/175, 스팬이 4,115mm 이상일 때는 L/240 + 6.35mm로 하며 수평부재의 고정하중에 대한 처짐 제한은 유리 Gap을 고려 3 ~ 3.3mm 이하로 관리한다.

Corner 부분에 Anchor를 설치하지 않게 되면 수직부재와 연결되는 수평부재가 고정하중에 대해 모멘트 접합이 되어야 함으로 수직부재에 무리가 가고 특히 One Point Anchor의 경우 Anchoring 되어 있지 않은 Female 쪽에서 탈락될 수 있으므로 Corner 부위는 Anchor를 설치하는 것이 좋다.

부재가 응력 및 처짐 제한을 넘어서는 경우 다음과 같은 보강 방안이 고려 될 수 있다.
- Stack Joint 위치 조정
- Anchor 조건을 힌지단에서 고정단으로 접합부 설계 변경
- Kicker 설치
- 알루미늄 부재 내부 강재 보강
- Alloy Temper 조정(6063-T5를 6063-T6 또는 6061-T6로 변경)
- 부재의 두께 및 크기 조정

(4) 구조 계산서에 포함되어야 할 내용

① 유리

② Frame의 수직 및 수평부재

③ 모든 조립부

④ Openable Window

⑤ Splices

⑥ 알루미늄 패널

⑦ Anchor/ Fastener

⑧ Tie back

⑸ 주요 검토 사항

① 구조 설계 조건 점검(풍하중, Dimension 등)

② 구성 자재의 구조 안정성 확보 및 관련 규정 준수 및 설계 기준 반영

③ 계산 누락 Item 유무 확인

5.4 ◢ 제작 관리

5.4.1   제작 Flow

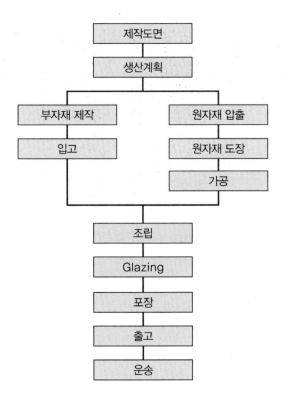

5.4.2   공장 제작 및 조립

커튼월 유니트의 공장제작은 다시 크게 기본 자재의 생산과 가공/조립 공정으로 나누어
진다. 일반적으로 커튼월 공장이라 함은 커튼월 유니트를 조립하는 곳으로 조립에 필요
한 자재들은 외부의 전문 공장으로부터 반입한다.

(1) 자재 발주 및 생산

① AL 압출재(Mullion & Transom)

알미늄 압출재는 압출 전문 공장에서 제작되어 도장 공장을 거쳐 조립 공장으로 반입한다.

② 기타 자재 및 부자재 발주

Back-Panel, Sealant, Gasket, 성형단열재, Anchor 자재 등을 발주하여 조립공장으로 반입한다.

(2) 가공 및 조립

커튼월 조립 공장에서는 반입된 자재를 절단/가공하여 개별 유니트로 만들어지는 과정이며 유니트 커튼월의 경우는 유리설치까지 하여 실란트가 충분히 양생한 후 출하 한다.

현장 품질 관리상에는 초기에 제작과정의 문제점 및 제작의 정밀도를 높이기 위하여 공장에서 검수 실시한다.

(3) 양생 및 출하

조립 완료된 커튼월 유니트는 충분한 기간(특히 구조용 실란트 양생조건은 사양별 제조사 요구 조건 준수) 양생 후 포장하여 출하하게 된다.

(4) 품질관리 Flow 및 방법

1) 부재 압출 단계(압출 공장)

① Shop Dwg, 구조계산서, 금형 제작도의 승인을 득한 후 제작에 들어가게 되어 AL. 주요 부재(Mullion, Transom)의 압출이 시작되면 초기 단계에서 부자재 검수를 실시한다.

② 금형 제작도에 맞게 압출이 되는지 여부에 대한 판단 단계로 압출재의 형상, 두께 등을 실측하여 기록 관리한다.

③ 부재의 치수, 두께, 뒤틀림 등이 기준치를 초과하면 즉시 금형을 새로이 제작하여 전체 일정에 차질이 없도록 한다.

2) 가공/조립 단계(커튼월 조립 공장)

① 공장에서의 본 공사 초기물량 조립시 건설사의 검수자 입회하에 Type별 전체 조립 과정을 외장업체 품질관리 담당자와 조립담당자들과 함께 상세히 확인한다.

특히, Mock-up시 나타난 조립용 Sealant의 누락, 부자재의 위치 취부 불량, Glazing시의 문제점 등을 사전에 철저히 교육하여 대량 생산시 발생할 수 있는 하자 요인을 제거한다.

② 초기 약 1개월간은 건설사의 검수자가 수시로 공장 방문하여 조립 과정의 진행을 점검함과 동시에 전반적인 품질관리를 병행한다

③ 공장의 품질관리는 건설사의 전담 요원 외에 외장업체의 검수요원이 정기적으로 건설사의 품질관리와 병행 실시 보고서 작성한다.

④ Check List에 의해 Unit NO. 별 전량 검수

- 전 Units에 대하여 각 각의 점검 Sheet 작성 관리
- 부재의 두께, 치수, 부속자재 등 확인 및 기록

⑤ 검수 결과 보고

- 일일 작업 현황 보고(매일, 현황표 양식에 준하여 작성)
- 주간 검수 보고서(주 1회, 일일 검수 내용 종합)
- Deglazing Test 보고서(매 100 Unit당 실시 후 보고서 제출)

(5) 검사 및 품질 기준

1) 주요 부재의 단면 오차 관리

① 관리기준

- AL. 압출재의 재료 기준은 국내 건축표준 시방서 KS D 6759기준에 적합하고, 설계도면과 시공도(Shop Dwg.), 구조계산 결과를 만족하며, 발주자의 승인을 받아야 한다.
- 최소두께 기준적용 현장은 Shop Dwg.에 반영하여 발주처 승인 후 제작 설치한다.
- AL. 압출 자재 검수시 두께 관리기준인 KS D 6759의 단면치수의 허용오차를 적용하여 관리한다.

② AL. 압출자재 생산 단계별 검수 기준 및 방법

- 검사 시기 및 주기

  - 압출 공장 검수(시제품 검수)

    ‣ 압출 공장에서 최초로 압출재가 생산되어 나오는 시점에서 압출재의 형상 두께 등에 대한 검사를 실시한다.

    ‣ 구조 계산서 도면, Shop Dwg도면, 금형 제작도를 비교 확인한다.

    ‣ 주요 단면 부재(Mullion, Transom)에 대하여 형상별 각각 10개 이상을 임의로 선정하여 측정 기록한다.

  - 커튼월 조립 공장 검수
    압출재가 커튼월 공장에 반입되어 가공되는 초기 단계에 커튼월 공장 검수를 실시하며 이후 주기적으로 검수 실시한다.

  - 현장 검수
    현장에 반입된 유니트는 5개층 단위로 임의 검수 실시한다.

- 검사 기준

  - 특기시방에 명기된 경우 명기된 시방 내용을 따른다.

  - 특기시방에 명기되지 않았을 경우는 KS D 6759 기준으로 품질관리 및 검수를 실시한다.

  - 허용오차는 +, -값을 가질 수 있으나 전체적인 측정값이 +, -의 한계 값에 수렴해서는 안되며 기준 값에 수렴하도록 현장 설명시 명기하고 관리하여야 한다.

2) 제작 검수

① 알루미늄 압출재 검수

[표 4] 알루미늄 압출재 검사 기준 예시

구분	평탄도	각도	휨
허용기준 (mm)			외접원의 지름 = D D≤ 38 : 2 x L/300 이하 38〈D≤ 300:0.5 x L/300 이하 D〉300 : 0.8 x L/300 이하
	W≤25 : 0.20 이하 W〉25 : 0.008W 이하	±2°	

구 분	비틀림	표면상태	두께
허용기준 (mm)	외접원의 지름=D D≤ 38 : 1.5 x L/300 이하, 최대치 10.5 38〈D≤ 75 : 0.75 x L/300이 하, 최대치 7.5 D〉75 : 0.5 x L/300 이하, 최대치 4.5	모양이 바르고 다듬질이 양 호하며 균일한 것. 부품, 흠 등의 결함이 없을 것	금형 도면 기준

■ 검수 사진

[압출 형재의 직각도 점검]

[압출 형재의 직각도 점검]

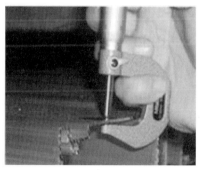

[압출 형재의 두께 측정]

[압출 형재의 폭 측정]

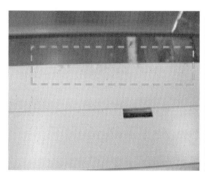

[압출 불량(부풀음)]

[압출 불량(Die Line)]

[그림 5] 압출재 검수

② 도장

- 일반적으로 알루미늄 압출재는 내구성이 우수한 불소수지(PVDF) 도료가 광범위하게 적용되고 있다.

- 불소수지 도장 표준 사양기준은 표와 같으며 특수 마감조건에 의해 도막 두께는 달라진다.

[표 5] 요구 도막 두께

구분	2Coat	3Coat
도막 두께	Primer : 5~7μ Top : 25 ~ 30μ 총 두께 : 30~37μ	Primer : 5~7μ Top : 25 ~ 30μ Clear : 10 ~ 15 총 두께 : 40~52μ

- 전처리 및 페인트의 성능은 AAMA 2605에 따라 색상 균일성, 내습성, 광택도, 연필심 경도, 접착력, 내마모성, 내충격성, 염산시험, 내모르타르 시험, 실란트 접착성, 세정시험 등을 실시하여 합격되어야 하고 시험을 위한 시료는 현장에 반입되는 것 중 무작위로 추출하여 실시한다.

- 손상된 마감과 부재의 가공 및 절단 부위의 단면은 반드시 Touch Up Paint로 보수하고, 심하게 손상된 경우에는 판단하여 해당 부재를 교체한다.

■ 검수 사진

• 도막 두께 측정

[그림 6] 도막 두께 측정

■ 부착성 시험

칼을 사용하여 1mm 간격으로 +자로 긋는다. 테이프에 묻어나는 도료가 없어야 한다.

[그림 7] 부착성 시험

■ 경도 시험

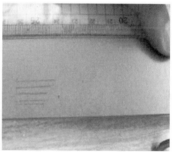

[그림 8] 경도 시험

③ Unit 가공 및 조립 검수

■ 주요 검수 항목 및 기준

• **제품의 손상 여부** : 긁힌 자국이나 변색 등이 없어야 한다.

• **Unit의 폭 및 대각선 길이** : 폭 2mm, 대각선 3mm 이내이어야 한다.

• **조립용 Sealant 처리 상태** : 멀리온(Mullion)과 Head, Sill, Transom 등의 Sealant가 누락되거나 외부에 과다하게 노출되지 않아야 한다.

• **Frame의 조립면 일치 상태** : 공차 0.5mm 이내 Flush해야 한다.

• **Vent부 Gasket의 Corner 접합 상태** : 실내 쪽 Gasket의 경우 반드시 Vulcanizing 처리되어야 한다.

- **Weather Strip의 취부 상태** : 움직임이 없어야 하며 실제 길이보다 2~30mm길어야 한다.

- **Structural Sealant의 시공 상태** : 눌림, Pin Hole 및 이물질, Crack 등이 없어야 하며 적정 Bite 및 깊이를 유지해야 한다.

- **계폐 창호의 위치 및 상태** : 정확한 위치에 고정되어 잠김이 Tight해야 하며 Striker 주변 등의 Sealant는 깨끗하게 처리되어야 하고 계폐 창호의 비틀림 없이 Frame면과 일치되어야 한다.

- **Weep Hole 가공 상태 및 Baffle Sponge 취부** : 누락됨이 없어야 하며 크기 및 위치가 도면과 동일해야 한다.

- **Anchor 부위의 Sealant 처리상태(특히 Shim Block 주변)** : 밀실하게 처리 되어야 한다.

- **단열 Panel의 Isolator 취부** : 누락이 없어야 한다.

- **단열 Panel 가공 및 취부 상태** : 주변 부재와의 간격은 2mm 이내 및 기밀 상태 유지하고, 절곡 부위는 용접 처리 등으로 밀실하게 처리되어야 한다.

- **Polyamide Cover 주변 처리 상태** : Sealing 처리가 누락 없이 깨끗해야 한다.

- **양중용 Lug 주변** : 양중용 Lug 주변의 Sealing 처리는 밀실해야 한다.

- **Tie-Back Anchor** : Tie-Back Anchor의 설치 여부 및 주변 Sealing 상태가 완전해야 한다.

- **Setting Block** : 유리 Setting Block 위치는 1/4 위치를 준수해야 하며 외부 유리두께의 1/2 이상 받쳐야 한다.

- **단열 Foam** : 알루미늄 부재 내부에 삽입하는 단열 Foam은 빈틈이 과다하게 생기지 않도록 해야 한다.

■ 검수 사진

• Unit 폭 및 대각선 길이 점검

[대각 치수 측정결과 8mm의 편차 발생]

• 조립용 Sealant 처리 상태

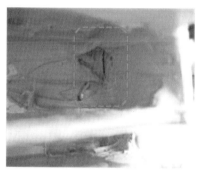

[Head Bar/Jamb Bar 조립면 Sealant 불량]   [Head bar/Jamb Bar 조립면 Sealant 누락]

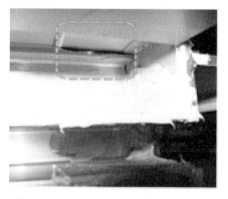

[Head Bar/Jamb Bar 조립면 Sealant 불량]

[그림 9] 조립상태 검수

• Frame의 조립면 일치 상태

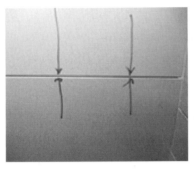
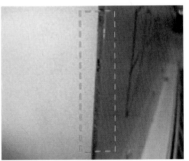

[Bar와 Bar의 조립면 간격이 약 2mm 벌어짐]   [Head Bar와 Jamb의 조립면의 단차]

[멀리온과 트랜섬의 조립면이 1.5mm 단차]

• 계폐 창호부 Gasket의 Corner 접합상태

[Gasket의 Corner부가 접합이 안 되어 있는 상태]   [Gasket 길이 짧음]

[가스켓이 찢어짐]

• Weather Strip의 취부상태

[Weather Strip이 탈락된 상태]

[Weather Strip이 탈락된 상태]

[배연창의 Gasket 길이 짧음]

• Weather Sealant의 시공상태

[Air Hole 발생]

[틈이 발생하지 않도록 시공]

[Sealant의 두께가 부족함]

[그림 10] 조립상태 검수

• 계폐 창호의 위치 및 상태

[계폐 창호와 Main Bar의 단차 발생]

[계폐 창호와 Frame간의 밀착이 되지 않음]

[Vent의 코너부에 단열바가 밀착이 되지 않아 AL. Vent면이 노출됨]

[그림 11] 접합부 틈새처리 상태 검수

• Weep Hole 가공상태 및 Baffle Sponge 취부

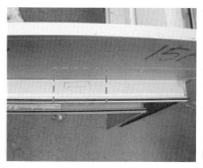

[Head Bar Weep Hole 누락]

[Baffle Sponge 누락]

[Baffle Sponge 누락]

[그림 12] 배수부위 조립상태 검수

• Steel Truss의 용접상태

[용접 규격 기준에 따른 용접 상태 점검]

[용접 부위의 일관된 작업 점검]

[너트와 Truss 작업상태 점검]

[그림 13] Steel Frame 조립상태 검수

• Sealant 양생조건 확인

[Sealant 양생을 위한 실내 환경 조건 확인]

[그림 14] Sealant 양생 상태 검수

④ 유리 검수

■ 복층유리 제작 검수

• 유리 Edge부 가공상태 및 파손여부

• 2차 실란트 Bite(유리와의 접촉 두께)

• 간봉내부 흡습제 누출 여부

• 1차 실란트(Butyl Tape) 끊어짐이 없을 것

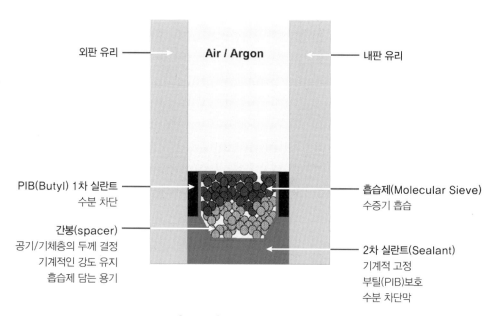

[그림 15] 복층유리(IGU) 구성

■ 검수사진

[그림 16] Glass Edge 부위 Chip

⑤ **Structural Sealant 검수**

■ Sealant 시험

• Butterfly Test : 2 액형 실란트의 주제와 경화제의 혼합 적정성을 판단 한다 .

혼합한 Sealant를 종이에 소량 받아 중앙을 접었다가 폈을 때 하얀 실선이 없어야 한다.

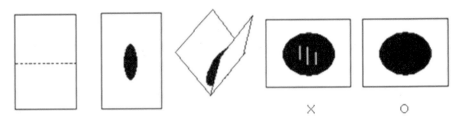

[그림 17] Butterfly Test

■ Snap Time Test : 경화시간 측정

• 일정량의 혼합된 Sealant를 용기에 막대를 꽂아 놓는다(Step 1).

• 예상 경화시간(Maker 제시)이 되었을 때 막대기를 잡아당겨 Sealant가 끊어지는 시간 을 측정한다(Step 2,3,4).

[그림 18] Snap Time Test

■ 접착력 Test

혼합 후 평평한 면에 도포하여 경화 후 부착 정도 검사

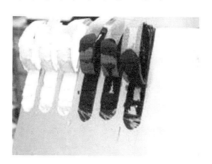

[그림 19] 접착력 Test

■ Deglazing Test

주기적으로 양생된 Glass를 탈거한 후 Sealant의 접착성 검사를 일반적으로 100 Units마다 실시하는 것으로 시방서에 명시하여 검사토록 한다.

[Deglazing Test시 Glass 탈거]   [Sealant 부착력을 확인]

[Sealant의 Bite 측정]

[그림 20] 구조용 실란트 Deglazing Test

5.5 ◢ 공사 관리

5.5.1 공정계획

■ 공정 계획 수립 시 유의 사항

① 커튼월 공사는 타공정에 비해 자재 제작에 상당한 시간이 요구되므로, 현장 설치 기간 외에 공장 제작 기간을 충분히 고려한다.

② 제작공정은 압출, 도장, 가공/조립, 글레이징 등으로 구분하고 각 단계별 소요기간은 커튼월의 물량 및 공장 제작 생산성 고려하여 계획한다.

③ 일반적으로 시공업체 선정은 본 물량 설치 전 약 8개월 정도의 여유를 갖도록 한다.

④ 현장 설치공정은 Typical 부위, 저층부 및 옥탑 등의 Non Typical 부위, Hoist 구간 등의 Leave Out 부위 등으로 구분한다.

⑤ 커튼월 고정용 Embed Anchor 시공 일정은 현장의 슬라브 타설 일정에 맞추어 계획한다.

■ 커튼월 공사 공정표

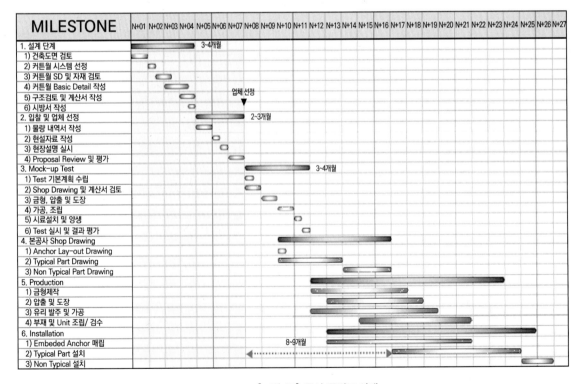

[그림 21] 공사 공정표 사례

■ 커튼월 공사와 타공정 관계

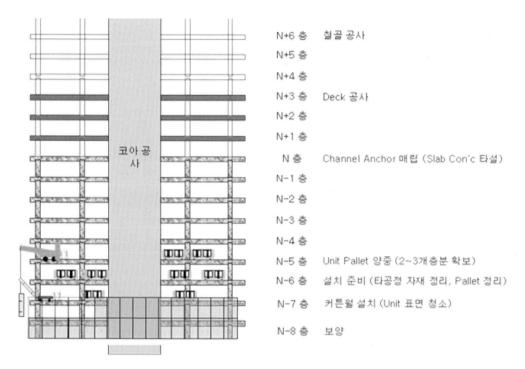

N+6 층	철골 공사	
N+5 층		
N+4 층		
N+3 층	Deck 공사	
N+2 층		
N+1 층		
N 층	Channel Anchor 매립 (Slab Con'c 타설)	
N-1 층		
N-2 층		
N-3 층		
N-4 층		
N-5 층	Unit Pallet 양중 (2~3개층분 확보)	
N-6 층	설치 준비 (타공정 자재 정리, Pallet 정리)	
N-7 층	커튼월 설치 (Unit 표면 청소)	
N-8 층	보양	

[그림 22] 타공정 관계도

5.5.2   공사 관리 Flow

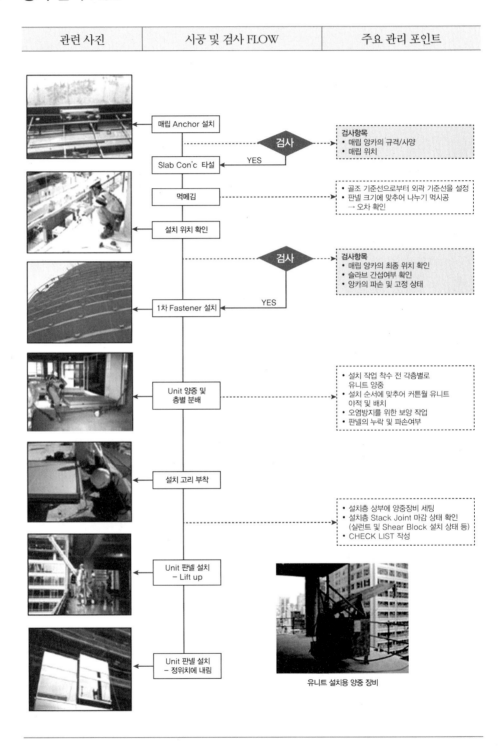

관련 사진	시공 및 검사 FLOW	주요 관리 포인트

매립 Anchor 설치

검사 → **검사항목**
- 매립 앙카의 규격/사양
- 매립 위치

YES

Slab Con'c 타설

먹메김
- 골조 기준선으로부터 외곽 기준선을 설정
- 판넬 크기에 맞추어 나누기 먹시공
  → 오차 확인

설치 위치 확인

검사 → **검사항목**
- 매립 앙카의 최종 위치 확인
- 슬라브 간섭여부 확인
- 앙카의 파손 및 고정 상태

YES

1차 Fastener 설치

Unit 양중 및 층별 분배
- 설치 작업 착수 전 각층별로 유니트 양중
- 설치 순서에 맞추어 커튼월 유니트 야적 및 배치
- 오염방지를 위한 보양 작업
- 판넬의 누락 및 파손여부

설치 고리 부착
- 설치층 상부에 양중장비 세팅
- 설치층 Stack Joint 마감 상태 확인 (실런트 및 Shear Block 설치 상태 등)
- CHECK LIST 작성

Unit 판넬 설치 – Lift up

유니트 설치용 양중 장비

Unit 판넬 설치 – 정위치에 내림

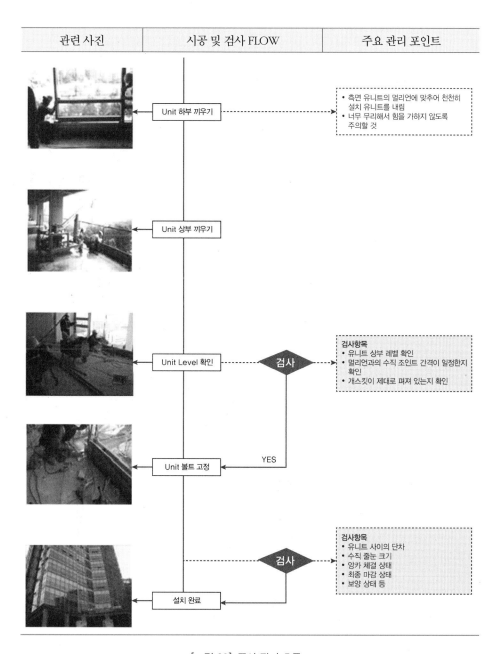

관련 사진	시공 및 검사 FLOW	주요 관리 포인트

Unit 하부 끼우기
- 측면 유니트의 멀리언에 맞추어 천천히 설치 유니트를 내림
- 너무 무리해서 힘을 가하지 않도록 주의할 것

Unit 상부 끼우기

Unit Level 확인 — **검사**

검사항목
- 유니트 상부 레벨 확인
- 멀리언과의 수직 조인트 간격이 일정한지 확인
- 개스킷이 제대로 펴져 있는지 확인

Unit 볼트 고정 (YES)

설치 완료 — **검사**

검사항목
- 유니트 사이의 단차
- 수직 줄눈 크기
- 앙카 체결 상태
- 최종 마감 상태
- 보양 상태 등

[그림 23] 공사 관리 흐름도

■ 공사관리 단계 주요 검토사항

[표 6] 공사 관리

구 분	항 목	내 용	비 고
제작 일정 관리	부자재 제작 일정	유리, Back Panel, 압출, 도장, 가공 등 부자재에 대한 공장 입고 현황 확인	각 항목에 대한 일정표 확인 후 이행관리
	조립 일정 계획	커튼월 타입별 조립 현황 확인	
	현장 반입 계획	반입 계획/현황표	
설치 일정 관리	층별 설치 계획	설치 공정표에 의한 일정 관리	
	출역 인원 계획	계획된 작업인원의 출역 현황 확인	
품질 관리	골조상태 사전 점검 (측량)	커튼월 설치 전 골조의 상태를 확인하여 커튼월 시공상의 문제 여부를 판단하고, 시공 가능한 조건이 될 수 있도록 조치. 측량 성과표 확인	커튼월 설치 층보다 선행하여 결과 확인 Fastener의 이형 제작 여부 확인
	작업 중 타 공정과의 간섭관계 확인	타 공정과의 작업이 중복되는지 여부 확인 설치 해당 부위에 방수턱, Interior 마감 등과의 간섭 여부 확인, 필요 시 이에 대한 조치	
	공장 제작 검수	정기적인 공장검수를 통하여 제품 제작현황 및 제작상태를 확인	Check List에 의한 검수
	현장 설치 검수	현장 설치작업 및 Check List에 의한 시공상태 확인	
	검수 결과에 대한 Feedback	검수결과 보고서에서 지적한 내용에 대한 수정작업 여부 확인.	
	각종 부자재 시험	알루미늄 Extrusion, Fastener Gasket, Sealant, Screw, Bolt 등에 대한 시험성적서 요청 및 확인	외장 업체 진행

5.5.3　양중 계획

Hoist 양중 또는 Tower Crane 양중 검토 시 아래의 사항을 검토하여야 한다.

• 일반적인 경우 대부분의 자재는 Hoist로 양중하고 Hoist 양중이 불가한 경우 Tower Crane 을 사용한다

• Hoist 양중의 경우 Unit가 Cage에 적재가능한지를 사전 점검해야 하며, 필요 시 Cage Size를 조정하여 발주한다.

[Unit들이 적재된 Pallet]

[Super Deck]

[그림 24] 양중 사례

- 커튼월 Unit의 크기는 층고와 수평 Module Size에 의해 정해진다.

- 운반 및 양중이 가능한 최대 Size를 사전에 검토하여 필요 시 양중 장비의 Capa. 또는 Unit의 Size를 조정해야 한다.

- 양중 Module 검토 예(Punched Window)

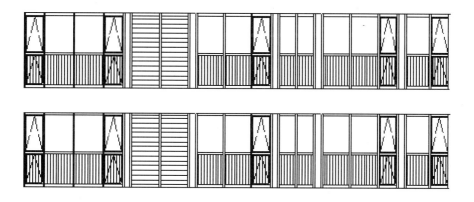

[그림 25] Punched Window 양중 모듈 사례

Hoist로 양중이 가능하도록 하며, 설치 작업의 효율성을 고려하여 창호 Unit의 폭이 2,000mm를 초과하지 않도록 Module 분할계획을 수립한다. Unit를 수직 적재 했을 때 높이 2,000mm + Pallet의 높이 500mm = 2,500mm로 이를 감안하여 Hoist Cage의 최대 적재높이 고려한다.

5.5.4 앵커 설치

(1) 앵커 설치 오차 관리

Expansion Anchor의 시공이 어려운 점을 감안하여 콘크리트 타설 전 Embedded Anchor의 설치 오차 관리가 매우 중요하다. 최소한 슬라브 방향으로 좌우 20mm이내로 오차가 관리될 수 있도록 한다.

① Anchor가 Slab에 수직으로 설치되므로 Expansion Anchor의 현장시공이 어려우므로 Corner 부위에 Embed Anchor를 추가로 설치해야 한다.

② Embed Anchor 방식은 슬라브에 수직으로 매립되는 방식으로서 콘크리트 타설전 Anchor가 정확히 수평상태를 유지해야 하나 일부 Anchor의 경우 Leg가 아래로 쳐져 있는 경우가 있다.

③ Slab-Down 부위 Anchor Level 조정: 일부 바닥 Slab가 Down되는 부위의 Embed Anchor의 Level이 Down되는 Slab의 Level을 기준으로 하여 설치되어 있으며 이 경우 인접한 Anchor의 Level보다 낮아지므로 Unit 설치시 Fastener의 형태가 다르게 제작, 설치되어야 한다. 따라서 동일한 형태의 Fastener로 시공되기 위하여 이 부분의 Embed Anchor의 설치 Level을 수정되어야 한다.

④ 석재 판넬 고정용 Truss가 하부층 슬라브 바닥에서 고정되어 있고 상부층 슬라브 하부에서는 제작이 되어 있지만 고정은 되어 있지 않다. 창호가 석재 판넬 Truss에 지지하는 방식으로 미고정시 처짐이 발생하므로 반드시 Steel Truss는 슬라브 하부에서 고정되어야 한다.

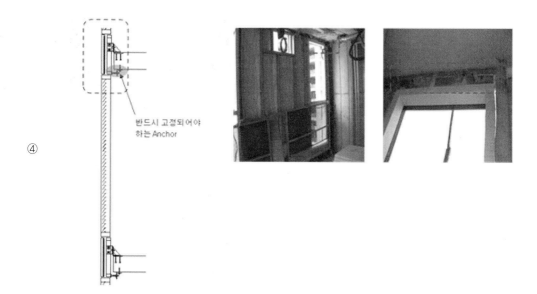

반드시 고정되어야
하는 Anchor

[그림 26] 현장 앵커 설치 오차 관리

(2) Embed Anchor 현장 시험 사례

① 하중 조건

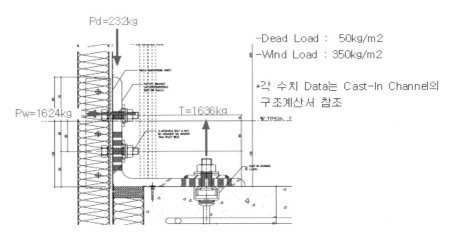

-Dead Load : 50kg/m2
-Wind Load : 350kg/m2

*각 수치 Data는 Cast-In Channel의 구조계산서 참조

[그림 27] 앵커 시공도

② 시험결과

[표 7] 시험사례

구 분	T(kg)	Ft(kg)	결과치(kg)	판정
시료 NO.1			4,000	합격
시료 NO.2	1,636	2,500	4,000	합격
시료 NO.3			3,500	합격

③ 시험 장비

[그림 28] Embed Anchor 인발 시험

④ 시료 확인

■ 시료 NO. 1: 시험 결과― 4Ton 〈시료확인 이상 없음〉

■ 시료 NO. 2: 시험 결과―4Ton 〈시험 후 시료 확인 : 약간의 변형 발생〉

■ 시료 NO. 3: 시험 결과― 3.5Ton 〈시료확인 이상없음〉

[그림 29] Embed Anchor 인발 시험 후 시료확인

5.5.5 커튼월 설치

(1) 설치순서

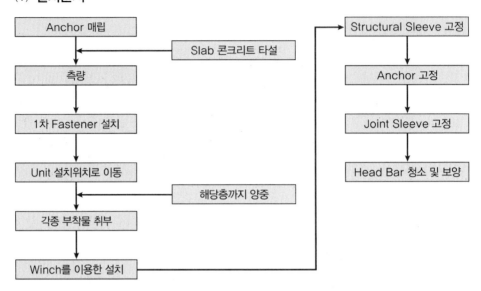

[그림 30] 커튼월 설치순서

(2) 설치 시 유의 사항

① 골조(Slab)상태 확인

설치시공 전 커튼월이 설치되는 부위의 골조상태를 측량 및 검토하여 도면과 상이할 경우 이에 대한 적절한 대책을 세워야 한다. 경우에 따라 커튼월의 설치가 불가능한 경우도 발생하여 설치 일정에 차질이 생기게 되므로 반드시 확인을 하는 것이 중요하다. 채널 앵커와 커튼월의 이격거리가 과다하게 벌어졌을 경우[그림 31] 별도의 앵커 플레이트를 미리 제작하여 구조적으로 문제가 발생하지 않도록 조치해야 하며, 시공 일정에도 지장이 없도록 해야 한다.

[그림 31] 이격 거리가 과다한 경우

채널 타입의 앵커를 시공하는 경우 Slab 콘크리트의 레벨오차에 의해 T-Bolt의 길이가 짧은 경우가 있으므로 이 경우에도 길이가 충분한 T-Bolt를 미리 준비하여 사용해야 한다. 사진은 길이가 짧은 T-Bolt를 그대로 사용하여 시공한 경우이다.

[그림 32] 슬라브 레벨이 낮아진 경우

매립 앵커 주변의 콘크리트 충진상태가 불량한 경우에는 구조적으로 매우 불안정하므로 반드시 보수 후에 시공되어야 한다.

[그림 33] 골조 상태가 불량한 경우

② 설치 오차

- 제작 오차와 마찬가지로 커튼월의 적정한 기능을 유지할 수 있도록 오차 관리가 필요하다.

- 수직도 : 부재길이 3M 당 2㎜ 이내, 12M마다 5㎜ 오차를 넘어서는 안 된다.

- 수평도 : 부재길이 6M 당 2㎜ 이내, 12M마다 5㎜ 오차를 넘어서는 안 된다.

- Alignment : 인접한 패널, 프레임 면으로부터의 수평, 수직 1㎜ 오차 이내를 유지하여야 한다.

③ 장비 계획

- 커튼월 설치 시 사용되는 장비는 Stick System의 경우에는 부재가 대부분 경량이므로 특별한 장비는 필요 없으나 Unit System인 경우에는 중량물인 Unit를 다루어야 하므로 일반적으로 소형 윈치 등을 사용하게 된다.

- Unit의 중량을 검토하여 적절한 용량의 윈치를 검토한다.

- 경우에 따라 윈치를 사용할 수 없는 부위가 있을 수 있으므로 이러한 부위에서의 설치방법을 사전 검토하여 대책을 수립한다. 예를 들어 Tower Crane Opening 구간 등 Slab가 Open되어 있거나 또는 코너부 기둥부위 등 윈치가 접근하기 어려운 부위에는 별도의 설치장비가 필요하므로 이에 대한 계획을 수립해야 한다.

- 초고층 부위에서 시공을 할 경우 작업 중 윈치가 추락하지 않도록 적절한 안전대책을 수립한다.

[일반적인 소형 Winch]   [기둥부위 등에서의 Unit 설치를 위한 틀비계]

[그림 34] 커튼월 유니트 설치장비

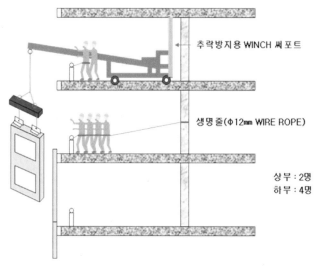

추락방지용 WINCH 써포트

생명줄(Φ12mm WIRE ROPE)

상부 : 2명
하부 : 4명

[그림 35] 커튼월 유니트 설치 개념도

- 공정에 따른 설치 방안 수립

  - 일반적으로 1개 현장 시공을 하는 경우라도 커튼월 System은 다양하게 나타난다. 또한 1개층 분량 시공에 있어서도 서로 다른 System으로 존재하는 경우, 층별 마감을 위하여 사전에 철저한 계획을 세워야 한다. 특히, 최근에 많이 시공되고 있는 주거용 건물에 있어서는 커튼월의 후속 공정인 마감공정의 조기착수를 위하여 커튼월의 층별 마감 개념에 따른 설치가 매우 중요하다.

  - 저층부(1, 2층) 및 옥탑층 등은 기준층과 구분하여 설치방안을 수립해야 한다.

  - Hoist 운행구간 또는 T/C가 설치된 구간 등 향후에 설치가 불가피한 부분에 설치 방안을 사전에 수립해야 한다.

- 동절기 시공 시 유의사항
  현장에서의 시공은 여건상 공장과 같은 작업조건을 유지하기는 어려우므로 다음과 같은 방법으로 진행한다. Sealant 시공을 하는 부위는 주로 Sleeve 주변이므로 이에 대한 작업방법 설명이다. 그 외 일반적인 시공경우에도 유사하다.

  - Joint Sleeve 주위를 Solvent 용액을 사용하여 깨끗이 청소한다.

  - Sealant 피착면인 알루미늄 표면에 이슬이 맺히는 경우 송풍기를 이용하여 표면 청소를 깨끗이 하고 작업 부위는 드라이기를 이용하여 건조시킨다.

- 표면이 눈 또는 결빙상태일 경우 Sealant의 접착력이 저하되므로 이러한 부착 저해물을 제거하고 코킹 작업을 진행한다.

- 코킹작업 시 외기온도가 영상 5℃ 이하일 경우에는 Sealant 주입 전 드라이기를 이용하여 온도를 상승시켜준다.

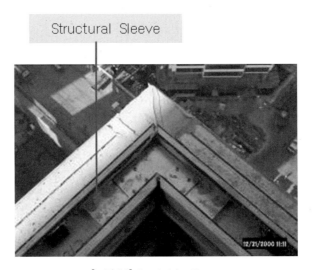

[그림 36] Stack Joint Sleeve

5.5.6   Unit 커튼월 역시공

커튼월의 역시공이라 하면 Unit System에 해당되는 용어로서, 통행로 확보 또는 기타 공정상의 이유로 인하여 시작부위(1~2개층분)의 Unit를 나중에 설치하는 것을 말한다. 일반적으로 위 방향으로 시공하는 순시공에 반해 Unit를 하부에서 끼워넣는 식으로 시공해야 하므로 시공 후 Joint 부위에서의 기밀, 수밀성능의 유지가 최대 관건이라고 할 수 있다. 따라서 역시공 부위에 대한 설치계획을 면밀히 수립하여 품질 불량이 발생되지 않도록 철저한 대책을 세워야 한다.

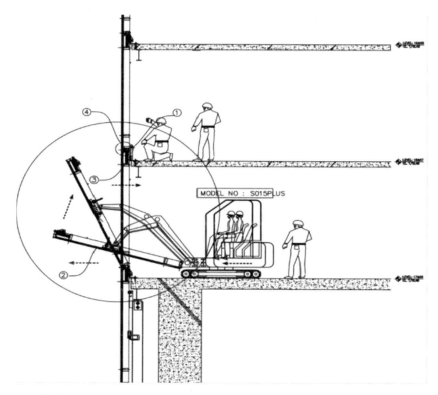

■ 시공 순서
① 역시공층의 Unit Start Anchor 제거
② 역시공 Unit의 양중 및 설치
③ Unit Anchoring
④ Head Bar 취부 및 역시공층 Sill Bar 조립

[그림 37] 커튼월 역시공 개념도

■ 역시공 설치 사례

• 역시공 구간 : 최하부층, 중간 기계실층

• 역시공 구간은 상부 Unit를 설치하고 Steel Bracket를 사용하여 하부 Sill Transom을 고
정해서 움직임을 방지하고 상부 Typical Unit 설치 완료 후 아래에서 위로 들어 올려 설
치하는 방법이다.

• 상부 설치 Unit 하부 Sill Transom은 Glass를 끼울 수 있고, 하부 Unit 설치 시 간섭이
생기지 않게 Transom 몰드를 만들어 Unit를 제작하고 Glass 취부 후 현장 반입하여 설
치한다.

- 2층 Unit 설치는 3층에서 Winch를 이용하여 Unit를 들어 올려 설치 기준점을 확인한다. 그런 다음 1차, 2차 Fastener를 가조임한 후 수평 기준점을 확인하고 나서 완전 조임한다.

- 3층 Fastener 고정 후 2층 Slab와 Unit 하부 Sill 고정은 Steel Bracket를 이용 Unit 당 2개소씩 멀리온에서 고정한다.

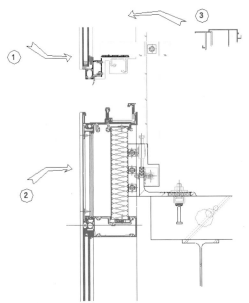

[역 시공 도해]

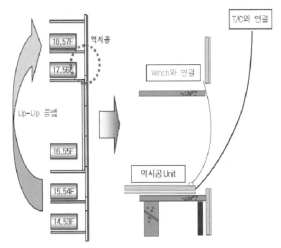

Unit 상부에서 Tower Crane과 상부 층에 설치되어 있는 Winch를 각각 연결한 후 양중을 실시하고 그 과정에서 하부의 균형을 잡아 주기 위해 로프를 Unit하부에 연결하고 인력으로 조절한다.

[17.56F의 역 시공 부위 Wire 연결]

[역 시공 부위]

[그림 38] 커튼월 역시공 관리 포인트

5.5.7 현장 시험(Field Mock-up Test)

(1) Test 목적

현장에 설치 완료된 커튼월에 대하여 요구되는 성능기준(주로 기밀, 수밀성능)을 만족하는지를 확인하기 위하여 Test를 실시하며, 또한 시험결과 성능기준이 만족되지 않을 경우 그 원인을 규명하고 보완하는 것을 목적으로 한다.

(2) Test 수행 업체

- Laboratory Mock-up 시험 업체

(3) 성능 기준

① 기밀성능

- Fixed Area : 0.09CFM/ ft²

- Vent Area : 0.375CFM/ft

② **수밀성능** : 시료에서 누수가 발생하지 않아야 한다.

(4) Test 부위 선정

- Curtain Wall, Punched Window별로 1~2개소 선정, 또는 시방서에 따른다.

(5) 시험 절차

① 정압 하의 기밀성 시험 : ASTM E 783

② 정압 하의 수밀성 시험 : ASTM E 1105

③ 적용하는 시험기준 : AAMA 503

(6) 제출물

① Preliminary Report (예비보고서) : Field Test 수행 후 3일 소요(Test를 수행한 Test Engineer가 작성 후 제출)

② 시험결과 보고서 : Preliminary Report 제출 후 15일 소요

(7) 준비사항

① 전기(220v 단상), 물 지원

② 외부작업대(비계, 곤도라 등) 지원 : Test 2~3일 전 설치 완료

③ 차량 출입 조치(시험 주장비 및 보조장비, 예비장비 등이 탑재되어 있다)

④ 시료 설치 : Test 전 1일 소요

⑤ Test 수행 전, 물 낙하에 대비한 저층부에 대한 통행 제한 및 사전 안전 조치 필요(참고로 시간 당 204의 강수량을 기준으로 15분간 살수한다)

(8) 성능 시험 기준

① 시험 종류 및 개요

- AAMA 503 : 커튼월에 대한 기밀, 수밀성능 시험

- AAMA 501.2 : 영구적으로 밀폐를 요하는 부위(예, 알루미늄과 석재 사이, 알루미늄과 알루미늄 사이 등)

② 각 시험 세부항목 및 세부기준

- 기밀성능 : Air Infiltration Test는 Uniform Static Test Pressure에서 수행하며, 이때 최대허용 공기 누기율(Air Infiltration Rate)은 일반적으로 Fixed Area인 경우 0.09CFM/ft², Operable Area인 경우 0.375CFM/ ft 이하여야 한다

- 수밀성능: Water Penetration Test는 Static Pressure 일치 하에서 수행한다. 이 Test에서의 허용은 통제되지 않는 물(Uncontrolled Water)가 시스템의 내부 면으로 통과되는 것이 없어야 한다.

- 모아져서 외부로 나가는 물 또는 마감재 부근에서 넘치지 않고 프레임 수평부재위(Interior Horizontal Frame Top)에서 15분간 14g이하의 물이 모아지는 경우는 허용된다.

③ 시험 실패 시 후속관리 기준

- 시료가 요구하는 성능 수준을 충족시키지 못하면 수정 보완 후 만족할 때까지 계속 재시험을 수행하여야 하며, 해당 공사의 발주처 및 시공사의 계약조건에 따라 협의하여 처리한다.

(9) 시험 시료의 선정

시료의 선정은 설치가 완료된 것 중 가장 대표적인 성능을 나타낼 수 있는 것을 선정하며, Test에 따라 다음의 크기로 지정한다.

① 시료 선정기준 및 계획

- 시료의 크기와 위치는 현장 측에 의해 임의로 선택되어야 하고, 시방서안에 명확히 명시되어야 한다. 그러나 내외부에서의 접근이 용이해야 한다. 그렇지 않으면 작업용 장비 사용을 위한 추가적인 비용을 고려해야 한다.

- 시료는 전체 시스템의 일반적인 성능을 대표할 수 있는 것으로 선정하여야 하며, 이미 결함을 알고 있는 부위나 육안으로 식별된 결함 부위는 시료로 선정하면 안 된다.

- 시료를 Test하기 전, 감독관은 시료의 청소와 Test에 불필요한 부착물(Trim, Insulation 등)을 제거할 것을 커튼월 시공업체에게 지시하여야 한다.

- Test가 완료되면, 커튼월 업체는 제거된 부착물을 재설치하거나 보수해야 한다.

- 만약 시료의 크기나 위치가 명시되지 않았다면, 전체 시스템의 성능을 대표할 수 있는 것으로 선정한다.

⑽ 시험 방법

① 시료 선정기준 및 계획

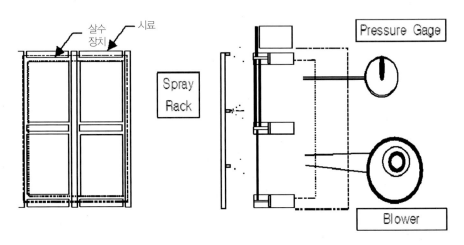

[그림 39] 현장 시험 개요도

② 세부 장치

- Chamber : 합판이나 비닐을 이용하여 시료를 적당히 밀폐시킬 수 있도록 내외부에 만든 Chamber나 Box.

- 공기 공급장치(Blower) : 지정된 압력차를 유지할 수 있는 공기입출(Input/Output) 장치

- 압력 측정 장치 : 2% 또는 2.5Pa의 오차 범위를 가지는 압력 측정장치

- 물살수 시스템(Water-Spray System) : 시간 당 204의 강수량과 일치하는 물을 살수하는 장치

③ 시험 세부 진행 절차

- 기밀성과 수밀성 시험을 모두 수행할 때는 기밀성 시험을 먼저 수행한다.

- 시료(Specimen)에 습기가 있을 경우, Test 전 습기를 제거하기 위해 7.6kg/m²(1.57psf) 의 압력을 정압 2분, 부압 2분을 Specimen에 가하여 습기를 제거한다(이것은 습기가 있는 것으로 예상될 때에만 시행한다).

- 작동되는 창호의 작동상태 확인 : 각각 5회 Cycle(Open-Close-Lock) 수행. 통상 합판이나 비닐 설치 전 수행한다. 이는 창호의 정상적 작동상태에서의 성능을 확인하고, 기밀이나 수밀성능을 향상시키기 위한 비정상적인 사전 조치 여부를 확인하기 위함이다.

④ 기밀성 시험

- 외부 비닐이 설치된 상태에서 7.6kg/m²(1.57psf)의 압력을 유지하여 공기흐름 장치(Air Flow Meter)를 통하여 공기 누기량 확인(기준치 확인)

- 외부 비닐을 제거 후 7.6kg/m²(1.57psf)의 압력을 유지하여 공기흐름 장치(Air Flow Meter)를 통하여 공기 누기량 확인(Fixed Area의 공기 누기량 확인)

- 7.6kg/m²(1.57psf)의 압력을 유지한 후, 공기흐름 장치를 통하여 작동되는 창의 공기 누기량 확인(존재할 경우)

⑤ 수밀성 시험

- 1 ft²당, 시간 당 204의 물을 분사하는 Spray Rack을 시료 외부 면으로부터 1 ft 거리에 위치시킨 후 작동시킨다.

- 지정하는 압력을 Chamber 내에 유지한 후, 15분 동안 시료 내부 면으로 들어오는 통제되지 않는 물(Uncontrolled Water)을 확인한다.

⑾ 시험 결과

① 시험보고서의 작성형식 및 세부 포함 사항

- 보고서는 Test를 수행한 Test Engineer가 작성하여 Test 수행 7일 후(Test가 연속될 경우 최종 Test 완료 후 7일) 제출된다.

- 보고서에 포함될 내용은 시험 진행 시의 모든 관련 사항과 기밀성능을 위한 지정된 압력차와 단계별 공기 누기량(고정창 부위, 개폐창 부위 등)과 수밀성능 시험 시의 지정된 압력차와 누수 부위, 누수량, 시험관련 사진 등이 포함된다.

- 본 시험의 목적은 합격/불합격을 선언하기 위함이 아니며, AAMA에서 요구하는 성능기준을 만족하도록 유도하는 것이 본 시험의 가장 큰 목적 이므로, 최종 결과 판정에서 성능기준에 불만족할 경우에는 원인을 규명하고 보완방법은 협의를 통해 유도한다. 따라서 보고서의 내용도 성능 기준을 만족하는지 여부만을 포함하여 제출된다.

5.5.8   시공 관련 주요 하자 유형

■ Unitized 커튼월의 End Dam Plate를 통한 누수

• Unitized System 커튼월의 배수 방식은 두 Unit의 수평 Joint인 Stack Joint를 통하여 각 층에서 외부로 배수되는 방식이다.

• 누수가 발생한 부위는 커튼월과 골조와의 Joint, 즉 Stack Joint가 끝나는 부분이다. 이 부분은 아래의 도면과 같이 End Dam Plate로, Head Bar(Unit의 상부 수평부재)의 측 면을 막아주도록 되어 있으나 End Dam Plate 주변의 Sealant 처리가 완전하지 못하여 Stack Joint에 모이는 물이 전부 외부로 배수되지 못하고 일부가 이 부분을 통하여 실내 로 누수되었다. 따라서 End Dam Plate 주변을 완벽한 Sealing 처리해야 한다.

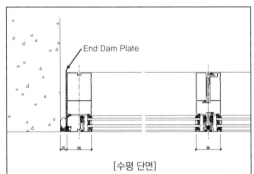
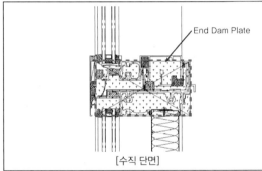

[그림 40] 골조와 커튼월 단부 접합부 하자 Detail

■ Spandrel 처리된 부분의 결로 발생

• 주상복합 건물의 경우로서, 설계상 당초 Vision 부위이나 커튼월 면에 근접하여 실내 마감재가 배치되도록 계획되었으며 이 부분을 Spandrel 처리하였으나 많은 양의 결로 가 발생되어 실내로 Overflow된 사례이다.

• Spandrel 처리는 0.6T Steel Plate를 실내 면에서 커튼월 부재(멀리온과 트랜섬)에 고정 하도록 되어 있었으나 그 고정방법이 단순 Screw 고정으로 커튼월 부재와 Steel Plate 와의 Joint 처리가 밀실하지 못하여 이 부분을 통하여 유입된 실내의 습기가 차가운 유 리면에 접촉되면서 결로가 발생하였다.

• 따라서 이러한 경우는 일반적인 Spandrel 구간의 단열 Panel을 시공하는 것과 같이 Plate 주변을 완벽하게 기밀 처리하여 습기의 유입을 차단시키는 것이 매우 중요하다.

• 또한 Spandrel 부위 적용 Glass의 단열 성능을 높여 유리 표면 결로를 방지하는 방안도 고려될 수 있다.

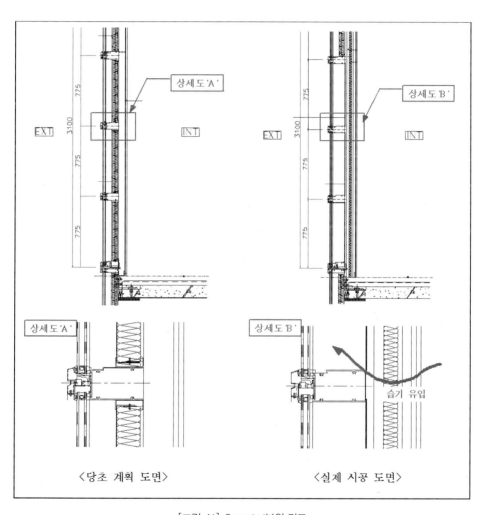

[그림 41] Spandrel부위 결로

■ 시작 유니트 부위의 누수

· 커튼월 Unit가 시작되는 부위로서, Sill Bar의 하부와 골조 사이의 공간이 밀실하게 처리되지 못하여 실내로 누수가 발생하였다.

· 설계 도면상에 표현된 방수턱의 시공도 누락되었으며, Steel Plate로 구성하는 Flashing 처리도 누락된 상태로 마감된 사례이다.

· 이러한 부위는 Unitized System의 커튼월인 경우 공통적으로 발생되는 부분으로 누수의 가능성이 매우 높은 부분이므로 반드시 골조 자체에 방수턱을 두어 1차적으로 외부로부터의 물의 침투를 차단해야 하며, 그 나머지 공간도 Flashing 처리를 밀실하게 시공하여야 한다. 또한 이 부분은 단열적으로도 취약하므로 발포형 단열재 등을 밀실하게 충진하여 완전한 기밀성을 유지하도록 하는 것이 중요하다.

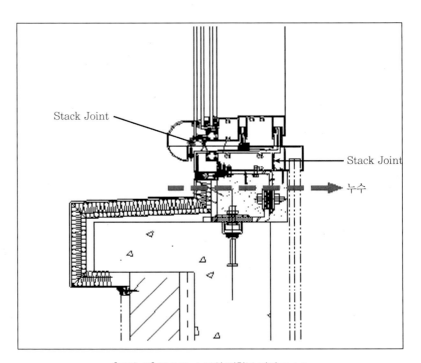

[그림 41] Unit Start 부위 접합부 하자 Detail

■ Glazing Adaptor 부위를 통한 누수

Spandrel 구간의 유리를 6mm 단판유리로 적용하는 경우 Vision 구간에 설치되는 24mm 유리두께보다 18mm가 작으므로 6mm 유리의 내외 측에 9mm 두께의 부재를 끼워 넣어 Glazing을 하게 되는데, 이 부재를 Glazing Adapter라 한다. 커튼월 조립 시 이 Adapter의 Joint 처리가 완벽하지 못하여 누수가 발생된 사례이다. 즉 Glazing Adapter가 커튼월의 멀리온과 트랜섬을 따라 45도 조립으로 완전한 수밀처리가 되도록 조립되어야 하나 90도로 절단된 상태대로 조립이 됨으로써 모서리 부위에서 Adapter의 단부가 Open 상태이며, 또한 코너부에서 수직, 수평부재 간 Joint를 통하여 누수가 발생된다.

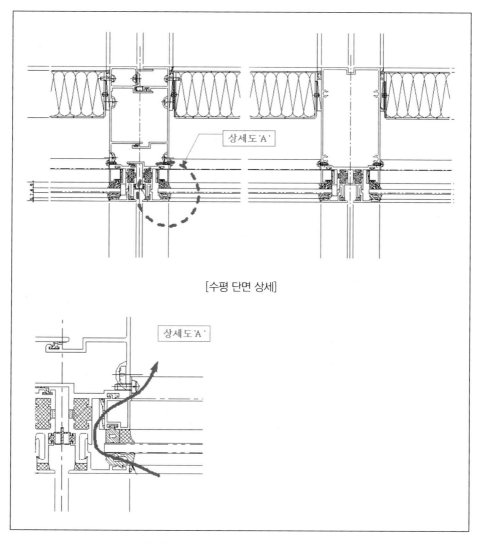

[수평 단면 상세]

[그림 42] Spandrel Glass Adapter 부위 하자 Detail

■ 골조와 커튼월의 접합부 누기(단열)

• 대부분의 현장에서 발생되는 부위이다. 커튼월이 끝나는 부분, 즉 골조와 만나는 부분의 접합부 처리가 부실하여 외기가 실내로 유입되는 사례이다.

• 이러한 부위는 서로 다른 외벽 System이 연결되는 부분으로 단열성능이 취약해지기 쉬우므로 발포형 단열재 등으로 밀실하게 충진되어야 하나 단열재가 누락된 상태로 실내 마감이 되었다.

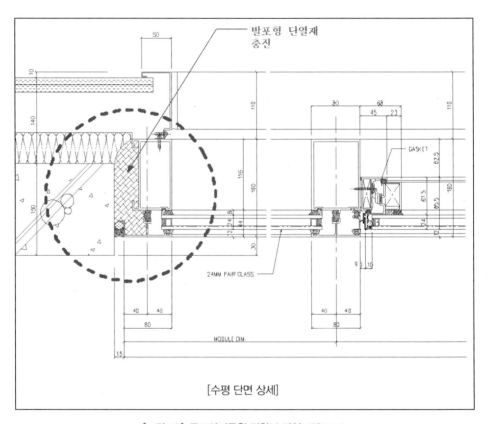

[그림 43] 골조와커튼월 접합부 단열보강Detail

■ 기계실 하부 세대의 누기(단열)

기계실의 하부에 위치한 세대의 천정을 통하여 상부의 기계실로부터 외기가 유입된 사례로서, 기계실 루버의 하부 및 층간 방화구획 시공(커튼월 면과 Slab 사이 공간의 내화충진 시공) 상태가 부실하게 시공된 부분을 통하여 하부 세대의 실내까지 외기가 유입되었다.

해당 현장의 기계실의 경우 외벽이 환기 Grill로 이루어지는 부분이 많아 외기가 유입되기 용이하였으며, 층간 방화 시공도 Typical 부위와 달리 간섭 부위가 많아 작업성이 좋지 않은 상태였다.

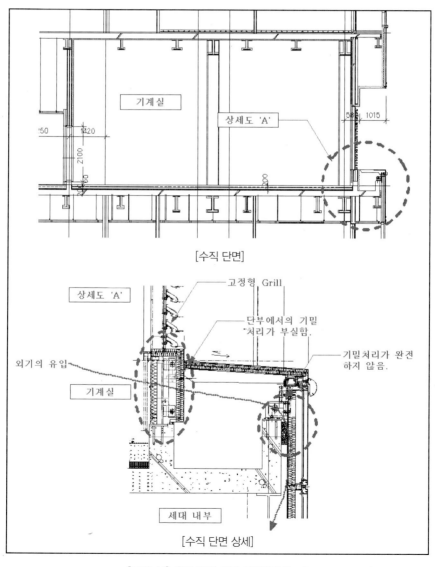

[그림 44] 층간 단열 마감 불량사례 Detail

■ Weep Hole 설치 누락에 의한 누수

- Weep Hole은 Glazing Pocket으로 유입된 물이 외부로 배수될 수 있도록 유도하는 역할을 하는 부분이나 커튼월 제작 시 Hole 가공이 되지 않은 상태로 제작됨으로써 유입된 물이 외부로 배수되지 못하고 커튼월 내부에 정체된다. 이로 인해 최종적으로 커튼월 부재의 접합부를 통하여 실내 쪽으로 누수가 되는 사례이다.

- Weep Hole은 충분한 크기(직경 8mm, 길이 20mm 이상)로 가공되어야 하며, 너무 작을 경우 물의 표면장력에 의해 원활한 배수가 이루어지지 않는 경우도 있으므로 충분한 크기로 가공되어야 한다. 일반적으로 한 Span에 두 개 정도의 Weep Hole이 있어야 한다.

- Weep Hole 개구부를 통한 공기유입에 따른 실내측 결로 방지를 위해 방풍 Baffle Sponge 설치에 주의가 필요하다.

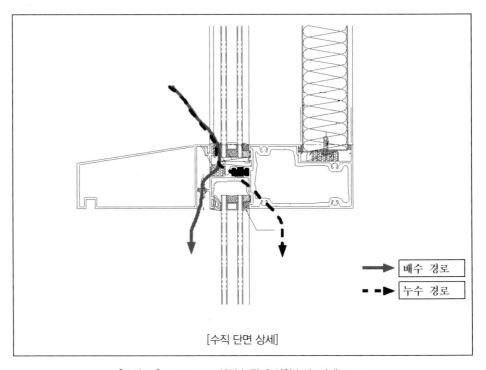

[그림 45] Weep Hole 설치 누락에 의한 누수 사례 Detail

■ Parapet Coping 내부의 기밀 및 수밀 처리상태 불량

커튼월의 최상부 마감부위로서, 파라펫 골조와 커튼월과의 공간이 기밀처리가 되지 않아 직하부 세대의 천정을 통하여 외부의 찬 공기가 유입에 의한 결로 발생 우려가 크며, 또한 Coping Panel(일반적으로 AL. Sheet)은 직사광선에 직접 노출되어 Joint Sealant의 열화 현상이 빨리 진행되므로 Sealant 파손에 의한 누수의 우려가 매우 높다.

커튼월과 파라펫 골조사이의 공간은 Typical 층의 층간방화 구획과 동일한 개념으로 기밀처리가 되어야 하며, 또한 Coping Panel의 누수를 고려하여 내부에 Flashing을 설치하여 누수에 대비하여야 한다.

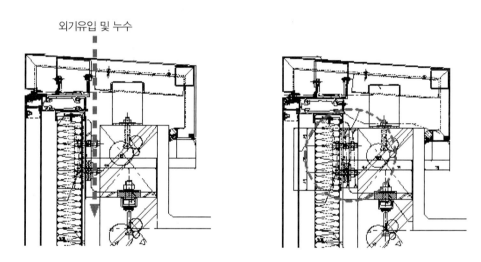

[그림 46] Parapet Coping부위 기밀 처리 불량사례

■ Glazing Sealant의 접착불량에 의한 누수

Mock Up Test 진행중 수밀시험에서 코너부 Fix부위의 하부 모서리에 누수가 발생하였으며, 이는 Glazing Pocket의 물이 실내측의 Glazing Sealant를 통하여 실내로 스며든 현상으로 시료 해체 후 원인확인 결과 Sealant가 Frame면에 제대로 밀착되어 있지 않음을 확인되었다.

Sealant의 성능이 제대로 발휘되도록 피착면의 관리가 철저하게 이루어져야 한다(오일 및 이물질 제거 후 Sealing 작업)

또한 코너부분의 압출 바의 형태도 복잡하여 가공, 제작 공차가 많이 발생할 우려가 있으므로 조립용 Sealant 작업에도 특별한 주의가 필요하다.

[그림 47] Glazing Sealant 접착불량에 의한 누수

■ 개폐 창호 설치 불량

Vent부는 항상 개폐가 되어야 하는 부분이므로 기밀성 및 수밀성 확보가 다른 부분보다 중요하므로 정확한 위치에 설치되어야 하나, 설치된 상태가 정확하지 못한 경우에는 기밀, 수밀성 확보가 불가능하다.

Vent창이 정위치에 설치되지 못하는 원인으로는 Hardware(Arm대)의 설치위치가 잘못되는 경우와 Unit 이동시 흔들림 등으로 인하여 제위치를 벗어나는 경우가 있으므로, Unit 제작시 Arm대 취부작업에 특히 주의를 요하며, 이동시에도 Vent창이 흔들리지 않도록 적절한 조치를 취해야 한다.

[그림 48] Vent 창호 설치불량에 의한 누기/ 누수 사례

■ T-Bolt 길이가 짧아 구조적으로 불안정한 상태

Cast In Channel Type의 Embedded Anchor를 적용할 경우 구체(슬라브)의 레벨이 낮아진 상태(사진 참조)에서 일반적인 규격의 T-Bolt를 사용할 경우 Bolt의 길이가 짧게 설치되어 Nut가 풀려 Anchor 고정에 문제가 발생할 수 있다.

최소 여유길이를 확보한 Bolt체결 및 장기적 풀림 방지가 고려된 시공 되어야 한다.

[그림 49] T-Bolt 고정 불량 사례

■ Stack Joint부위의 Air Baffle Sponge 누락

Stack Joint는 Unit System의 커튼월에 있어서 상. 하부 Unit의 Joint가 되는 부분으로서 기밀성, 수밀성이 매우 취약해질 가능성이 높은 부분이다. 따라서 이 부분에 설치되는 Baffle Sponge류는 상부 Unit가 시공되기 전에 빠짐없이 설치되어야 한다.

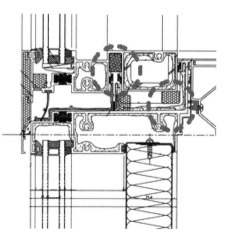

[그림 50] Stack Joint Air Baffle 설치 누락 사례

■ 단열 Panel 주변 기밀처리상태 불량

Spandrel 구간에 설치되는 단열 Panel 주변이 밀실하게 처리되지 않을 경우, 동절기에 실내의 습한 공기가 Spandrel 내부로 유입되어 결로가 발생될 우려가 있다.

실내의 공기가 유입되지 않도록 완벽한 기밀이 유지되어야 한다.

[그림 51] 배면 단열판 기밀 처리 불량사례

■ 복층유리 내부 습기 발생

복층유리의 구성상 2차 Sealant의 두께가 얇아 Sealant가 파손되거나 유리면과의 접착이 불량할 경우에 외부로부터 유리내부로 습기가 유입될 수 있다 하부 Glazing Pocket에 유입수 배출이 잘되지 않은 상태에서 복층 유리 내부 결로 원인이 될 수 있다.

복층유리 2차 실란트의 최소 설계 두께 확보 및 제작시 철저한 Sealant 적용 관리가 필요하며 유입수 배출 Weep Hole 설계 관리 주의가 필요하다.

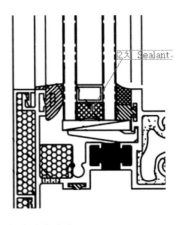

[그림 52] 복층유리 내부 습기 발생 사례

■ Spandrel 구간의 단열 Panel 평활도 불량

Spandrel 구간의 면적이 넓고, 또한 투명유리가 적용된 경우로서 단열 Panel의 평활도가
불량하여 발생된 하자사례로서 단열 판넬의 구성은 1.2mm Gal'v Sheet(외부)의 단열판
넬 이 적용되었다.

Spandrel 구간의 면적이 넓어질 경우 단열판넬을 구성하는 Sheet의 두께를 늘이거나
Sheet의 절곡 등 가공작업에 있어서 주의를 기울여야 한다.

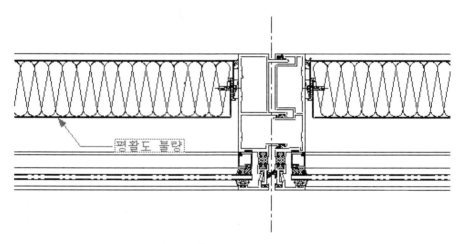

[그림 53] 배면 단열판 불량 사례

5.6 커튼월 유지관리

5.6.1 유지 관리계획시 고려사항

(1) 유지 보수 방법의 종류 및 선정

① Curtail Wall에 작용하는 풍하중, 지진, 또는 기타 외력에 의하여 AL. Frame 손상 및
유리 파손에 대한 유지, 보수 방안이 설계 단계에서 검토되어야 한다.

② 일반적으로 초고층 건물의 커튼월을 보수할 수 있는 방안으로 Gondola를 고려하며
커튼월 Frame을 활용한 설계를 하거나 별도의 보수용 장비를 고려하여야 한다.

(2) 유지 및 보수를 고려한 커튼월 Frame 의 설계

① Curtain Wall 설세 시 연결 브라킷, 볼트 등이 알루미늄 Frame 단면에 영향을 주는 구조적인 문제 해결 및 연결 부위의 기밀, 누수 등의 Curtain Wall 성능을 유지할 수 있도록 충분히 검토되어야 한다.

② 곤도라용 Tie-Back System
　커튼월의 멀리온에 청소용 곤도라를 고정시킬 수 있는 Tie-Back Anchor를 설치하여 유지 관리시 곤도라가 움직이지 않도록 하는 시스템이며 체결상태 내력 검증이 되어야 한다.

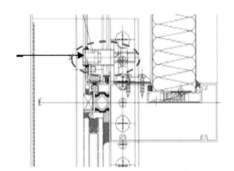 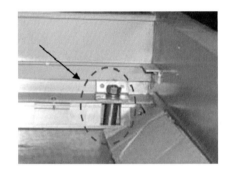

[그림 54] Tie back Anchor 설계 사례

③ 곤도라용 Rail System
　커튼월 멀리온에 곤도라가 수직으로 주행할 수 있도록 Rail을 설치하는 System이다

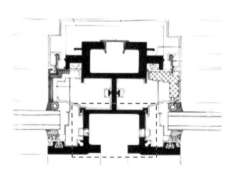 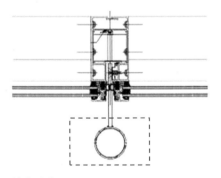

[그림 55] 곤도라 Rail 설계 사례

5.6.2 곤도라 시스템 종류

(1) Parapet Rail System

지붕 바닥에 곤도라 레일을 우선 설치 후 레일에 Davit과 Arm을 고정 후 Cage를 연결하는 시스템으로 가장 일반적인 적용되며 최상층 옥탑은 기본적인 Box 형태로 평면상 레일 설치가 가능하고 입면상 하부층 바닥까지 접근이 용이한 건물입면 조건에 활용사례가 많다.

[그림 56] 곤도라 장비 적용사례

(2) Davit Roof-Car System

옥상 바닥에 레일을 설치하여 곤도라를 운용하는 시스템으로 입면상 Recess 구간이 부분적으로 형성되어 건물형태가 일정치 않은 조건에 적용 된다.

[그림 57] 곤도라 장비 적용사례

(3) Trolley Rail System

- 지붕 Slab에 곤도라 레일을 우선 설치 후 레일에 Davit과 Arm을 고정 후 Cage를 연결하는 시스템으로 Cage는 탈부착이 가능하다.

- 곤도라 및 레일 설치 시 추가 구조 형성 및 레일 Plan 계획 검토한다.

- 레일은 노출 또는 비노출 Type을 설치할 수 있으며 이때 커튼월과 레일 접합부 처리가 검토되어야 한다.

- Arm Sliding System과 병행 적용 한다.

- Recess 구간에 곤도라 Wire의 상하 이동 시 커튼월과의 간섭 발생 여부 검토 필요하다.

- 입면상 Recess 깊이가 상당히 커서 상부(지붕) 곤도라를 사용할 수 없는 구간에 일반적으로 적용한다.

(4) Regular Davit System

별도의 레일 없이 Davit과 Arm으로만 형성되는 System으로 10층 내외의 중소규모 건물에서 주로 사용하며 레일이 없으므로 Cage에 설치된 바퀴로 이동하며 주로 저층부 돌출 구간에 적용된다.

[그림 58] 곤도라 장비 적용사례

5.6.3 곤도라 시스템 적용 검토 사례

(1) 평면에 적용 System 검토

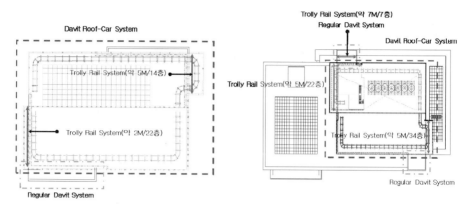

[그림 59] 곤도라 시스템 적용계획(평면Access)

(2) 입면에 적용 시스템 검토

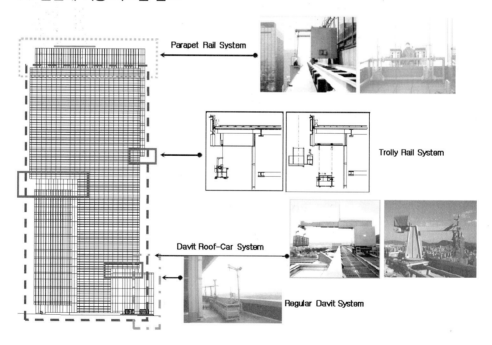

[그림 60] 곤도라 시스템 적용계획(입면Access)

Building curtainwall

다양한 커튼월

(Various Curtain Wall System)

—

6.1 ◢ 구조용 유리 시스템

6.1.1 서론

(1) 설계의 기본적 접근

기존의 커튼월 방식에서 새로운 형태의 글라스 파사드를 구성하여 좀 더 독특하고 안전성을 유지하면서 개선된 시야를 확보할 수 있는 방법이 그 동안 건축가를 중심으로 건축주의 요청과 엔지니어들의 부단한 노력으로 개선 발전되어 왔다. Structural Glass System, 즉 구조용 유리 시스템은 유리 그 자체로서 구조재의 역할을 할 수 있도록 부재가 설계되고 사용되는 것으로, 전면 파사드(Structural Glass Facade)로서 역할을 수행한다.

[그림 1] 구조용 유리 시스템의 설치 예

유리의 가공 방법과 불확실한 유리의 구조적 연결문제 등은 계속해서 연구 개선되어 왔고, 하드웨어의 다양한 적용으로 글라스 파사드에 사용되는 접합방식의 성능 충족과 더불어 디자이너들의 욕구를 충족시켜 왔다.

따라서 다양한 구조 형태의 구조용 유리 시스템이 검토되고 현장에 설치되었으며, 안전성에 대하여도 사용자 입장에서 확신을 주게 되어 우리나라를 비롯해 유럽과 미국, 일본에서 다양한 형태로 출현하였다. 현재 구조용 유리 설계의 기준은 그때의 필요에 의해서 각각의 규준에서 인용하게 된다. DIN 18008, OORM 2716, AS1288-2006, prEN 13474-1, prEN 13474-2, prEN 13474-3 등에서 부분적인 내용을 인용하고 있는 실정이다.

설계 방법(Design Method)은 몇 가지로 분류할 수 있다. 어떠한 설계 방법을 적용하든 실제 상황과 예측 상황의 결과가 정확하게 일치할 수 있도록 요구된다. 그 중 예를 들면 허용 응력 설계법(Allowable Stress Based Design Method)을 들 수 있다.

$$\sigma_E \leq \sigma_{adm} \qquad\qquad\qquad 식\ 6\text{-}1$$

σ_E = 판유리 면에서 발생하는 최대 응력

σ_{adm} = 각종 계수와 안전율을 고려한 판유리의 허용 응력

이러한 허용 응력은 부재의 크기에 따른 효과, 환경적 요인, 재하의 기간, 상세하게 분류된 실패 가능성까지 고려된 것이어야 한다. 이러한 면에서 독일의 TRLV2006, TRAV 2003 규정은 이러한 취지를 고려하고 있다.

이러한 허용 응력법은 유리에 기계적 영향을 주는 실질적이고 물리적인 현상은 고려되지 않고 있다. 하나의 총괄적인 안전율은 분산되고 불확실한 영향을 주는 인자들을 고려할 수가 없다. 비선형적이거나 불안전성에 적합하지 않으며 정확한 접근성에는 한계가 있다.

[표 1] 유리 종류에 따른 허용 응력 예(by TRLV)   단위: Mpa

	수직 설치(Vertical Glazing)	수평 설치(Overhead Glazing)
비강화 유리 (Annealed Glass(ANG))	18	12
완전강화 유리 (Fully Tempered Glass(FTG))	50	50
접합 유리 (Laminated ANG)	22.5	15(*25)

[표 2] 유리 종류에 따른 허용 응력 예 (by Pilkington)

하중 타입 (Load Type)	하중 종류 (Loading Example)	비강화 유리 (Annealed Glass(Mpa))	강화 유리 (Fully Tempered Glass(Mpa))
Short-term Body Stress	Wind	28	59
Short-term Edge Stress	Wind	17.8	59
Medium Term	Snow	10.75	22.7
Medium Term	Flow	8.4	35
Long Term	Self-weight, Water, Shelves	7	35

사용되는 응력 값이 정해진 응력(허용) 값보다 적어야 하는 관계가 된다.

이러한 내용은 독일의 TRLV2006, TRAV2003 등에 명시되어 있다.

또 하나의 예는 DELR(The design method of damage equivalent load and resistance)의 방법에 의한 것이다. 이 방법은 유럽에서 최초로 적절하고 투명한 방법으로 규정된 유리의 특성을 고려하여 제시된 것이다.

각각의 인자에 안전계수를 적용한 것이다.

$$\sigma_{max,d} \leq \frac{\sigma_{bB,A_{test},k}}{\alpha_\sigma(q,\sigma_V) \cdot \alpha(A_{red}) \cdot \alpha(t) \cdot \alpha(S_V) \cdot \gamma_{M,E}} + \frac{\sigma_{V,k}}{\gamma M,V} \qquad \text{식 6-2}$$

이 방법은 현재 유럽에서 선호되어 적용하는 방법 중 하나이다. 적지 않은 응력변형 (Deformation)에서 적용할 수 있는 비선형 해석에도 포함이 가능하다. 이 방법은 당초에 유리판에 대하여 개발되었지만 유리 보(Glass Beam)에도 적용이 가능하다. 위 식의 각 인자를 보면 유리의 강도에 영향을 주는 인자들이 많은 것을 알 수 있다.

또 하나의 유럽 기준인 prEN 13474에서의 방법은 다음과 같다.

$$\sigma_{eff,d} \leq f_{g,d} \qquad \text{식 6-3}$$

현재 유럽에서 논의되고 있는 또 한 가지 방법은 근본적으로는 DELR의 방법과 유사한 방법이다. 이는 현재까지 논의가 계속 진행되고 있으며 아직 초안상태에서 검토되고 있다.

안전하게 검증된 효과적인 발생응력($\sigma_{eff,d}$)은 디자인 허용유효응력(Allowable Effective Stress for Design)인 fg.d보다 작아야 한다.

$$\sigma_{eff,d} = \left[\frac{1}{A} \int_A \left(\sigma_1(x,y) \right)^\beta dx dy \right]^{1/\beta}$$

$$f_{g,d} = \left(k_{mod} \frac{f_{g,k}}{\gamma_M \cdot k_A} + \frac{f_{b,k} - f_{g,k}}{\gamma_V} \right) \cdot \gamma_n \qquad \text{식 6-4}$$

(2) 기타 규준

판유리의 수직 수평적 적용에 따른 규준은 유럽의 prEN 13474, 독일의 DIN 18008, TRLV 2006, 미국의 ASTM E 1300, 영국의 BS 6262를 들 수 있다. 유리의 바닥 지붕 또는 수평적 적용에 대하여는 독일의 TRLV에 규정되어 있다.

유리가 구조용으로 사용된 형태와 기본 메커니즘을 알아보고 기존의 기술적 사항을 정리함과 동시에 구조용 유리 시스템의 발전된 형태를 모색하고자 한다. 강화유리의 경우 평균 160N/mm² 정도에서 파손이 발생한다. 따라서 국제적으로 통용하는 강화유리의 허용 응력(Allowable Stress) 값은 안전율을 3으로 하여 50N/mm²를 인용하여 사용하고 있다. 앞서의 [표 2]는 Pilkington에서 인용하여 사용하는 값이며, [표 1]은 독일(TRLV)을 비롯하여 유럽 각국에서 사용하고 있는 기준 값이다. 국내에서도 이 값을 기준으로 사용하고 있다.

6.1.2 구조용 유리의 기본

(1) 구조용 유리 적용

구조재로서 유리의 적용은 다음 그림과 같이 기둥, 보, 전단벽으로 사용될 수 있다. 다른 건축의 주재료와 마찬가지로 구조 부재로서 가져야 하는 충분한 강도와 변형에 저항하여야 하는 근본적 요구 속성은 같다고 할 수 있다.

구조용 유리 시스템의 등장은 개선된 시야를 확보할 수 있는 방법으로 독특한 디자인이 요구되었다. 시야 확보를 위하여 기존에 사용되던 프레임 없이 나름대로 간결한 형태를 제시하였다. 예를 들어 영국의 타워 팰리스 투명성(Transparency)과 간결함(Simplicity)을 보여준다.

[그림 2] 타워 팰리스(영국)

(2) 모티브

거슬러 올라가면 구조용 유리에 많은 모티브를 가져온 프로젝트가 있다. 그 중의 하나가 윌리스파비 앤 듀마본사(The Willis Faber & Dumas Building(Foster Architect))이다.

[그림 3] 윌리스파비 앤 듀마본사(The Willis Faber & Dumas Building)

이 형태는 캔티레버 Glass Fin이 수평하중을 견디도록 고안되었으며, 이러한 형태가 한동안 유행을 타기도 하였다.

또 하나 언급할 수 있는 프로젝트가 독일의 켐핀스키 호텔(1993. Murphy/Jahn Architects with Schlaich Bergermann and Partners)이다. 구조용 유리 분야에서 케이블 망(Cable Net)이라고 불리는 이 형태는 설계자의 원초적 바람이 그대로 반영되어 있다고 볼 수 있다. 이 형태는 수평 수직 케이블이 교차하고 있으며 프리텐션을 도입하여 교차점에서 유리판을 고정하는 구조이다. 매우 얇은 박막의 구조이기 때문에 긴 스판에서 휘는 정도가 커서 설계 풍하중(DWL)에서 90 cm 정도가 휜다. 그 후 이 형태는 많은 프로젝트에서 응용되고 적용되었다.

[그림 4] 켐핀스키 호텔(Kempinski Hotel)

6.1.3 구조용 유리 시스템의 변천

(1) 볼트 체결의 변화

구조용 유리 시스템의 기술적 중요 안건의 하나는 유리를 구조적으로 안전하게 연결하는 방법의 제안과 개발이다.

다음의 설명은 초보적 그림의 제시지만 유리의 응력을 어떻게 제어하려고 하였는지를 이해하는 데 도움이 된다. 유리를 사용 목적에 부합하도록 접합하는 방법은 기계적 접합(Mechanical Fixing)과 접착 접합(Glue Connection)이다. 기계적 접합은 유리와 금속이 접촉하여 하중을 전달하게 되므로 접촉면의 효율과 재질이 매우 중요하다. 다음의 그림은 유리와 볼트가 어떠한 순서로 이러한 것들이 개선되었는지를 보여 준다.

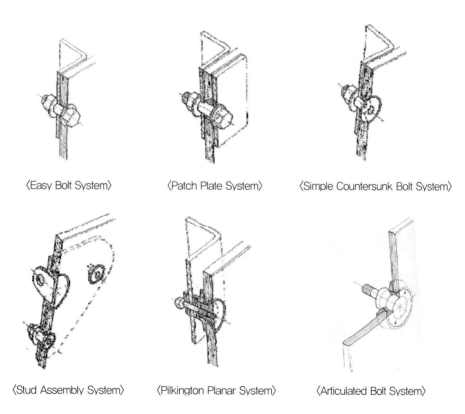

〈Easy Bolt System〉   〈Patch Plate System〉   〈Simple Countersunk Bolt System〉

〈Stud Assembly System〉   〈Pilkington Planar System〉   〈Articulated Bolt System〉

[그림 5] 유리의 체결 방법의 변천

(2) 유리의 기계적 적합(Glass Connection)

■ 클램프 타입(Clamp Type)

유리판의 코너 혹은 유리면의 엣지(Edge) 부분에 금속재의 플레이트(Plate)로 유리를 잡아주는 기법이다. 유리판의 종류와 크기와 적용하중에 따라 적정한 크기와 개수를 선정할 수 있다. 이 형태는 유리의 풍압에 대응하게 되며 유리면 내의 하중에 저항하도록 되어 있지 않다. 독일 규정에는 최소 접촉 면적에 대한 언급이 되어 있다.

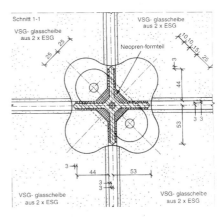

[그림 6] 컴퓨터 시뮬레이션의 예　　　　　[그림 7] 클램프 타입의 예

포인트 픽싱(Point Fixing) 형태와 다른 점은 유리에 홀 가공이 없어 유리의 열적 성능을 유지하는 데 좀 더 유리할 수 있다는 사실이다. 필요에 따라 까다로운 코팅을 할 수 있으며 공기층에 원하는 기능의 가스 충전도 가능하다

■ 마찰접합(Friction Grip Connection)

마찰력을 이용하여 하중을 전달하는 방식이다. 마찰력을 이용하므로 면내로 이동하는 하중에 저항할 수 있다. 유리와 금속 플레이트를 연결하는 볼트에 인장력이 도입되며, 이에 따라 유리면과 금속면에 마찰이 발생하게 된다. 물론 유리와 금속판이 직접 닿게 하면 안된다. 충분한 마찰력을 유지하며 볼트의 인장력으로 인한 판의 압력에 충분히 견딜 수 있어야 한다. 이러한 이유로 알루미늄이나 파이버는 1mm 정도 두께의 재질을 사용한다. 접합유리에서 마찰접합(Friction Grip Connection)이 시도 되어 왔다. PVB 필름의 특성 때문에 도입되는 인장력에 의한 눌림이 지속되게 되고, 면 내 방향으로 변위가 크게 되어 결과적으로는 마찰력이 유지되기 어렵게 된다. 이러한 문제점을 제거하기 위하여 다양한 시도와 실

험이 이루어졌으며, 가능성 있는 해법은 PVB 필름 대신에 마찰면(Friction Grip)이 위치하는 곳에 금속판으로 대치하여 사용하는 방법이다. 후에 기술되는 볼트접합(Bolt Connection) 보다는 재료의 단면을 효율적으로 사용할 수 있고 제대로 예상할 수 있다면 볼트접합보다 안정적이다.

[그림 8] Friction Grip (좌: 접합유리, 우: 단판유리)

■ 볼트접합

이 방법은 가장 효율적인 접합이라고 말할 수는 없지만 현재까지 광범위하게 사용되고 있다. 여러 형태가 개발되었고 가장 효율적인 단면과 사양이 어떤 것인지에 대한 논의도 활발하다. 가장 중요한 요점은 여러 개의 볼트를 사용 시 하중의 배분이 제대로 되어 골고루 접촉점에서 예상되는 응력이 발생하고 있느냐의 여부이다. 정확한 계산과 가공 방법까지 필요한 부분이다. 따라서 국부적으로 발생하는 높은 응력의 발생을 막아야 한다. 이러한 조치는 유리보다 탄성계수(Modulus of Elastic) 값이 낮은 재료를 사용함으로써 시작할 수 있다. 따라서 사용할 수 있는 재료로는 이피디엠(EPDM), 피크(PEEK(Polyether Ether Ketone)), POM(Polyoximethylene) 혹은 적절한 케미컬 충진재가 있다.

볼트(Bolt)와 유리 홀의 간격(Clearance)은 홀에서 발생하는 응력에 영향을 주게 된다. 간격이 크게 되면 응력집중이 커지게 되며 최대 발생응력의 위치가 변할 수도 있다. Clearance가 거의 없는 홀의 경우와 약 2mm 정도의 간격이 있는 경우에는 알루미늄의 경우에는 약 66%의 응력 증가가 있고, POM의 경우에는 39%의 응력 증가가 있었다. 유리의 홀과 유리 엣지와의 거리는 유리 홀에 발생하는 응력에 영향을 준다. 또한 사용되는 부싱(Bushing)의 재질에 따라 발생하는 응력은 다르지만 이러한 차이는 간격(Clearance)이 매우 엄격하다면 줄어든다.

Bushing 재질과의 마찰력도 발생 응력에 영향을 줄 수 있다. 당연히 편심하중을 받는 경우 에는 최대 주응력을 증가시킬 수 있다.

다음의 설명에서는 유리 홀에 하중 작용 시 발생하는 응력의 메커니즘을 보여 준다.

또한 베젤 접촉면의 조건은 약한 고무 재질의 E = 5~20N/mm²의 경우는 간격오차를 0.01 mm로 하며 피오엠(POM)의 경우는 E값이 약 3000N/mm²로서 간격오차를 0.0001mm로 세팅한다. 알루미늄의(E=70000N/mm²)의 경우는 더욱 적어져서 접촉 Tolerance는 0.000001mm로 한다.

■ 압축력과 인장력 적용 시 유리홀에서 발생하는 응력 평가

다양한 크기와 형태로 삽입되어 사용되는 베젤 주변의 유리홀에서 발생하는 응력값을 Midas FEA의 결과값과 비교한다.

〈사양: 12mm 300x680mm, 10KN의 집중하중, 유리홀 직경 40 mm〉

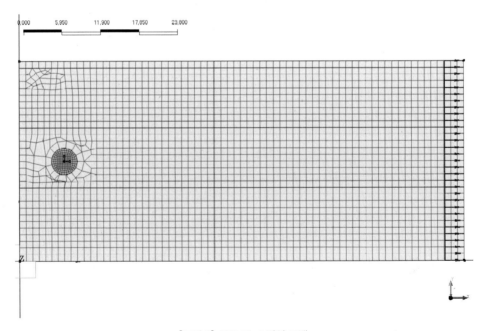

[그림 9] FEA Mesh작성 모델

유리홀과 0.1 mm의 간격(Clearance)이 있다고 가정하여 볼트를 고정하고 10kN의 하중을 등분포하중으로 치환하여 유리에 재하하여 실제로 유리홀에 10kN의 하중이 볼트(Bolt)를 통하여 재하되는 것으로 한다.

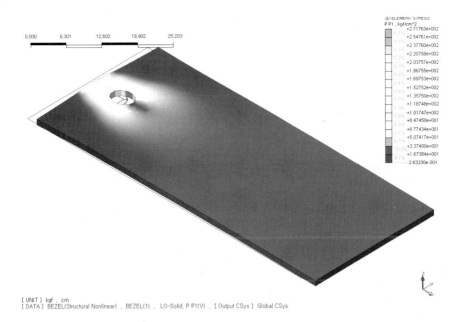

[그림 10] 주응력 발생 결과

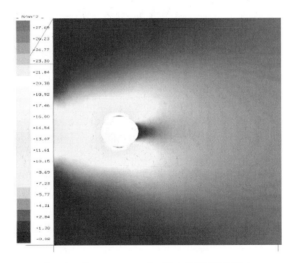

[그림 11] SJ-MEPLA에 의한 주응력 발생 결과

[표 3] 발생응력 값 비교

분류	결과 값	비교
Midas FEA	272kg/cm²	272kg/cm²
계산식	27.7Mpa	282kg/cm²
SJ-MEPLA	27.7Mpa	282kg/cm²

[표 3]은 각 산출 방법에 따른 결과 값이다.

■ 점탄성 막의 효과(Effect of Viscos—elastic Interlayer)

두 장의 유리 사이에 있는 접착 막의 역할은 두 장의 유리가 일체화되도록 기능을 발휘 하지만 물성 특성 때문에 제약이 있기 마련이다. 즉 형태는 일치되어 보이지만 기능적으로 는 일체화되어 움직이지 않는다. 이러한 영향에 대하여는 각각의 규준에서, 즉 ASTM E1300-09의 경우는 줄어든 두께의 등가 두께로 환산하도록 되어 있으며 AS 1288-2006의 경우에는 등가 두께에 대한 언급이 없다. 점탄성 막의 경우 PVB의 예를 들 수 있으며 이것 은 온도와 하중의 재하 기간에 영향을 많이 받는다. 즉 하중의 재하 기간과 온도에 따라 중간막 전단탄성계수(G_{int})의 값이 다르게 된다.

기본적인 식은 다음과 같다. 아래의 표는 하중 기간에 따라 G값이 크게 변하는 것을 알 수 있다.

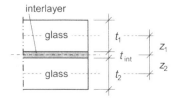

[그림 12] 접합 유리의 구성

$$t_{eff} = \sqrt[3]{h_1^{\,3} + h_2^{\,3} + 12\Gamma I_s}$$

$$I_s = \frac{(z_1 + z_2)^2 (h_1 h_2^{\,2} + h_2 h_1^{\,2})}{h_1 + h_2} \qquad \text{식6-5}$$

$$\Gamma = \frac{1}{1 + \pi^2 \dfrac{EI_s h_v}{G_{int}(z_1 + z_2)a^2}} \qquad \text{식6-6}$$

'h_1, h_2=t_1, t_2 : 각각의 유리 두께

G_{int}: 중간막 전단 탄성계수

't_{int} =h_v: 중간막 필름 두께

[표 4] 온도와 재하 기간에 따른 G값의 변화

재하기간 (Load Duration)	모름 (Unknown)	김 (Long)	짧음 (Short) 〈 180 s	매우 짧음 (Very Short) 〈 10 s
온도 (Temperature[℃])	Unknown	~22	~22	~22
Comment	Conservative Assumption: 전단결합 없음. (No Shear Interaction)	자름 (i.e. Self-weight)	풍하중 (i.e. Wind Gust Loads)	충격하중 (i.e. impact Loads, Almost) 전단결합 있음. (Full Shear Interaction)
전단탄성계수 (G [Nmm^2])	0	0.01	1	4

이러한 물성을 개선하여 만든 중간막 필름은 아이아노플라스트(Ionoplast) 중간막의 상품명인 SentryGlas®라는 제품이다. 이 제품은 온도와 재하 기간에 따른 그 동안 PVB중간막이 갖고 있던 단점을 개선했다고 할 수 있다. 이에 관한 내용은 쿠라레(Kuraray) 사에서 제공하는 온도 및 재하 시간 별 물성 특성치 값에 정확하게 나와 있다.

다음 그림은 필름 종류에 따른 발생응력과 처짐 값을 비교한 시뮬레이션 결과이다. 사용되는 필름 종류(PVB, SGP)에 따라 발생응력과 처짐 값에 차이가 있는데, 그림에서처럼 온도 조건에 더 큰 전단탄성계수(G) 값을 유지하는 SGP필름을 사용한 접합유리에서 응력 값과 처짐 값이 더 작게 나왔다.

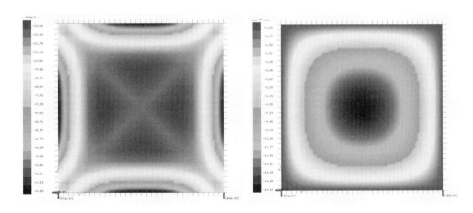

[그림 13] PVB필름을 사용한 판유리의 발생응력과 처짐

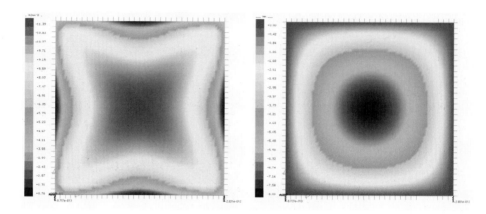

[그림 14] SGP필름을 사용한 판유리의 발생응력과 처짐

[그림 13]과 [그림 14]는 PVB와 SGP필름의 특성 차를 보여준다.

유리의 구성은 2000mmx2000mm의 6mm 두께의 판유리 두 장을 접합하였고 판유리의 하중은 풍하중을 적용하여 각각 180 kg/m²을 적용하였다. 아울러 각각의 필름은 50°C에서 재하 기간 3초 조건의 G값을 적용하였다.

[표 5] 사용 필름의 조건에 따른 접합유리의 거동 비교

유리의 구성 (13.52접합유리)	유리 규격 (mm)	풍하중 (kg/m²)	최대발생 응력 (Mpa)	최대발생 처짐 (mm)
6mm+1.52PVB+6mm	2000x2000	180	13.06	14.62
6mm+1.52SGP+6mm	2000x2000	180	11.39	8

유리보(Glass Beam)가 휨 하중을 받을 때 측면 뒤틀림이 시작하는 순간 내력은 급격히 저하된다. 사각단면 유리보의 임계모멘트 M_{cr}은 다음 식과 같이 산정하여 볼 수 있다. 즉 유리보 혹은 글라스 리브(Glass Rib)의 최대 발생 모멘트 M_{max}는 임계 모멘트 M_{cr} 값보다 작아야 한다. 즉 $M_{max} < M_{cr}$이어야 한다.

$$M_{cr,LT} = C_1 \frac{\pi^2 EI_z}{L_{LT}^2} \left[\sqrt{C_2 z_a + \frac{GK\ L_{LT}^2}{\pi^2 EI_z}} + C_2 z_a \right]$$

식 6-7 Luible계산식

E : 탄성계수,

I_z : z축 2차 모멘트,

G : 전단 탄성계수

L_{LT}: 구속되지 않은 지점까지의 거리,

C_1, C_2 : 조건에 따라 표에 지적된 계수

K: Torsion계수

Z_a: 무게중심과 재하되는 지점까지의 거리

[표 6] Buckling factor

모멘트(Bending Moment)	C_1	C_2
일정 상수(Constant)	1.0	-
직선형(Linear (Zero at Mid Span))	2.7	-
포물형(Parabolic (Zero at Both Extremities))	1.13	0.46
삼각형(Triangular (Zero at Both Extremities and Maximum at Mid Span))	1.36	0.55

이 식에서 I_z는 유리의 유효 두께를 반영하게 되면 전술한 것처럼 중간막의 재질과 온도 조건 재하 시간에 따른 물성 값이 유효 두께 산정에 중요한 요소가 된다.

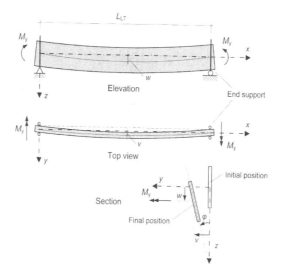

[그림 15] 재하 중인 유리보의 거동

여기서 또 다른 식을 제안하면 다음 식과 같다.

$$M_{cr,LT} = \frac{\pi}{L_{cr}} \sqrt{EI_z(t_{eff}) \, GJ(t_{eff})} \, \sqrt{1 + \frac{\pi^2 EI_w}{L_{cr}^2 GJ(t_{eff})}}$$

식 6-8

J : Torsion 계수(유효 두께에 따른), G : 전단탄성계수
I_w : 복합단면의 Warp 계수(유리의 경우 국부적으로 발생할 수 있는 Warp에 의한 영향은 무시)

I_w에 관한 설명이 유효하다면(유효 함) 전술한 식은 다음과 같이 설명 된다.

$$M_{cr,LT} = \frac{\pi}{L_{cr}} \sqrt{EI(t_{eff}) \, GJ(t_{eff})}$$

식 6-9

만약에 M_{cr}을 알고 그에 합당한 유효등가 유리 두께를 산정하는 것은 다음과 같은 식으로 유추될 수 있을 것 이다.

$$t_{eff} = \sqrt[6]{\frac{36}{GEL_{cr}^2}\left(\frac{M_{cr}L_{cr}}{\pi^2}\right)}$$

식 6-10

다음의 식은 AS 1288-2006에서 언급되어 있는 식이다. 기본적으로 안전율을 1.7로 산정하고 있다. 하지만 중간막의 사용으로 인한 유리의 유효 두께 산정 값이 반영되어 있지 않다. 실제 테스트 값과 일치하지 않을 수 있으므로 거의 사용하지 않는다.

M_{CR} $= (g_2/L_{ay})[(EI)_y(GJ)]^{1/2}[1 - g_3(y_h/L_{ay})[(EI)_y/(GJ)]^{1/2}] \cdots$ I where

M_{CR} = critical elastic buckling moment

g_2, g_3 = constants obtained from Table H2

L_{ay} = distance between effectively rigid buckling restraints (span of beam)

(EI_y) = effective rigidity for bending about the minor axis

(GJ) = effective torsional rigidity

y_h = height above centroid of the point of load application

식 6-11

마찬가지로 여기서 유리보의 임계 모멘트 산정방법을 비교할 수 있다.

산출하는 방법은

- 유효 등가 두께를 계산 후 식6-7의 Luible식을 이용하거나

- [그림 16]과 같이 FEA프로그램을 사용하여 접합유리의 접합필름 특성을 입력 모델링하여 임계 모멘트 값을 구하는 방법이 있다

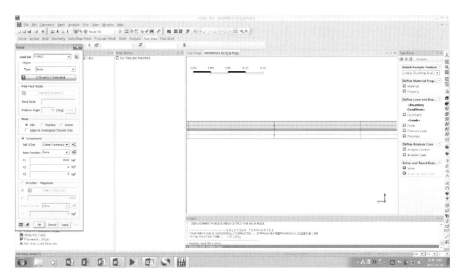

[그림 16] 접합유리의 모델링

[표 7] 유리 구성에 따른 임계모멘트 결과 값

유리 구성	FEA결과 값
19mm	20.6KN.m
10mm+1.52PVB+10mm	8.2KN.m
10mm+1.52SGP+10mm	19.3KN.m

위의 [표 7]은 50°C의 온도조건에서 3초간 재하 시의 SGP필름의 특성을 반영한 것이다.

6.1.4 구조 해석 방법 및 모델링

(1) 비선형 해석(Geometric Non-linearity)

다른 부자재와 비교하여 유리는 비교적 휨(Deflection)이 크다(통상 유리 두께 이상으로 휨이 발생하는 경우를 말한다). 판유리면의 수직방향으로 하중을 받으면 판유리의 하중 증가로 인한 처짐이 커질수록 유리의 강성(Stiffness)을 높이는 유리 면내 방향 응력 혹은 막(Membrane)응력이 주변으로 퍼지게 된다. 비선형의 양태는 큰 처짐에서도 상대적으로 작은 응력이 발생하게 되는데 선형에서 보다 큰 처짐과 작은 응력 값을 보이게 된다.

이러한 결과는 실제 평가 방법에서도 증명되고 있다.

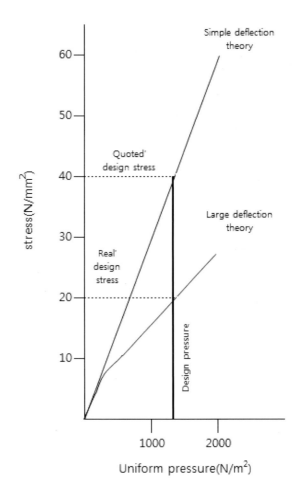

[그림 17] 비선형에서의 하중에 따른 응력 곡선

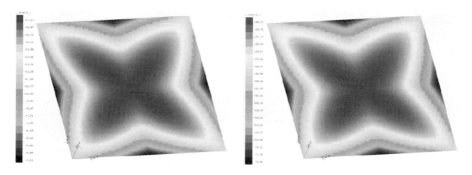

[그림 18] 선형 해석에 의한 응력 값과 응력 분포(하중: 180kg/m², 360kg/m²)

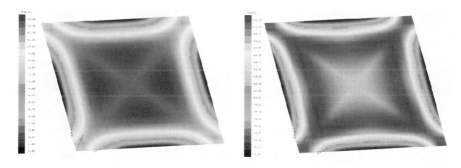

[그림 19] 비선형 해석에 의한 응력 값과 응력 분포(하중: 180kg/m², 360kg/m²)

선형과 비선형의 해석은 [그림 18]과 [그림 19]가 같은 경향을 보인다. [그림 18]의 우측 형상은 하중이 증가하면서 동일 요소 위치에 발생 응력이 비례해서 커지는 것을 보인다. 반면에 [그림 19]에서는 하중이 증가하면서 응력이 유리의 엣지 부분으로 증가하여 전달되는 것을 보인다. 이 경우는 유리 표면 전면에 응력이 분포하는 양상을 보이게 된다. 설계자가 유리를 설계한다면 각국의 기준을 사용하게 되는데 적용하는 기준에 따라 결과로 나오는 사용 두께 값이 달라지게 된다. 설계자는 분명히 이러한 관점에서 계산식에 대한 확신이 있어야 한다. 결과적으로 선형 해석 방법은 비선형 해석 방법과 비교해서 동일하중에 보다 큰 응력값을 보인다. 결과치에서는 보수적으로 보이므로 좀더 안전할 수 있다고 생각할 수 있지만 컴퓨터 프로그램의 발전과 사용 유리의 변형이 크게 발생하는 현실에서 비선형 해석 방법의 적극적 도입이 모색되어야 하는 시점이 아닐까 한다.

이러한 현상은 변형이 유리 두께의 1/2 이상 발생 시 시작된다. 유리의 두께를 감안 한다면 대부분 사용할 때는 유리는 비선형적으로 동작하게 되며, 동시에 표면층에 응력(Membrane Stresses)이 발생하게 된다.

[그림 19]에서와 같이 [그림 18]의 선형 해석보다 발생응력 값이 작아지게 된다.

(2) 유한요소 해석(Finite Element Analysis)

일반적 글레이징 외에는 유리의 형태 지지 방법 등이 매우 다양하여 우리가 생각하는 수작업으로는 계산이 불가능한 경우가 많다. 최근에는 경제적으로 개인용컴퓨터 시뮬레이션으로 여러 종류의 다양한 프로그램이 개발되어 있다. 해석 방법에 따라 결과는 실제상황과 매우 달라질 수 있기 때문에 해석 시에는 주의하여야 한다. 일반적으로 유리를 해석하는 데 있어서 중요사항을 나열하면 다음과 같다.

- 응력이 집중되는 유리홀이나 단속 지점의 경우 메시의 밀도는 다른 곳보다 세밀하여야 한다.
- 생성된 메시의 결과는 해석에 의하여 얻어진 값에 영향을 주지 않는 추가적 메시 정렬을 수행하는 수렴테스트에 의하여 증빙되어야 한다.
- 스틸과 같이 유리보다 단단한 재질은 라이너(Liner), 가스켓(Gasket), 부싱(Bushing) 등으로 사용 시 직접 접촉이 될 수 없게 나일론, POM, 알루미늄, EPDM 등으로 차단해야 한다. 한 가지 중요한 고려 사항은 고정점에서의 모델링 시 접촉표면과 비접촉면에서 압축력이 전달되도록 하며 틈을 통해 인장력이 전달되지 않도록 한다. 이러한 조치는 접촉 엘리먼트 혹은 접촉할 것인지 말 것인지에 대하여 미리 규정함으로써 가능하다.
- 상세는 주의 깊게 모델링 되어야 한다. Point Fixing의 경우 주어진 회전 강성과 일치하여야 한다. 즉 완전 자유 각도로 회전하는지 제한된 각도로 회전하는지를 지정해야 한다.

(3) 하이브리드 빔

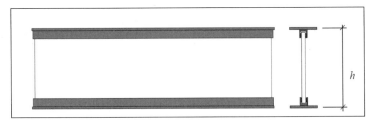

[그림 20] 하이브리드 빔의 개요

[그림 21] 하이브리드 빔의 재하시험

위의 그림은 플랜지가 스틸이고 웨브재가 유리인 하이브리드 보를 보여준다. 발생하는 인장력을 효율적으로 상하부 플랜지가 받아주도록 하고 있다. 어차피 구조적 역할을 할 수 있는 것은 플랜지와 웨브가 일체로 거동하는 것인데 접합방법이 주요한 기술적 수단이 된다.

이러한 복합재료의 기능적 능력 결과를 얻어내는 방법은 실제 크기의 시료를 제작하여 테스트해 보는 것이다. 하지만 이는 설계에 반영하는 객관적 데이터를 얻는 데는 신뢰를 가지지만 비용과 시간을 고려하면 프로젝트 특성상 불가능할 경우도 있다. 이러한 경우 유한요소 해석(Finite Element Analysis) 방법이 유용하게 사용될 수 있다.

(4) 유리의 처짐

[표 8]에서는 유리에 관련한 처짐의 규정을 보여 준다. 유리는 고정되는 유리의 엣지 상태가 중요한 조건이 되며, 특히 유리를 지지하는 지지프레임의 강성은 유리를 설계하고 응력을 예측하는 데 중요한 요소가 된다.

유리의 지지프렘임이 지나치게 처진다면 유리면에 예측하기 어려운 응력이 발생한다. ASTM에서는 L/175로 규정한 반면, prEN13474-1,2에서는 L/200으로 규정하고 있다. 판유리 하중의 처짐에 대한 규정은 AS1288-1994에 규정되어 있다. 구조용 유리의 설계에 있어서는 허용하는 응력 이내로 설계하는 추세여서 처짐에 대한 강제 규정은 미약한 상태다. 물론 처짐이 과도하게 발생하면 풀아웃(Pull-out) 현상으로 인한 유리의 내구력 저하 등이 우려된다.

유리 캐노피나 지붕의 유리를 설계 시공 시에는 좀더 엄격한 주의가 요구된다. 앞서 설명한 것처럼 유리를 사용(특히 창호용)할 때는 유리 두께 이상의 처짐이 발생하는 경우가 많다. 물론 처짐의 양을 극히 적게 조정할 수 있으면 가능하지만 대부분의 경우는 그렇지 못하다. 두께 이상의 변형이 발생하는 순간부터 판유리는 비선형으로 응력양태를 보이기 시작한다. 특히 복층유리 사용 시 변 지지 조건이 일반적이지 못할 경우에는 제조자의 의견이 중요하다. [표 8]은 각국에서 사용하는 규준에 명시된 내용들이다.

[표 8] 처짐에 대한 규정

Document	Deflection limits	Notes
BS 6262	L/ 125 (single glazing) or L/ 175 (insulating glass units)	Allowable deflections of the edges of four edge fully supported glass
BS 5516	Single glazing: (S2×1000)/540 or 20mm, whichever is the less	Allowable deflections of the edges of 2 edges supported glass where S= span (m) of supporting edge
BS 5516	Hermetically sealed double glazing: (S2×1000)/540 or 20mm, whichever is the less	Allowable deflections of the edges of 2 edges supported glass where S= span (m) of supporting edge
BS 5516	Single glazing: 8S	Allowable deflections of the edges of 4 edges supported glass where S= span (m) of supporting edge (S ≤ 3m)
BS 5516	Single glazing: 12 + (4S)	Allowable deflections of the edges of 4 edges supported glass wher S= span (m) of supporting edge (S 〉 3m)
BS 5516	Hermetically sealed double glazing: (S×1000)/175 or 40mm, whichever is the less	Allowable deflections of the edges of 4 edges supported glass wher S= span (m) of supporting edge
CAN/CGSB 12.20-M89	L/175	Deflection of mullions simply supported at the comers of a glass plate
AS 1288~1944	L/150 (buildings 〈 10m high) or L/240 (buildings 〉 10m high)	Deflection of mullions simply supported at the comers of a glass plate
AS 1288~1944	L/60	Deflection of unframed toughened glass under design wind loading
DTU39	L/60 (변지지 중앙부) L/100 (비지지 Edge부분 단판유리) L/150 (비지지 Edge부분 복층유리)	중앙부는 최대 3mm Edge부는 최대 50mm

TRLV			
	설치	지붕	수직
	4변	L/100	해당 없음
	2~3변	단판 자유단의 L/100 복층 자유단의 L/200	비지지변(자유단)의 L/100 비지지변(자유단)의 L/100

Document	Deflection limits	Notes
ASTM E1300-94	L/175	Deflection of supports of edges of glass under design load
ASTM E1300-94	19mm	Deflection of glass (not mandatory)
AAMA skylight and sloped glazing, 1987	$Dg=0.4(Lg/100)^2$ (insulating glass units)	Dg=max allowable deflection in inches and Lg =span of glass edge in inches
AAMA skylight and sloped glazing, 1987	$Dg=0.4(Lg/100)^2$ (othe types of glass)	Dg=max allowable deflection in inches and Lg =span of glass edge in inches
GANA Glazing manual, 1997	As ASTM E1300	warns that 'excessive deflection can cause poor performance of glazing gaskets or tapes and glass-to0metal contact, causing glass breakage'.

AAMA: American Architectural Manufacturers' Assoclation

GANA: Glass Association of North America

참고로 AS1288-1994에선 L/60을 추천하고 있다. 스파이더 시스템의 생고뱅(SaintGobain)에서는 단판유리의 경우는 L/100, 복층유리의 경우는 L/150을 규정하고 있으나 구조용 유리 설계자는 합리적인 설계 지침을 제시할 수도 있으며, 바닥 판유리설계와 지붕 (캐노피)유리 설계는 첨가하여 고려할 것이 많다. 이 외의 전면부 파사드의 설계 시에는 전면부 유리의 처짐을 심각하게 고려하지 않는다.

6.1.5 구조용 유리 설계의 기본 5R원칙

기술이 발전함에 따라 여분의 구조재 존재 유지력에 따른 구조물의 튼튼함을 유지할 수 있어 설계자들은 많은 구조용 유리를 성공적으로 건설하였으나 아직도 부실한 수행 과정을 거치고 있다. 이는 설계에 필요한 공식적인 규정이 많이 부족한데다 설계자의 인식부족이 주 원인이다.

■ 설계에 필요한 5가지의 기본원칙(5R)

• **저항력(Resistance)**: 하중에 저항하면서 안정적이며 뒤틀리지 말아야 하며 변형이 컨트롤되어야 한다.

• **유지력(Retention)**: 유리가 급작하게 떨어지는 것을 방지하여야 한다.

- **여분 구조(Redundancy)**: 부재의 일부 파손 시 하중의 경로에 여유가 있어야 한다.

- **보유 성능(Residual Capacity)**: 파손된 부재라고 하여도 중요한 기능은 유지되어야 한다.

- **규정(Regulation)**: 설계의 속성이 요구된다.

6.1.6 결론

구조용 유리를 설계함에 있어서 허용응력법으로만 설계하는 것은 여러 가지 모순을 갖고 있다. 이러한 문제는 재료가 갖고 있는 특성에 기인한 것이며 보다 설계 예측을 정확하게 하도록 응력 특성에 영향을 주는 여러 인자들을 설계에 반영하도록 노력해야 한다. 이를 규정에 반영하도록 특히 유럽 각국에서는 진행 중이다. 제반 사항을 고려하여 볼 때 재료의 특성과 하중 재하 시 거동의 특성을 이해하는 것이 설계자의 가장 중요한 자질이 될 것이다.

6.2 스카이라이트(Skylight)

6.2.1 개요

(1) 지지구조물 형태

- ■ 스페이스 프레임
- • 일겹 지지 시스템(Single Layer Support System)

[그림 22] 일겹 지지 시스템

• 이겹 지지 시스템(Double Layer Support System)

[그림 23] 이겹 지지 시스템

• 자유형태 지지 시스템(Free Form Support System)

[그림 24] 자유형태 지지 시스템

■ 알루미늄 프레임

[그림 25] 알루미늄 프레임

(2) 구조재 재료

• 알루미늄

• 스틸

(3) 주재료

• 유리

• 폴리카보네이트(Poly-carbonate)

• 빌딩일체태양전지(BIPV)

• 막 ETFE(Ethylene Tetra Fluoro Ethylene)

(4) 유리 고정 방식

■ 알루미늄 고정 유리

• **2면 캡 고정 시스템**(2-Sided Capped System)

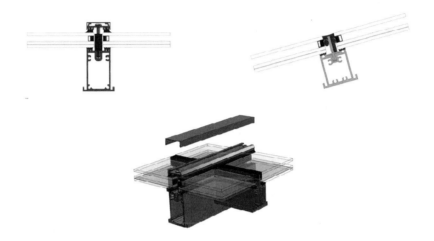

[그림 26] 유리 고정 방식 (Aluminum Supported Glass)
2면 캡 고정 시스템

• **구조용 실리콘 적용 외부 무돌출 시스템**(Total Flush Glazed System)

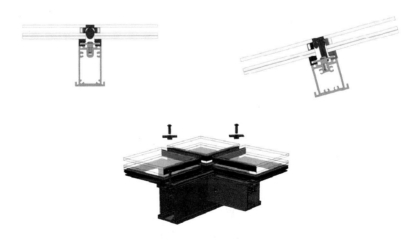

[그림 27] 유리 고정방식 (Aluminum Supported Glass)
Total Flush Glazed (4−sided SSG) System

- 측면 클램프 고정 시스템(Edge Clamped Glass)

- 코너 클램프 고정 시스템(Corner Clamped Glass)

- 점 고정(Point Supported Glass)

- 선 고정 시스템(Linear Supported Glass)

Glazing Systems | **Membrane Systems**

ASG-System
Aluminum Supported Glass
A traditional aluminum
framing system to econom-
ically captures all varieties
of glass cladding with
optional capping.

LSG-System
Linear Supported Glass
A nominal depth glazing
system developed to attach
glass directly to high precision
primary structures comprised
of Novum products.

AFP-System
Air Filled Pillow
Uniquely shaped air filled
pillows with a fully integrat-
ed perimeter create a highly
efficient and economical
panel system.

CCG-System
Corner Clamped Glass
Cast clamps capture struc-
tural glazing panels at just
their corners allowing great
transparency and expression.

PSG-System
Point Supported Glass
The ultimate structural
glazing technology with a
broad range of complemen-
tary and well engineered
accessories.

CTF-System
Cable Tensioned Fabric
Multiple materials are
available to create free form
surfaces by the biaxial
tensioning of a single layer
of fabric.

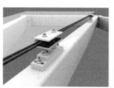

ECG-System
Edge Clamped Glass
An optimized and economic
system to support glass
panel edges only as required
and ideally suited to glazing
of any surface geometry.

WSG-System
Walkway Surface Glass
Highly engineered Novum
glass system products for
walkway surface and stairs.

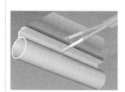

SSM-System
Stressed Skin Membrane
A single layer of translucent
membrane is discreetly sup-
ported and post tensioned
via a lightweight grid of thin
cables.

www.novumstructures.com

[그림 28] 유리 고정방식
(Edge Clamped Glass, Corner Clamped Glass, Point Supported Glass, Linear Supported Glass)

6.2.2 스카이라이트(Skylight) 설계 고려사항

(1) 정의: "Sloped Glazing"

일반적인 90도 수직 시공 커튼월에 비해 수직면에서 15도 이상 경사진 상태의 글레이징 시스템을 지칭하며, 통상 스카이라이트를 Sloped Glazing으로 본다.

(2) 높은 태양 에너지 유입: 큰 입사각

- 높은 열변형 및 부재의 과도한 변형 위험
- 유리 하부에 고온 공기층 형성
- 높은 냉방부하: 낮은 SHGC 유리 적용 필요

(3) 하중

풍하중 + 고정 및 설하중, 이동하중, 지진 등

(4) 안전

- 낙하 및 비산 물체에 노출 위험. 유리 사이즈 및 하중 제한
- 내충격 열처리 접합유리 적용
- 유리의 높은 파손 안전율 적용(1/1000)

6.2.3 스카이라이트 하자 유형 및 대책

(1) 누수

- **현장 가공 최소화** : 워크맨십에 의한 오류 방지
- **공장 가공** : 현장은 단순조립
- 침투수의 효과적 배수시스템 적용

(2) 결로

- 외부 노출 Cold Bridge 최소화
- 유리 단열간봉(Warm Edge Spacer) 적용

- 유리 단열성능 향상

- 결로수 배수 시스템 적용

- 적정 환기 시스템 적용

(3) 에너지 손실

- **냉방 비용** : 솔라 컨트롤(Solar Control) 코팅 및 실크스크린(Silk Screen) 유리 적용

- **난방 비용** : 기밀성 및 단열성능 향상

(4) 눈부심(Glare)

- 비교적 낮은 가시광선 투과율 적용(30~40% 내외 적정)
  - LBNL(Lawrence Berkeley National Laboratory) Effective Aperture(EA): 0.2~0.3 이내
  - EA= VLT(가시광선 투과율) × WWR(Window Wall Ratio; 개구벽체 비율)

- 간접 채광(실크스크린 적용)

6.2.4 알루미늄 스카이라이트 품질 시방서

(1) 성능 요구사항

- **구조부재의 규격**: 건축구조 코드에서 요구하는 설계압력에 대응하는 충분한 규격 이어야 한다.

- **구조부재의 처짐**: ASTM E330에 따라서 균등부하에서 처짐이 지점 간 거리가 6m 이하일 경우 L/175 이내, 최대 25 mm 이내일 것. 지점 간 거리가 6m 이상인 경우 L/240 이내 이어야 한다.

- 자체하중에서 구조재의 처짐은 유리 또는 패널의 물림이 설계수치의 75% 이하로 감소되지 않아야 하며, 부재와 유리 또는 패널 단부와의 간격은 최소 3 mm 이상이어야 하며 조인트 실란트(Sealant)의 기능을 저해하지 않아야 한다.

- **누수**: 설계정압의 20% 또는 최소 600Pa에서 ASTM E331에 따라서 시험할 때 누수가 발생되지 않아야 한다.

- **누수의 정의**: 스카이라이트 실내 면에 결로수가 아닌 통제되지 않는 수분의 나타남.

- **열팽창수축(Thermal Movement)**: 외부 표면이 화씨-20~150, 화씨 +/-85, 내부 표면은 화씨 40~120도, 화씨 +/-40도 온도범위에서 부재의 수축팽창이 가능하도록 한다. 내외부 표면온도 변화 기준은 특정 프로젝트 위치 및 조건에 따라 조정되어야 한다. 스카이라이트는 부재의 찌그러짐, 실란트 손상, 부적합한 재료의 응력, 기타 유해한 영향이 없이 부재의 열팽창수축을 허용하여야 한다.

(2) 재료(Materials)

■ 알루미늄 프레임

- **주구조 부재**: 최소 두께 3 mm 압출 알루미늄합금 6063-T5 또는 6061-T6 사이즈. 형태 및 단면형상은 계약도면에 명시한 것으로 한다.

- **커버 및 비구조 부재**: 최소 두께 1.6 mm 압출 알루미늄합금으로 한다.

- **알루미늄 배수 거터**: 두께는 스카이라이트 엔지니어의 검토서에 따르며, 스카이라이트에 가해지는 설계하중에 따른다

- **성형 금속부재**: 최소 두께 1.6 mm 알루미늄 압출품[6061-T6] per ASTM B209 규격으로 한다.

■ 유리시공용 가스켓(Glazing Gasket)

압출 실리콘 또는 EDPM 고무재질로서 아래의 시방 기준을 충족해야 한다.

- **경도 ASTM D2240, Type A:** Durometer 50 (+/-5)

- **인장력**: ASTM D412. 800 psi (min.)

- **신장률**: 300% (min.)

- **색**: 검정

- **Compression Set:** ASTM D395 Method B, 22 hours @ 212 º F: 25% (max.)

- **열화 특성**
  - 70 hours @ 212 º F
  - 경도: ASTM D2240, Type A: Durometer 50 (+/-5)
  - 인장 강도 변화율 ASTM D412: -10%
  - 신장 변화율 ASTM D412: -20%

■ Setting Blocks

압출 실리콘 고무재질로서 아래 시방 기준을 충족해야 한다.

• **경도**: ASTM D2240, Type A: Durometer 85 (+/-5).

• **색**: 검정

■ **체결재**

• **외부 캡 고정용**: ASTM A193 B8 300 Series Stainless Steel Screws

• **구조 프레임 연결용**: ASTM B211 2024-T4 Aluminum, ASTM A193 B8 300 Series Stainless Steel 및 ATM B316 Aluminum Rivets, as Required by Connection.

• **스카이라이트의 구조체 긴결**: ASTM A307 아연도금 스틸 파스너

■ Flashing

• [5005 H34 알루미늄] [구리] [스테인리스스틸], [1mm][____] 최소두께

• Sheet Metal Flashings/Closures/Claddings은 최소 3m 길이의 공장 성형 제품이어야 한다. 길이가 3m를 초과할 경우 현장 조건에 따라 단부의 현장 가공 성형이 필요하다. (When lengths exceed 10-ft., field trimming of the flashing and field forming the ends is necessary to suit as-built conditions.) Sheet Metal 단부는 최소 15~20cm. 겹쳐지게 하며 실리콘 충진 또는 리베팅 작업이 필요하다.

■ **금속재 표면마감은 아래에 따른다.**

• **High Performance Pigmented Organic Coatings**: AAMA 2605-05 [2-coat] [3-coat] [4-coat] min. 70% PVDF fluoropolymers [standard] [custom] [mica] [exotic] [metallic].

• **Pigmented Organic Coatings**: AAMA 2604-05 [2-coat] min. 50% PVDF fluoropolymers [standard][custom] [mica].

• **Anodized Coatings**:
  - AAMA 611-98 Architectural Class I clear anodized Type AA-M10C22A41: 215-R1.
  - AAMA 611-98 Architectural Class I electrolytically deposited color anodized type
  - AA-M10C22A44: [light bronze] [medium bronze] [dark bronze] [black].

■ 유리

• 표준 품질인증 요구사항

- 열처리 유리: ASTM C1048, with Surface Stress of 5,000 (+/-) 1500 psi.
- 접합유리: 유리 두 장을 폴리비닐부티랄(PVB)로 접합한다. 안전유리 품질기준 충족 ANSI Z97.1- 1984 및 CPSC 16 CFR 1201. 유리 두께 6 mm 초과, 대형 규격 유리, 특정 코팅, 프렛(Fret) 등이 유리 내부 접착면에 적용되어 두께 1.52 mm PVB가 적용되어야 하는 경우가 아니면 0.76 mm 두께 PVB 중간층을 적용한다.
- 복층유리: ASTM E773과 ASTM E774 규격 시험을 통과한 제품으로서 Insulating Glass Certification Council (IGCC)에 의한 CBA 등급을 획득해야 한다. 이중 실링 처리로 2차 구조용 실리콘 적용, 복층 외부면 유리[Heat Strengthened] [Fully Tempered] 및 내부 접합유리 적용한다.

• 성능요구

- 설계풍압 및 이동하중에서 수직 시공 유리는 파손 확률 8/1000, 경사 시공 유리는 1/1000이다.
- 설계 열응력에서 수직 시공 유리는 파손 확률 8/1000, 경사 시공 유리는 1/1000이다.

• 유리구성

- Sloped Glazing : 경사시공 유리 [____].
- Vertical Glazing : 수직시공 유리 [____].

■ 실란트

• **구조용 유리 조인트**: 실리콘 제조사의 추전에 따라 고성능 실리콘 실란트를 적용한다.

• **비구조용 유리 조인트 및 웨더실 조인트**: 실리콘 제조사의 추전에 따라 고성능 실리콘 실란트를 적용한다.

• 구조용 실리콘 실란트의 성능요구 사항

- Hardness: ASTM D2240 Type A, 30 Durometer
- Ultimate Tensile Strength: ASTM D412, 170 psi
- Tensile at 150% Elongation: ASTM D412, 80 psi
- Joint Movement Capability after 14 Day Cure: ASTM C719, (+/-) 50%.
- Peel Strength (Aluminum, Glass, Concrete) after Twenty-one (21) Day Cure: ASTM C794, 50 ppi.
- 구조용 실리콘 재료는 유리나 판넬의 자중을 지지하는 용도로 사용되지 않도록 한다.

(3) 가공(Fabrication)

• 압출 알루미늄 제품을 부재로 사용한다.

• 연속적인 알루미늄 부재로서 필요한 팽창조인트를 갖추어야 한다.

• 가능하면 제조사 공장에서 부재를 맞추어 조립을 한다. 완전 조립상태로 시공이 되지 않는 작업의 경우 현장 출고 전에 공장에서 완전조립, 마크 및 해체 후 출고한다.

• 공장에서 구멍가공, 알루미늄 크립은 구조프레임에 용접한다.

• 유리 시공은 내외부에 실리콘 또는 EDPM Glazing Gasket을 적용한다.

• GANA 제안에 따라 아래 기준의 적용이 요구된다.
  - 세팅 블록은 최소 150 mm 길이로 한다.
  - Glass Bite: 최소 12 mm, 최대 15 mm로 한다.
  - 유리와 인접 금속재와 간격은 6 mm를 유지한다.
  - 유리와 인접 금속재와 접촉을 방지하도록 고무재질 스페이서를 사용한다.
  - Weep Hole은 각 Rafter 연결부에서 스카이라이트 외부로 결로수를 배출하도록 한다.

(4) 시공

■ **현장상태 검수**

스카이라이트 설치 팀은 현장에서 공사 착수 전에 구조체가 제대로 만들어졌는지 치수는 스카이라이트 시공이 가능한 허용오차 이내인지 등을 검수하여야 한다. 구조체에 문제가 발견되는 경우 감독관에게 보고하여 사전에 수정 조치가 이루어지지도록 한다.

■ **시공 준비**

알루미늄과 이질재와의 접촉부 사이에는 정전기 현상과 이로 인한 부식을 방지하기 위하여 비닐 패드를 삽입하거나 아스팔트 코팅(Bituminous Paint)을 발라야 한다.

■ **설치**

• 스카이라이트 프레임, 유리 및 부자재를 제조사의 규정에 따라 설치하여야 한다. 승인 도면에 나타난 건물의 그리드 라인과 수직과 수평 위치가 정확히 일치하도록 스카이라이트 시스템을 설치한다. 승인 도면에 맞추어 스카이라이트를 구조체에 정확하게 연결한다. 유리판 사이 수평 조인트는 구조용 실리콘 실란트를 사용하고 유리와 고정캡 사이 웨더실 조인트는 일반 실리콘 실란트를 적용한다.

• 실링 재료는 반드시 실리콘 실란트 제조사의 규정에 따라 적용한다. 실란트 적용 전에 부재 표면에 묻어있는 시멘트 몰탈, 먼지, 습기, 그리고 다른 이물질들을 제거 하여야 한다. 청결하고 말끔한 외관을 위하여 인접면에 마스킹 테이핑을 하여야 한다. 조인트를 채우고 부드러운 마감을 위하여 실링재를 툴링하여 마무리한다.

■ 공차

• 모든 작업은 완성될 때 아래의 공차 이내여야 한다.
  - 평면도 또는 승인 도면 대비 최대 공차: 길이 3.6m 당 3 mm, 또는 전체 길이에서 12 mm 이내
  - 끝이 서로 만나는 두 부재 간 맞닿는 면의 어긋남: 최대 0.8 mm

• 현장 품질관리

• 누수시험: Field Check in Accordance with AAMA 501.2 in Proportionate Areas.

■ 청소

• 스카이라이트 프레임과 금속재 표면 마감이 오염되지 않도록 설치한다.

• 설치 시점에 유리와 프레임을 청소한다.

(5) 현장 품질관리(Field Quality Control)

누수 시험: AAMA 501.2에 의한 현장 누수 시험을 시행한다.

6.3 이중외피 시스템

6.3.1 이중외피 개요

일반적인 싱글외피는 건물의 외피가 하나로 구성되어 있는 것으로, 외기의 조건이 실내에 직접적인 영향을 미치게 된다. 하지만 이중외피의 경우는 건물 외피가 두 개의 층으로 구성되어 그 사이에 중공층이 생기며, 중공층의 조건은 실내에 직간접적인 영향을 미치게 되며, 외기 조건에 따라 외기가 직접 실내로 유입되게 설계할 수도 있다.

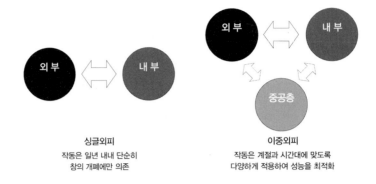

[그림 29] 싱글외피와 이중외피 개념 비교

6.3.2 이중 외피 특징

(1) 장점

- 자연환기 시 차음 효과가 개방 형식에 따라 5~10dB 발생[1]

- 난방기 중 자연환기 가능 시간이 확대되며, 100 m 높이의 건물에서 이중외피 적용 시 창호 개방 가능 시간은 44%에서 79%로 연장[2]

- 외기의 예열에 의한 패시브 환기를 적용하므로 환기에 의한 열 손실 감소

- 냉방기 중 안전하게 야간 축열냉방의 적용이 가능함

- 바람에 의한 풍압이 높은 날에도 자연환기가 가능하며, 창문 개방 시 쾌적 풍압 조건 40~60N 그리고 최대 100N 이하를 유지할 수 있음[3]

- 초고층건물에서 외부 차양 효과 발생 및 차양 보호 기능

1 BMBF/FGK-Fachtagung, "Doppelfassaden in der TGA", Bonn, 1997.

2 Thiel D. Doppelfassaden –ein Bestandteil energetisch optimierter und emissionsarmer Bürogebäude, Innovative Fassadentechnologie, Institut für Licht- und Bautechnik (ILB), Köln, 1995.

3 Stoll J. Doppelschalige Fassade in Hochhäusern, Tagungsband, Doppelfassaden und Technische Gebäudeausrüstung, Fachinstitut Gebäude-Klima e.V, 1997.

(2) 단점

- 냉방기 및 중간기 중 중공 층 과열로 자연환기 가능 시간 감소 가능성 발생

- 파사드가 유닛 별로 분리되지 않을 경우 수평 또는 수직적인 소음 전달 가능

- 상시 환기형의 경우 중공층 환기에 의해 차양의 소음 발생

- 배기의 수평/수직적인 전달 가능성 발생

- 싱글외피 대비 초기 투자비 증가

- 내외창 존재로 인한 유지관리 비용 증가

(3) 이중외피 유형별 특성

일반적으로 이중외피는 기능과 형태에 따라 약 5개로 분류된다. 먼저 각 층별로 분리되는 형태인 단층형 이중외피가 있는데, 이에는 가장 전형적인 ① 상자형(Box Type)과 복도형(Corridor Type) 두 가지로 구성된다. 2개 층 이상이 연동되는 다층형 이중외피에서는 ④ 굴뚝형(Shaft Type)과 ⑤ 전면형(Whole Type) 이중외피가 있다. 이와 함께 단층형과 다층형의 장점을 연동한 ③ 굴뚝-상자형(Shaft-Box Type) 이중외피가 있다. 통상 단층형이 다층형에 비해 공사비가 높게 발생할 뿐만 아니라 중공층 열과 기류의 해석이 난이하게 되어 자연환기 도입에 있어 불리하다. 그 유형상 각각의 특성을 분석하면 [표 9]와 같다.

[표 9] 이중외피 유형 및 특성 분류

층간 연계 유무	단층형 이중외피 시스템		다층형 이중외피 시스템		
	• 각 층별로 동일한 물리적 특성 제공 • 적극적 자연환기 반영을 위해 적용		• 소음 발생이 높은 지역에서 외부소음 차단을 위해 적용 • 상층부 높은 중공 층 온도로 냉방에너지 저감 효과가 나쁨 • 높은 중공 층 온도로 난방기 외 자연환기 활용 가능성 낮음		
수평적 분류	① 상자형	② 복도형	③ 굴뚝-상자형	④ 굴뚝형	⑤ 전면형
특징	• 가장 일반적 유형으로 콤팩트한 형태 • 각 실 별 특성을 최대한 만족 가능 • 오염원 및 소음의 수평/수직 전달 가능성 낮음 • 내측에서 유지관리 가능 • LCC 측면에서 가장 유리	• 700~1,000mm의 중공층이 있는 형태 • 소음/오염원의 인접 공간 수평적 전달 가능성 높음 • 유지관리성 매우 양호하나 비용 상승 • LCC 측면에서 보통	• ①, ②와 ④의 혼합형 • 굴뚝부에 강한 상승기류 유발하여 환기 효과 유도 • 상자 개구부 크기, 상자에서 Shaft(굴뚝)로 연결부 크기 결정 매우 난이함 • 수평/수직 오염원/소음 전달 효과 예방 가능 • LCC 평가 난이함	• 디자인적 단순화 가능 • 소음 발생 빈도가 높은 지역에서 효과적임 • Shaft(굴뚝)부 강한 상승기류를 발생시킴 • ④는 수평 오염원/소음 전달 방지, 수직적 전달 발생 가능 • ⑤는 수평/수직 오염원/소음 전달 가능성 높음 • 에너지 절감효과 예측 어려워 LCC 평가 난이함	

(4) 싱글 외피 대비 이중 외피 적용 시 특성

■ 싱글 외피

싱글 외피는 차양의 설치 위치에 따라 건물 에너지 소비에 미치는 영향이 크게 달라진다. 외부차양 적용 시 SC값이 낮으므로 냉방기에는 유리하며 난방기에는 불리하다. 내부차양 적용 시 SC값이 높으므로 난방기에는 유리하나 냉방기에는 매우 불리하게 된다. 이에 따라 연간 이상적 에너지 관리를 위해서는 외부차양과 내부차양을 동시에 적용하여, 냉방기에는 외부차양 그리고 난방기에는 내부차양을 적용하는 것이 가장 유리하다. 현재 국내 대부분의 고층건물에서 적용되고 있는 내부차양은 유리를 투과하여 내부로 유입된 일사가 실외로 빠져나가지 못함에 따라 냉방에너지 절감효과가 크지 않다고 말할 수 있다.

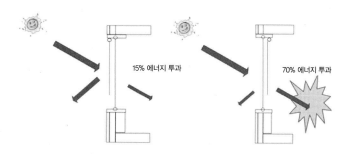

[그림 30] 싱글외피 외부차양(좌) 및 내부차양(우) 적용 시의 효과 비교

■ 이중외피

싱글외피의 내부차양 및 외부차양이 동시에 설치된 효과를 얻을 수 있는 시스템이 이중외피이다. 이중외피는 냉방기에는 외부차양 효과로 인해 낮은 SC값을 획득할 수 있고, 반대로 난방기에는 중공층의 과열을 실내 자연환기에 이용하므로 환기에 의한 열 손실을 저감하여 난방기에도 효과적이다.

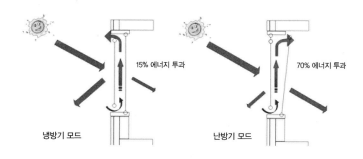

[그림 31] 이중외피 냉방기(좌) 및 난방기(우) 작동 컨셉

6.3.3   이중외피 적용 시 효과 분석

(1) 냉방기 중 실내온도 분포 및 에너지 저감 효과

이중외피는 유입되는 직달일사량을 최소화하여 이론적으로는 SC값을 0.1 이하로 유지할 수 있어 공간의 유형별로 냉방 에너지 소비를 50% 이상 저감할 수 있다. 동일한 규모의 실험실(4.5m × 4.5m)에서 싱글외피와 이중외피를 각각 적용하여 냉방을 가동하지 않은 상태에서 동시에 가동한 결과 10K의 내부온도차가 발생하였다[그림 32]. 특히 싱글외피는 46℃까지 상승하였고, 이때 이중외피의 온도는 36℃ 수준이었다. 특히 내부의 온도상 승에 가장 큰 영향을 미치는 차양 및 유리의 표면온도는 싱글외피에서 각각 52℃, 57℃까지, 그리고 이중외피에서 38℃, 42℃까지 상승하였다. 그러므로 창과 차양부에서의 복사에 의한 열전달이 이중외피에서 획기적으로 저감될 수 있음을 알 수 있다. 특히 중간기 중 냉방을 가동하는 건물의 경우 일사부하를 효과적으로 차단할 수 있어 추가적 에너지 소비 없이 자연환기만으로 쾌적한 실내환경 조성이 가능할 것으로 판단된다. 냉방기 실험에서 각 실험실을 냉방온도 26℃로 세팅하여 6주간 실시된 냉방 에너지 소비량 분석 실험결과에 따르면 에너지 절감률은 65%에 이르렀다[그림 33].[4]

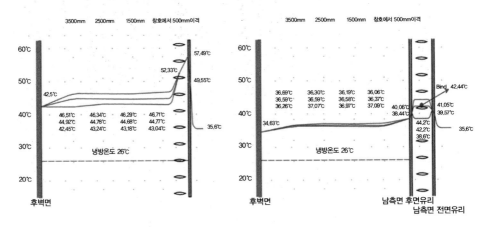

[그림 32] 싱글외피 대비 이중외피 실험실 온도 구배 비교

---

4 이 절감률은 실험실 특성상 실내의 인체, 조명, 기타 기기 등에 대한 고려 없이 실시된 실험이므로 실제 현장에서의 결과와 차이가 있을 수 있다.

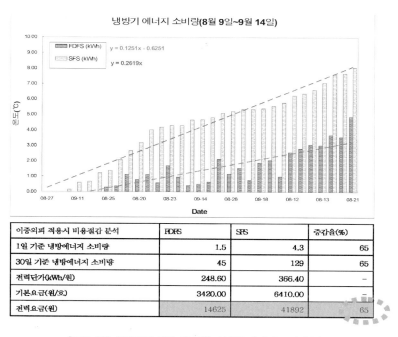

[그림 33] 이중외피 적용 시 냉방기 냉방 에너지 소비량 비교

(2) 난방기 중 실내온도 분포 및 에너지 저감 효과

난방기 중 이중외피는 자연환기 실시 유무에 따라 에너지 성능 효과에 큰 차이가 발생한다. 상시 환기형 이중외피에서 자연환기를 실시하지 않으면 난방 에너지 소비는 다소 증가하나, 중공층의 예열 효과를 자연환기와 연동시키면 환기에 의한 열 손실이 뚜렷하게 감소하여 그 효과는 매우 커진다. 난방기 중 외기 조건 5.7℃에서 자연환기를 실시할 경우 실내온도 분포를 살펴보면, 싱글외피에서 공간의 상부는 18~19℃, 하부는 11℃를 유지하여 상하단의 온도차가 7~8℃ 가량 발생한다. 반면 이중외피에서는 전체적으로 21~24℃를 유지하므로 난방기 쾌적 범위를 달성한다[그림 33]. 가장 큰 이유는 싱글외피에서는 외기 5.7℃가 직접 유입된 반면, 이중외피에서는 중공층 중앙부 14.3℃가 실내로 유입됨에 따라 그 효과의 차이가 발생한다. 이는 이중외피의 디자인과 내외창의 개폐방식에 따라 결과의 차이가 크기 때문에 유의하여야 한다. 자연환기 미적용 시 이중외피는 싱글외피 대비 난방기 에너지 소비가 약 6.2% 저감하였고, 자연환기 적용 시에는 약 13.6% 저감하였다[그림 34], [그림 35].[5] 결론적으로 일반 싱글 유리와 동일한 내부유리를 이중외피에 적용하면 단열 성능은 약 15~20% 개선되며, 이에 따라 난방에너지소비는 20~25% 이상

---

[5] 본 실험실은 육면체의 여섯 면이 모두 외기에 노출되어 있으므로 실제 건물에서의 난방에너지 저감 효과는 상대적으로 더 높게 나타날 것으로 판단된다.

저감된다. 이는 난방기 중 자연환기를 적극적으로 활용할 경우 난방에너지 소비량 저감 효과가 더욱 커진다는 것을 보여준다.

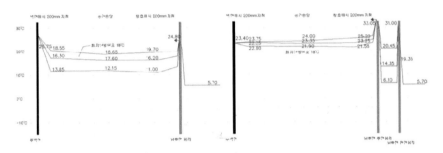

[그림 34] 난방기 중 자연환기에 따른 실내온도 분포 비교. (좌: 싱글외피, 우: 이중외피)

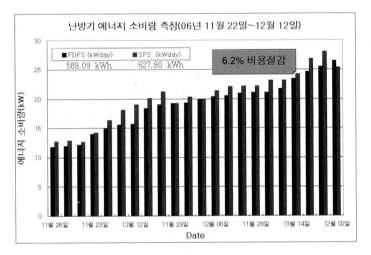

[그림 35] 난방기 중 자연환기 미적용 시 에너지 소비량 비교

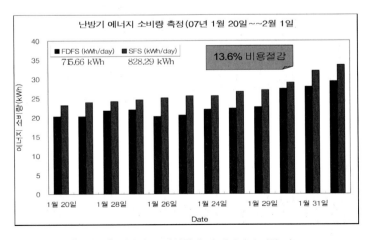

[그림 36] 난방기 중 자연환기 시 에너지 소비량 비교

(3) 자연환기 효과

이중외피는 계절별 자연환기를 도입하기에 유리하다. 중간기의 경우 일사에 의한 내부발열 부하를 최소화하면서 외기를 도입하므로 자연환기 효과가 좋다. 특히 난방기에는 싱글외피의 경우 차가운 외기가 직접 유입됨에 따라 창 측과 복도 측에 있는 재실자들의 자연환기에 대한 서로 다른 선호도로 인해 자연환기를 실시하는 것이 무리이나, 이중외피에서는 중공층의 예열 효과를 극대화하여 실내로 자연환기를 유도하기 때문에 유효 자연환기 시간을 최대 80%까지 연장할 수 있다. 또한 추가적 에너지 소비 없이 자연환기 성능을 개선하게 되어 재실자의 실내쾌적성 개선에 기여할 수 있다.

[그림 37] 자연환기 연막 실험. T&T 창(좌), 프로젝트 창(중), 이중 외피(우)

(4) 이중외피 적용 Trnsys 건물에너지 해석

이중외피를 적용한 조건을 기준으로 Trnsys 프로그램을 통해 초고층 주상복합 기준 세대를 대상으로 건물에너지 해석을 실시하였다[표 10].[6] 창의 조건은 V1(싱글외피+외부차양), V2(싱글외피+내부차양), 그리고 V3(이중외피)를 대상으로 하였다. V1의 경우는 독일에서 통상적으로 접근하는 방식으로 고단열 유리에 외부차양이 적용되었고, V2는 국내에서 보편적으로 적용되는 고단열 일사차단 유리와 내부차양을 기준으로 하였으며, V3는 이중외피의 경우로 중공층에 차양을 설치한 경우이다. 상세 조건은 아래의 표와 같다. 이론적으로는 내부차양이 적용되는 경우에 난방에너지 소비가 외부차양 대비 적게 나와야 하지만 실제로는 일사 차단 유리를 적용함에 따라 일사 유입량이 낮으므로 인해 난방에너지 소비가 오히려 증가하였다. 결국 유리의 특성상 냉방에너지를 저감하기 위해 일사 차단 유리를 적용하지만, 그 결과 난방에너지 소비가 상대적으로 증가하게 되므로 실제 적용을 할때는 건물의 용도와 방위 등을 고려하여 설계에 반영하여야 한다. 국내 표

---

6 독일의 이중외피 현장 적용 경험이 있는 에너지 컨설팅 기업이 본 시뮬레이션을 실시하였다.

준으로 반영한 V2에 비해 이중외피가 적용된 V3에서 냉방에너지 소비는 약 40%, 그리고 난방에너지 소비는 약 30% 저감될 수 있을 것으로 판단되었다[그림 38]. 하지만 이는 내부의 발열부하와 시간대별 부하패턴이 서로 다른 용도의 오피스나 병원 등의 건물에서는 다른 결과가 예상되므로 설계 시 이에 대한 고려가 필요하다.

[표 10] Trnsys 시뮬레이션 케이스별 조건

구분	외피 조건	시뮬레이션 상세 조건	대상 건물 도면
V1	싱글 외피	- 복층 단열유리 적용 - G=0.59, Ug=1.3W/m2K, Uf=2.3W/m2K - 가동 외부차양 적용, SC값=0.15	
V2		- 복층 일사차단 유리 - G=0.33, Ug=1.3W/m2K, Uf=2.3W/m2K - 내부 롤스크린 적용, SC값=0.8	
V3	이중 외피	- 외부 싱글 유리, G=0.8, Ug=5.7, Uf=2.3 - 내부 단열 유리, G=0.59, Ug=1.3, Uf=2.3 - 중공층 블라인드 적용, SC값=0.2(Cut-off) - 중공층 환기 횟수는 외기/중공층의 온도차를 기준으로 외피 1 m 당 환기 횟수로 산정함 [ACR= 130*ΔT1/2 (1/h)]	

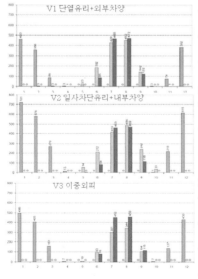

난방		침실	거실/부엌	기타	총난방부하	in %
V1	[kWh/a]	893	424	49	1367	56.6%
	[kWh/m²a]	18	8	2	10	56.6%
v2	[kWh/a]	1570	762	85	2416	100.0%
	[kWh/m²a]	31	14	3	18	100.0%
v3	[kWh/a]	1075	503	65	1642	68.0%
	[kWh/m²a]	21	9	3	12	68.0%

냉방(현열)		침실	거실/부엌	기타	총현열부하	in %
V1	[kWh/a]	506	730	0	1236	85.4%
	[kWh/m²a]	10	13	0	9	85.4%
v2	[kWh/a]	622	825	0	1447	100%
	[kWh/m²a]	12	15	0	11	100%
v3	[kWh/a]	289	563	0	852	58.8%
	[kWh/m²a]	6	10	0	6	58.8%

냉방(잠열)		침실	거실/부엌	기타	총잠열부하	in %
V1	[kWh/a]	476	671	0	1146	100%
	[kWh/m²a]	9	12	0	9	100%
v2	[kWh/a]	467	667	0	1134	100%
	[kWh/m²a]	9	12	0	9	100%
v3	[kWh/a]	444	660	0	1104	97.3%
	[kWh/m²a]	9	12	0	8	97.3%

[그림 38] 케이스별 Trnsys 시뮬레이션 결과

6.3.4   이중외피 국내외 적용 사례

독일은 이중외피를 90년대부터 시작하여 현재까지 400여 현장에서 다양한 콘셉트로 적용하여 이중외피 분야에서 가장 선도적인 역할을 담당하고 있다. 에너지 기업으로 알려져 있고 에센 시에 본사를 두고 있는 RWE[그림 40]는 사옥 설계에서 기업의 비전을 보여주기 위해 파사드를 박스형 이중외피로 설계하여 유닛타입으로 시공하였다. 상하단의 급배기구가 엇갈려 시공되어 층별 배기가 상부층에 유입되는 역류현상을 최소화할 수 있도록 하였다.

뉘른베르크 시에 위치한 비즈니스 빌딩의 경우도 박스형 이중외피를 적용하였고, 급배기구가 상하로 위치하는 타입을 적용하였다[그림 41]. 바람이 없는 중간기 또는 여름철에 창문을 통한 자연환기 도입 시 아래층의 배기가 상부층에 역류될 수 있기 때문에 급배기를 상하단에 직접 두는 것은 유의할 필요가 있다. 베를린에 위치한 GSW 사옥[그림 39]에서 전면형 이중외피가 적용되었다. 서측 면으로 22개 층이 하나로 구성된 전면형 이중외피는 상하단에 급배기구가 구성되어 있고, 성능적 보완을 위해 동측 면 파사드와 서측 면 파사드의 물리적 연동이 시도되었다. 하지만 전면형의 경우 중공층의 온도가 상부로 갈수록 급격히 상승하므로 설계 시 이에 대한 대응이 필요하다.

[그림 39] 전면형 이중외피, 독일 베를린 시 GSW Headquarter, 1997)

[그림 40] Unit Type 이중외피, 독일 에센 시 RWE Center, 1995

[그림 41] Unit Type 이중외피, 독일 뉘른베르크 시 Business Center, 1999

국내의 경우는 90년대 초반 이후에 이중외피가 도입되었으나, 대부분 전면형 중심으로 적용되었으며, 최근에는 콤팩트형뿐만 아니라 복도형 이중외피 등이 다양하게 적용되고 있다. 서울시 동답초등학교는 건물 외피를 복도형 이중외피로 리모델링한 현장이다. 기존의 발코니부를 중공층으로 활용하였고, 외창은 전동식으로 개폐되며, 실내는 상하단이 분리된 슬라이딩 창호를 적용하였다. 중간기 및 여름철에는 하단창호로 자연환기 시 외부의 신선한 공기가 직접 유입되며, 겨울철에는 내부 상단창호를 열어 중공층의 따뜻한 공기가 유입되도록 하였다. LH전북지사 건물은 박스형 이중외피로 상하단의 급배기부

뿐만 아니라 측면에도 개방 면적을 두어 중공층 외기 유입을 극대화하는 것에 초점을 두었다. 삼성 글로벌 엔지니어링 센터에서는 복도형 및 전면형을 연계하는 방식의 이중외피를 적용하였다. 2개 층을 단위로 하부 층에 급기구, 상부층에 배기구가 2개 층 단위로 엇갈리게 구성되도록 하여, 아래층의 배기가 상부로 역류되지 않도록 하였다. 분당 서울대학교병원은 메인 입면이 남서향이며, 복도형 이중외피가 적용되었다. 병원의 특성상 자연환기가 적극적으로 도입될 수 없기 때문에 중공층 자연환기량 극대화가 가장 큰 주제였다. 4m에 이르는 높이 차를 가지는 급배기구를 엇갈리게 시공하여 배기의 역류 현상을 최소화하고자 하였다.

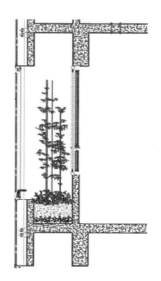

[그림 42] 서울 동답초등학교 복도형 이중외피, 2006

[그림 43] LH공사 전북지사, Unit Type 이중외피, 2010

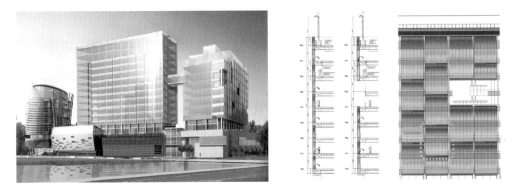

[그림 44] 삼성 글로벌 엔지니어링 센터, 세미 전면형 이중외피, 2011

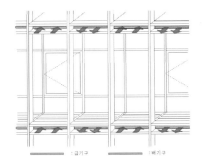

[그림 45] 분당 서울대학교 병원 증축공사(2012), 복도형 이중외피

6.3.5   결론

(1) 건물에너지 소비 건전성 개선

국내의 기후와 같이 뚜렷한 양면성을 가진 냉난방기 여건에서는 동시에 대응할 수 있는 창호 부분의 대안이 요구된다. 기본적으로 창호의 열관류율은 가능한 낮은 값으로 적용해야 한다. 현재 국내 대부분의 현장에서 싱글외피에 적용되는 내부차양 SC값은 냉난방기 모두에서 비슷한 수준으로 높게 발생함에 따라 난방 중에는 이상적이나 냉방 중에는 추가적인 일사의 유입이 매우 높기 때문에 이에 대한 대응이 필요하게 된다. 외부차양에 적용되는 SC값은 낮게 유지될 수 있기 때문에 냉방 중에는 효과적이나 난방 중에 가동할 때는 오히려 일사의 유입을 저해할 수 있기 때문에 난방기에는 외부차양을 미가동하고, 내부에 롤스크린과 같은 차양을 적용하는 것이 효과적이다. 이와 함께 이중외피의 경우는 중공층에 위치한 차양 가동 시 냉방기 및 난방기에 효과적으로 에너지절감 및 쾌적성의 개선이 가능하다(그림 46). 하지만 외창의 운영에 있어 냉방기는 중공층의 과열을 효

과적으로 예방하기 위해서 외창이 개방될 수 있는 구조여야 하며, 난방기에는 중공층의
예열이 외부로 손실되지 않도록 외창의 On/Off 제어가 필요하다.

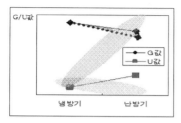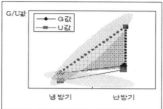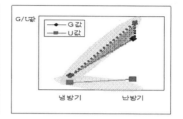

[그림 46] 온난기후대에서의 차양 적용 시 건물 외피의 에너지관리 경향.
표시부는 이상적 열관리 영역을 의미함. 좌: 내부차양, 중: 외부차양, 우: 이중외피

(2) 이중외피 설계

일반적으로 창호 및 커튼월 설계에 있어 엔지니어들이 현재까지 중요하게 다룬 항목들은
열관류값, 기밀성능. 수밀성능 테스트, 풍압대응 구조 등이었다. 이중외피 설계에서 추가
적으로 요구되는 항목들은 디자인, 건물에너지, 실내환경(실내기류) 등이 있다. 먼저 디자
인에서는 기존의 경우 건축가의 싱글 레이어 디자인을 엔지니어는 그대로 수용하였기 때
문에 문제의 발생 요지가 크지 않았지만, 이중외피에서는 추가적 레이어의 발생으로 인한
디자인적 고민이 깊어져야 한다. 무엇보다 복도형 또는 전면형 이중외피의 경우는 중공층
의 폭이 깊어 디자인이 건축가의 의도와 크게 달라질 수 있으므로 엔지니어는 건축가의 디
자인을 이해하여 이를 극복할 수 있는 역량이 필요하다. 또한 기존의 평가항목들은 목업
테스트를 통해 단위 항목별로 평가가 이루어졌다. 하지만 건물에너지란 다양한 항목들이
복합적으로 나타나는 결과이다. 그러므로 엔지니어가 이를 충분히 이해할 수 있는 준비가
되어 있지 못하고 기존의 항목들만 이해하고 대응할 경우, 그 결과는 혼란스러울 수밖에
없다. 특히 이중외피의 경우 중공층에서 일사에 의한 효과가 공기를 이동시키는 원동력이
되며, 이는 공간의 환기를 위한 매우 중요한 요소로서 중공층을 중심으로 내외창의 개폐방
식에 의해 실내환기 효과는 극단적 차이가 발생할 수 있다. 이에 대한 충분한 사전 검토를
통한 설계 반영이 이루어지지 않는다면 이중외피의 결과가 기대치 이하일 수도 있다. 물론
이중외피가 패시브형 건물에너지 관리에 만병통치약은 아니며, 건물의 주변 환경 및 용도
에 따라 싱글외피로 가는 것이 바람직할 수도 있다. 그러므로 이는 경험이 많은 엔지니어가
건축가와 유기적으로 협력할 때 가장 이상적 결과를 도출할 수 있다.

6.4 ▰ BIPV(건물일체형 태양광 모듈) 커튼월

6.4.1 개요

태양의 주요성분인 수소원자의 핵융합으로 발생한 태양에너지는 전자기파의 복사 형태로 지구에 전달된다. 무한한 양으로 공급되는 태양에너지는 인간이 별도의 비용을 지불하지 않는 무한한 에너지이다. 특히 태양에너지가 각광을 받는 이유는 지구온난화의 주범인 화석연료의 사용에 의한 온실가스 발생이 없기 때문이다. 하지만 PV시스템은 단점을 가진다. 먼저 태양의 일사는 지역, 계절, 기상 조건에 민감한 영향을 받는다. 즉 지속적으로 변하는 발전량으로 인해 전력수요를 직접 생산하여 공급하는 것은 불가능하다. 그러므로 전력수요의 100%를 태양전지로 공급하려면, 일사량이 적을 때를 대비하여 태양전지모듈의 설치면적을 대형화하거나, 야간에 태양전력을 사용하기 위해 축전지를 설치할 필요가 있다. 태양광 PV는 통상 단독으로 설치되는 경우가 많다. 하지만 PV가 건물의 벽 또는 창호부 등에 적용되어, 건물과 일체가 될 경우 BIPV(Building Integrated Photovoltaic)이라 정의한다. 태양광 기술의 장점을 최대한 활용하여, 건물에서의 벽과 창 같은 물리적 기능을 수행하면서 태양광의 역할을 동시에 수행할 수 있도록 설치면적을 최대화하여 발전량을 극대화할 수 있게 된다.

(1) BIPV(Building Integrated Photovoltaic)의 정의[1]

BIPV란 태양광 모듈을 건축물에 설치하여 건축 부자재의 역할 및 기능과 전력 생산을 동시에 할 수 있는 시스템으로, 창호, 스팬드럴, 커튼월, 이중파사드, 외벽, 지붕재 등 건축물을 완전히 둘러싸는 벽·창·지붕 형태로 한정한다.

(2) PVIB(Photovoltaic In Building)의 정의[2]

일반 지상용 태양전지모듈 형태로 건축물에 설치하는 시스템으로, 외형상의 미관성이나 발전성만을 고려하여 설치, 건축자재의 기능성이 전혀 고려되지 않은 형태를 말한다(건축 외장재, 창호, 지붕재를 겸하지 않는 모듈).

---

1 에너지관리공단 신재생에너지 설비의 지원 등에 관한 지침 [별표1] 2. 태양광설비 시공기준
2 에너지관리공단 건물일체형 태양광발전 시스템(BIPV) 설치 기준

(3) BIPV 인증 기준

모듈의 종류 및 설치 형태에 따라 인증 여부를 결정(시스템의 건축외장재 역할의 수행 여부를 확인)한다.

- 건축 외장재로서 기밀, 수밀, 구조 성능을 갖는다.
- 건축 외장재로서 태양광 모듈이 그 기능을 대체하여 수행한다.
- 태양광 모듈은 상기 역할을 수행하는데 적합한 것이다.

(4) BIPV 태양광 발전시스템 적용 시 고려사항

- **배치**: 정남향이 가장 이상적이다.
- **설치 각도**: 20~30도 사이가 이상적이며 90도 설치 시 약 30% 발전성능이 저감된다.
- 발전 효율 증대를 위해 적용 태양광 모듈의 종류 및 후면 이격 거리가 고려되어야 한다.
- **모듈의 종류**: 박막형이 결정형에 비해 발전 용량은 작음. 그러나 온도 상승 경우에 발전 효율 저감 문제가 적다.

(5) 태양광 발전시스템 구성

(6) 건축설계 시 고려사항

태양광 발전시스템 설치 시 접속반, 인버터, 모니터링의 위치를 고려하여야 한다.

- 접속반은 모듈에서 가장 가까운 위치(ex: 각 층별 EPS 등)
- 인버터는 소음 발생을 고려한 위치(ex: 전기실 등)
- 모니터링은 건물 관리시스템과 연계가 가능한 곳(ex: 방재실 등)
  - 태양광 발전시스템의 연결 거리가 길어질 수록 발전 효율은 저감

(7) BIPV 태양광 발전시스템

■ BIPV 태양광 발전 모듈 종류

| Amorphous Silicone 박막형 실리콘 BIPV 유리 | → | • 효율 7~10%
 • 투과유형(0%, 10%, 20%, 30% 등)
 • 주로 커튼월, 천창, 파사드에 적용
 • 여러 색상, 사이즈 조합 가능 |

[그림 47] 박막형

| Crystalline Silicone 결정형 실리콘 BIPV 유리 | → | • 효율 10~14%
 • 비투과형
 • 주로 파고라, 캐노피, 브리즈 솔레이유 (Brise Soleil) 등에 적용 |

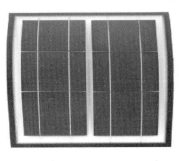

다결정형   단결정형

[그림 48] 결정형

■ BIPV 태양광 발전 모듈 비교

분류	박막형 모듈	결정형 모듈
구성 및 사이즈	• PV Glass(3.2T) +Thin Film Cell • Back Glass: 두께 조절이 가능. 유리 규격에 따라서 접합 모듈 두께 조절 가능 • 최대 규격 3,200mm X 2,000mm	• Front Glass: 두께 조절이 가능 • Cell: 5,6 inch 결정계 Cell • Back Glass: 두께 조절이 가능 접합 모듈 두께 조절 가능 • 사이즈 조정이 자유로움
투과율 조절	• 0%(스펜드럴), 10%, 20%, 30% - vision 투과율 적용 가능 • 스카이라이트는 투과율10%, 20%, 커튼월은 10%, 20%, 30% 적용 추천	• 결정계 Cell은 비투과임 • Cell 배치에 따라 투과 조절

온도계수	• 온도계수: 약 -0.2%/℃
	• 산란광에서도 동작해 평균 발전 시간이 증가
	  → 여름철 모듈 온도 및 기후 변화 대응에 우수
		• 온도 계수: 약 -0.32~0.45%/℃
		• 여름철 모듈의 온도가 쉽게 60~80℃까지 올라감
		  → 모듈 온도 및 기후 변화에 취약

6.4.2 BIPV 특성

BIPV는 기술적 한계 없이 다양한 방식으로 건물에 적용될 수 있다. 건물 일체형으로 시공되기 위해서는 건축설계 초기단계에서부터 BIPV 공급사의 디자인 엔지니어링과 BIPV 시공기업과의 협력이 중요하다. 통상 BIPV는 전력을 생산하는 기본적인 기능 외에 지붕이나 벽, 창호 등 파사드의 기능을 수행한다. 성공적인 BIPV를 실현하기 위해서는 외장기술, 에너지기술, 전기기술 등이 종합적으로 접근되어야 한다. 특히 건물의 지붕, 벽, 창호를 포함하는 건물외피에 적용되는 BIPV는 건물 내·외부의 경계로서 건물 외피의 기능과

1	전력 생산 (ENERGY GENERATION)
2	자외선 및 적외선 필터링 효과 (UV & IR FILTER)
3	단열 및 소음차단 효과 (THERMAL & ACOUSTIC INSULATION)
4	자연 채광 (NATURAL ILLUMINATION)
5	혁신적인 디자인 (INNOVATIVE DESIGN)
6	이산화탄소 배출 저감 (REDUCE CO2 EMISSIONS)

BIPV 태양광유리의 다기능성(태양광발전기 기능 + 건축유리 기능)

요구성능을 만족하여야 한다. 통상적으로 BIPV에 요구될 수 있는 주요한 기능들은 다음과 같다.

6.4.3   BIPV 설계 방식

BIPV는 설계 시는 반드시 아래의 사항을 확인하여 반영하여야 한다.

- 직달일사에 대한 방해물이 없도록 설계하여야 한다. 특히 BIPV 상부에 그늘이 발생하면 전력 생산이 급격히 저감된다. 그러므로 그림자가 지지 않도록 설계해야 한다.

- 지속적으로 변하는 태양광을 최대한 이용할 수 있도록 설계하여야 한다. 국내에서 설계 시 최적 조건은 정남향에 30도의 경사각이다.

- BIPV의 후면이 통풍이 잘 될 수 있도록 설계하여야 한다. BIPV 표면온도가 상승할수록 전력 생산량은 감소하게 된다. 그러므로 후면 통풍이 용이한 설계가 필요하다.

- BIPV는 항상 전압이 걸려 있기 때문에 설치 과정에서 발생할 수 있는 직류 사고를 예방할 수 있도록 설계되어야 한다.

- 유지관리 또는 교체 시를 반영하여 시간과 비용을 절감할 수 있도록 조립 용이성을 확보하여야 한다.

6.4.4   적용 사례

■ 파사드

[그림 49] Dubai Frame, Dubai, UAE - L Vision 20% Color PV

[그림 50] Canary Island Educational Institute, Las Palmas University – L Vision 20% PV

■ 이중외피 파사드

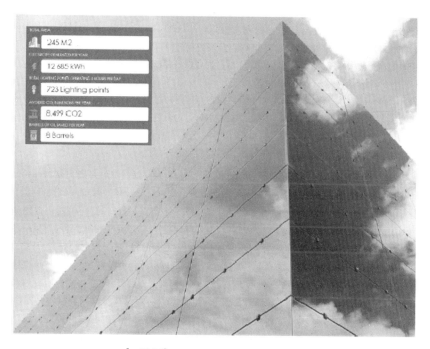

[그림 51] The Black Box — Avila, Spain

[그림 52] Genyo Building, Granada, Spain — L Vision 20% PV

■ 천창(Skylight)

[그림 53] Bejar Market, Salamanca, Spain

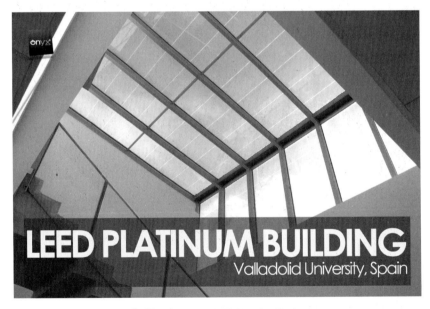

[그림 54] Valladolid University, Spain

■ 커튼월

[그림 55]　GDR Headquarters, Malaga, Spain - L vision 20%

[그림 56] 순천만 국제정원습지 센터

[그림 57] 종로 청진 17지구 오피스

[그림 58] 진천 KCL 기후변화동

APPENDIX

용어정리

Appendix Ⅰ 커튼월의 사용 용어

[표 1] 커튼월에서 사용되는 주요 용어 정리

용어	설명
유니트(Unit)	공장에서 조립된 완제품. 커튼월 시스템 일종
녹다운(Knock Down)	조립 전 가공 완료된 알루미늄 재료들의 통칭
프리패브(Pre-fab)	공장에서 가공 생산이 완료되어 즉시 취부나 사용이 가능한 상태의 제품
프레임(Frame)	구조재 틀
새시(Sash)	금속재로 제조된 창문
시트(Sheet)	판(板)재
스팬드럴(Spandrel)	단열재, 전기, 배관, 구조체 등이 위치하여 외부 노출을 억제하기 위하여 가려져야 하는 부분의 통칭
메탈(Metal)	금속재의 총칭
판넬(Panel)	시트(Sheet)를 가공하여 틀에 넣거나 외장재로 취부가 가능하도록 제조된 형태
멀리온(Mullion)	커튼월을 구성하는 수직 부재(주 구조부재)
트랜섬(Transom)	커튼월을 구성하는 수평부재
상부바(Head Bar)	세워진 창문틀에서 상부 수평부재
하부바(Sill Bar)	창문 밑 부분, 안쪽으로 선반(Stool)이 면한 부분
선대(Jamb)	창문에 양쪽으로 세워진 부재
프로젝트(Project)	문짝의 하단을 손잡이로 하고 양측을 축으로 하여 밀어 내는 창호
케이스먼트(Casement)	좌우측에 손잡이와 수직축을 갖는 창호의 개폐방식
풀다운(Pull-down)	문짝 하단을 축으로 내부로 열리는 문짝
슬라이딩 창호 (Sliding Window)	미서기 창
벤트(Vent)	금속제 등으로 조립된 틀의 문짝 부분
글레이징(Glazing)	유리 끼우기
구조용 글레이징 (Structural Glazing)	실리콘 실란트의 접착 능력으로 유리를 구조물에 접착시키고 구조재가 외부에 노출되지 않게 하는 유리 취부 공법
복층유리 (Insulating Glass)	내외부 유리판재의 중앙에 공기층이 있는 것
접합유리 (Laminated Glass)	내외부 유리가 접합재(Film)로 맞붙어 있는 유리

용어	설명
로이코팅(Low-E Coating)	은(Silver)을 주요 소재로 유리의 에너지 성능을 증진시키기 위하여 유리 면에 적용하는 코팅. 코팅 적용 방식에 따라서 Hard 또는 Soft 코팅, 가공 순서에 따라 "선코팅 후가공" 또는 "후코팅 선가공" 방식으로 구분된다.
Emissivity(Low-E)	물체표면에서 장파장의 열적외선을 반사시키는 능력
Light to Solar Gain Ratio (LSG)*	LSG는 가시광선투과율(VLT)을 취득열량(SHGC)으로 나눈 비율. 미국 에너지성에서는 LSG가 1.25 이상인 유리 성능을 Green Glazing/ Spectrally Selective Glazing으로 규정함
Relative Heat Gain (RHG)*	열관류율 및 차폐계수에 따라서 유리를 통하여 취득되는 태양열 취득량 The Metric System 계산공식: RHG = (Summer U-value x 7.8°C) + (Shading Coefficient x 630). RHG가 낮을수록 열취득량이 작다.
차폐계수 (Shading Coefficient)	3mm 투명유리를 통한 취득열량을 특정 유리의 것과 비교한 수치. 이 수치가 낮으면 취득열량이 낮으며 상대적으로 우수한 성능 유리로 본다.
실크스크린(Silk-screen)	특정 디자인 또는 패턴을 유리에 적용하는 과정. 디자인은 스크린을 유리에 올려놓고, 세라믹 후릿을 스크린의 구멍을 통하여 큰 스퀴즈 밀대로 밀어 넣어 만들어진다. 후릿 적용 후에, 유리는 적외선 오븐을 통과하며 후릿이 건조되며 그 다음 열처리로를 통과하며 후릿은 유리에 영구적으로 융착 된다.
세라믹 후릿 (Ceramic Frit)	유리의 미적 효과/솔라 콘트럴 기능을 위해 유리표면에 적용하는 애나멜 페인트이며, 세라믹 후릿은 큰 롤러 또는 실크스크린의 스크린에 적용된다.
세라믹 잉크	유리의 미적 효과/솔라 콘트럴 기능을 위해 유리표면에 적용하는 애나멜 잉크로서 프로그램이 가능한 디지털 잉크젯 프린팅 기계의 헤드에서 분사되어 적용. 프린팅 기계 헤드를 통하여 적용되므로 세라믹 후릿보다 점성이 높음.
부틸(Butyl)	약어(Polyisobutylene). 복층유리의 1차 씰(Seal, 밀봉재)로 습기의 공기층 침투를 막아주는 핵심 소재
물림 치수(Bite)	유리가 프레임에 구조적으로 물려진 깊이
세팅블록(Setting Block)	유리의 받침으로 사용. 통상 폭의 ¼ 지점에 위치
실란트(Sealant)	금속 또는 유리의 조인트를 채워 넣어 기밀 수밀 및 내후성을 증진하는 재료로 주로 실리콘 재질 적용
가스킷(Gasket)	일정 형태를 지닌 고무 계통의 재료로서 유리 또는 외장 틀에 적용되어 기밀 수밀 등 내후성과 구조재 보조재로 사용
프라이머(Primer)	실란트의 접착성을 높이기 위하여 피착면에 도포하는 도료
백업(Back-up)재	금속 석재 유리 등 건축 이음부에 실란트 깊이를 조정하기 위하여 쓰이는 재료

용어	설명
목업(Mock-up)	실제 사이즈의 시제품을 만들어 건물의 실제 외관 및 성능을 공사 적용 사전에 검증하는 시험. 시험소 목업 또는 현장 목업으로 구분
결로(Condensation)	찬 물체 표면에 접촉된 덥고 습한 공기에 의해 물체 표면에 형성되는 수증기
PVDF 코팅(불소수지 도장)	금속 표면에 처리된 불소소재 코팅(Poly Vinylidene Fluoride)
아노다이징(Anodizing)	알루미늄 표면의 미관 증진과 함께 내후성 증진을 위하여 처리하는 전기적 산화 처리작업
앵커(Anchor)	골조체와 외벽체(커튼월)를 연결하는 철물 통상 세 방향으로의 조정이 가능하도록 제작되어야 함
브라켓(Bracket)	부재 접합이나 연결에 필요한 부품
비드(Bead)	유리를 끼우고 떼어내기 위하여 사용되는 몰딩재
밴드(Band)	건물의 외관 효과를 높이기 위하여 서로 다른 색상이나 재질로 두른 띠
공차(Clearance)	목적물을 연결하거나 끼워 넣기 위해 필요한 간격이나 여유
데시벨(Decibel)	음향 크기 정도
듀로미터(Durometer)	가스킷 세팅블럭 등의 탄성 정도
물처리판(Flashing)	빗물을 외부로 흘리기 위하여 고안된 물흘림판
배수구 (Drain Hole, Weep Hole)	빗물 또는 결로수의 배수를 목적으로 창틀이나 창짝에 가공된 구멍
조이너(Joiner)	이음이나 연결에 필요한 다소 긴 재료
라이너(Liner)	목적물을 곧게 바로잡기 위하여 끼워 넣는 얇은 조각
루즈(Loose)	느슨한 연결로 움직임이 가능한 이음부
스페이서(Spacer)	일정한 틈 간격을 만드는 재료의 통칭. 복층유리에 주로 적용
오차(Tolerance)	재료가 갖는 제조상의 오차
스터드 볼트(Stud Bolt)	모체에 부착하는 볼트의 이름
등급(Grade)	성능이나 기준의 정도
루버(Louver, Gallery)	햇빛과 빗물은 차단하고 공기만을 통과시키기 위한 일반적으로 빗살형의 환기구
스툴(Stool)	창문 내부의 밑에 있는 선반
도팅(Dotting)	패널의 표면에 강도와 외관 효과를 높이기 위하여 표면보다 높여 놓은 일정 크기와 간격을 갖는 돌출모양
정압(Positive Pressure)	정압(正壓), +압, 양압, INWARD WIND PRESSURE
부압(Negative Pressure)	부압(負壓), -압, 음압, OUTWARD WIND PRESSURE

용어	설명
정압(Static Pressure)	정압(靜壓), 압력의 크기 및 방향에 변화가 발생하지 않고 일정하게 유지되는 압력
동압(Dynamic Pressure)	동압(動壓), 공기가 운동함으로써 발생하는 압력
맥동압(Cyclic Pressure)	맥동압(脈動壓), 정해진 최저압과 최고압이 반복하여 주기적으로 가해지는 압력
게이지(Gauge)	길이, 압력, 온도 등 각종 물리량의 크기 또는 정확도를 측정하는 기기

Appendix Ⅱ 단위환산

[표 2] 주요 단위 환산 정리

단위환산
1 psf = 4.882 kg/m^2
100 kg/m^2 = 20.48 psf
1 ft = 1′ = 12″ = 0.3048 m
1 inch = 1″ = 25.4 mm
1 pound = 1 lb = 0.4535924 kg = 453.5924 g
1 US gallon = 3.78543 L
cfm = cubic feet per minute = 분당 feet^3
1 cfm = 28.3 L/min = 1698.0 L/h
1 cfm/ft^2 = 0.3048 m^3/min · m^2 = 18.288 m^3/h · m^2
1 cfm/ft = 0.0929 m^3/min · m = 5.574 m^3/h · m
cfh = cubic feet per hour : 시간당 feet 3제곱
1 Pa = 0.102 kg
1 kPa = 102 kg/m^2
qz = 0.00256 V^2 = 0.00256 × (25 mph)^2 = 1.57 psf = 7.6 kg/m^2
qz = (1/16) V^2 = 1/16 × (11.176 m/s)^2 = 7.6 kg/m^2
1 ATM = 1 013 hPa = 101.3 kPa = 0.1013 MPa = 1013 mb
1 ATM = 10 333 kg/m^2
1 ATM = 76 cmHg = 760 mmHg = 760 × 13.6 mmH2O = 10 336 mm water head
10 333 kg/m2 = 10 336 mm water head
1 kg/m^2 = 1.0 mm water head
1 psf = 0.192 inch water head 예로 50 kg/m^2 = 50 mm water head = 50 mm/25.4 = 1.96 inch water head
1 gallon/h · ft2 = 0.679 L/min · m^2

Appendix Ⅲ 창호산업 참고자료

■ AAMA ; American Architectural Manufacturers' Association

- AAMA   Installation of aluminum curtain walls 1989.

- AAMA   Aluminum Curtain Wall Design Guide Manual 1996.

- AAMA   CW-10 Curtain Wall Manual - Care and Handling of Architectural Aluminum from Shop to Site

- AAMA   CW-11 Curtain Wall Manual - Design Wind Loads for Buildings and Boundary Layer Wind Tunnel Testing

- AAMA   CW-DG-1 1996: Aluminum Curtain Wall Design Guide Manual

- AAMA   MCWM-1 1989: Metal Curtain Wall Manual

- AAMA   SFM -1 1987: Aluminum Store Front and Entrance Manual

- AAMA   TIR A9 2000: Metal Curtain Wall Fasteners.

- AAMA   TIR-A11 1996: Maximum Allowable Deflection of Framing Systems for Building Cladding Components at Design Wind Loads

- AAMA   501-15 : Methods of Test for Exterior Walls

- AAMA   501.1-05 : Standard Test Method for Water Penetration of Windows, Curtain Walls and Doors Using Dynamic Pressure

- AAMA   501.2-15 : Quality Assurance and Diagnostic Water Leakage Field Check of Installed Storefronts, Curtain Walls and Sloped Glazing Systems

- AAMA   501.4-09 : Recommended Static Testing Method for Evaluating Curtain Wall and Storefront Systems Subjected to Seismic and Wind Induced Interstory Drift

- AAMA   501.5-07 : Test Method for Thermal Cycling of Exterior Walls

- AAMA   501.7-11 : Recommended Static Test Method for Evaluating Windows, Window Wall, Curtain Wall and Storefront Systems Subjected to Vertical Inter-Story Movements

- AAMA   502-12 : Voluntary Specification for Field Testing of Newly Installed Fenestration Products

- AAMA   503-14 : Voluntary Specification for Field Testing of Newly Installed Storefronts, Curtain Walls and Sloped Glazing Systems

■ ASTM ; American Society for Testing and Material
  - ASTM   E1300-07 : Standard Practice for Determining Load Resistance for Glass Buildings
  - ASTM   E283-04 : Standard Test Method for Determining Rate of Air Leakage Through Exterior Windows, Curtain Walls, and Doors Under Specified Pressure Differences Across the Specimen
  - ASTM   E330E/330M-14 : Standard Test Method for Structural Performance of Exterior Windows, Doors, Skylights and Curtain Walls by Uniform Static Air Pressure Difference
  - ASTM   E331 : Standard Test Method for Water Penetration of Exterior Windows, Skylights, Doors, and Curtain Walls by Uniform Static Air Pressure Difference
  - ASTM   E783-02 : Standard Test Method for Field Measurement of Air Leakage Through Installed Exterior Windows and Doors
  - ASTM   E1105-15 : Standard Test Method for Field Determination of Water Penetration of Installed Exterior Windows, Skylights, Doors, and Curtain Walls, by Uniform or Cyclic Static Air Pressure Difference
  - ASTM   EXTERIOR WALL SYSTEMS: Glass and Concrete Technology, Design and Construction, STP 1034 Barry Donaldson, 1991
  - ASTM   MASONRY: Design and Construction, Problems and Repair, STP 1180. John M. Melander and Lynn R. Lauersdorf, 1993
  - ASTM   SCIENCE AND TECHNOLOGY OF BUIDING SEALS, SEALANTS, GLAZING AND WATERPROOFING: STP 1168 Charles J.Parise, 1992
  - ASTM   SCIENCE AND TECHNOLOGY OF BUILDING SEALS AND SEALANTS: Sixth Volume, STP 1286 James C.Myers, 1996
  - ASTM   SCIENCE AND TECHNOLOGY OF GLAZING SYSTEMS, STP 1054: Charles J. Parise, 1989
  - ASTM   WATER IN EXTERIOR BUILDING WALLS: Problems and Solutions, STP 1107 Thomas A.Schwartz, 1992

• ASTM   WATER VAPOR TRANSMISSION THROUGH BUILDING MATERIALS
         AND SYSTEMS: Mechanism and Measurement, STP 1039 Heinz R.
         Trechsel and Mark Bomberg, 1989

■ KS ; Korean Industrial Standard
  • KS   L 2002 : 2006 Tempered Glass
  • KS   L 2003 : 2011 Sealed Insulating Glass
  • KS   L 2004 : 2009 Laminated Glass
  • KS   L 2008 : 2008 Heat- Absorbing Glass
  • KS   L 2012 : 2007 Float and Polished Plate Glass
  • KS   L 2014 : 2010 Solar Reflective Glass
  • KS   L 2015 : 2006 Heat -Strengthened Glass

■ AA ; Aluminum Association
  • Aluminum Design Manual 2005

■ ASCE ; American Society of Civil Engineers
  • Minimum Design Loads for Buildings and Other Structures

■ ACI ; American Concrete Institute
  • GUIDE TO JOINT SEALANTS FOR CONCRETE STRUCTURES: ACI Committee 504,
    June 1977

■ UL ; Underwriters Laboratories
  • UL   580 : Tests for Uplift Resistance of Roof Assemblies
  • Amstock Joseph S. Glass in Construction 1997. McGraw-Hill
  • BUILDING RESTORATION AND MAINTENANCE MANUAL Sealant Waterproofing
    & Restoration Institute, 1993
  • CLADDING: Council on tall Buildings and Urban Habitat Committee 12A. Editorial
    Group: Bruce Basler, Marcy Li Wang, I. Sakamoto, 1992
  • CWCT Curtain Wall Installation Handbook 2001, Centre for Window and Cladding
    Technology, Bath, United Kingdom
  • EXTERIOR CLADDINGS ON HIGH RISE BUILDINGS: The 1989 Fall Symposium,
    Report No. 12, The Chicago Committee on High Buildings, June 1990

- GANA. Glazing Manual 2007. Glazing Association of North America
- Herzog Thomas. Façade Construction Manual 2004. Birkhäuser Verlag. Berlin, Germany
- Jerome M. Klosowski. Sealants in Construction 1987. Marcel Dekker, Inc
- KSB0513   2009: Standard Qualification Procedure for Welding Technique of Stainless Steel
- KBC 2016 건축구조기준; 외장재설계용 풍하중 산정법
- Linda Brock. Designing the Exterior Wall 2005. John Wiley & Sons, Inc
- Quirouette R.L. Glass and Metal Curtain Wall Systems; Proceedings of Building Science Insight 1982. NRCC 21203. Ottawa, Canada
- RAINSCREEN CLADDING: A Guide to Design Principles and Practice. M. Anderson, DA, FRIAS, RIBA MSIAD and J. R. Gill, Bsc, Bickerdike Allen Partners CIRIA Building and Structural Design Report: Walls Construction Industry Research and Information Association, 1988
- Rice Peter and Hugh Dutton. Transparente Architektur: Glasfassaden mit Structural Glazing 1995, Birkhäuser Verlag, Berlin, Germany
- Schittich, C., Staib, G., Balkow, D., Schuler, M., Sobek, W. Glass Construction Manual 2007. Birkhäuser Verlag, Berlin, Germany
- SEALANTS: THE PROFESSIONALS' GUIDE: Sealant, Waterproofing & Restoration Institute

한국외장연구회(ACRA) 집필위원

• 정진세(현 ㈜CNC 대표 – 빌딩 커튼월 목업 시험)

• 고영우(현 삼성물산 ENG센터 TA그룹 전문기술위원 – 빌딩 커튼월 공사관리)

• 김상철(현 ㈜아텍글라스 대표 – 빌딩 커튼월 시스템 글레이징)

• 이건호(현 연구위원 공학박사, 한국건설기술연구원, 공공건축연구본부, 그린빌딩연구실)

• 장성덕(현 ㈜월링크인터네셔널 대표 – 빌딩 커튼월 외장유리 & BIPV)

• 정봉석(현 ㈜J&S 한백 대표 – 빌딩 커튼월 컨설팅)

• 지영화(현 ㈜SES 대표 – 외장석재 컨설팅)

• 한준희(현 AEDS 대표 – 빌딩 커튼월 컨설팅)

빌딩 커튼월 실무 이해

초판 1쇄 인쇄 2019년 5월 20일
초판 1쇄 발행 2019년 5월 25일

공 저 자 정진세 · 고영우 · 김상철 · 이건호 · 장성덕 · 정봉석 · 지영화 · 한준희
펴 낸 이 김호석
펴 낸 곳 도서출판 대가
편 집 부 박은주
마 케 팅 권우석 · 오중환
관 리 부 김소영

등   록 313–291호
주   소 경기도 고양시 일산동구 장항동 776–1 로데오메탈릭타워 405호
전   화 02) 305–0210
팩   스 031) 905–0221
전자우편 dga1023@hanmail.net
홈페이지 www.bookdaega.com
I S B N 978–89–6285–224–0 (93540)

※ 파손 및 잘못 만들어진 책은 교환해드립니다.
※ 이 책의 무단 전제와 불법 복제를 금합니다.
이 도서의 국립중앙도서관 출판예정도서목록(CIP)은 서지정보유통지원시스템 홈페이지(http://seoji.nl.go.kr)와
국가자료종합목록시스템(http://www.nl.go.kr/kolisnet)에서 이용하실 수 있습니다.
(CIP제어번호 : CIP2019017387)